工业和信息化人才培养规划教材
Industry And Information Technology Training Planning Materials

物联网无线传感器网络技术与应用（ZigBee版）

谢金龙 邓人铭 编著

Wireless Sensor for Internet of Things

人民邮电出版社
北京

图书在版编目（C I P）数据

物联网无线传感器网络技术与应用 : ZigBee版 / 谢金龙，邓人铭编著. -- 北京 : 人民邮电出版社，2016.4(2022.11重印)
工业和信息化人才培养规划教材
ISBN 978-7-115-39440-8

Ⅰ. ①物… Ⅱ. ①谢… ②邓… Ⅲ. ①无线网－高等学校－教材 Ⅳ. ①TN92

中国版本图书馆CIP数据核字(2015)第273835号

内 容 提 要

本书全面、系统地介绍了 ZigBee 无线传感器网络的基本理论及其相关应用。全书共分为 8 个项目，内容包括初识 ZigBee 无线传感器网络、ZigBee 无线传感器网络入门、了解 ZigBee 无线传感器网络协议栈、ZigBee 无线传感器网络数据通信、ZigBee 无线传感器网络的管理、网关技术应用、ZigBee 无线传感器网络设计、ZigBee 无线传感器网络测试。

本书可作为高等院校和高职院校的物联网应用技术专业、通信专业、计算机应用专业、网络专业等相关专业的教材，也可作为物联网领域相关企业工程技术人员的培训教材和工具书。

◆ 编　　著　谢金龙　邓人铭
责任编辑　范博涛
责任印制　张佳莹　彭志环
◆ 人民邮电出版社出版发行　　北京市丰台区成寿寺路 11 号
邮编　100164　　电子邮件　315@ptpress.com.cn
网址　http://www.ptpress.com.cn
固安县铭成印刷有限公司印刷
◆ 开本：787×1092　1/16
印张：17.5　　2016 年 4 月第 1 版
字数：446 千字　　2022 年 11 月河北第 15 次印刷

定价：45.00 元

读者服务热线：(010)81055256　印装质量热线：(010)81055316
反盗版热线：(010)81055315

前　言　PREFACE

随着物联网产业的迅猛发展，企业对物联网工程应用型人才的需求越来越大。“全面贴近企业需求，无缝打造专业实用人才”是目前高校物联网应用技术专业教育改革追求的目标。为了实现这一目标，我们坚持以教学改革为中心，以实践教学为重点，不断提高教学质量，突出实际应用的指导思想。本书是教育部高等院校教育人才培养模式和教学内容体系改革与建设项目的成果，由高等院校物联网应用技术专业教学改革试点院校和企业联合编写。

关于本课程

ZigBee 无线传感器网络应用是采用工程设计思想，按照需求分析、设备选型、方案设计、方案实施、测试、管理等工作流程进行的。ZigBee 无线传感器网络依据角色分工、组网管理，对收发数据包进行监测和管理。节点可以上传采集信息，协调器下发控制信息，相同的事件节点利用端口进行分类管理，采用默认的网状网（根据需要添加路由设备，默认不添加）进行集中智能管理。其突出基本知识和基本技能培养相结合的要求，内容新颖，适用性强。

关于本书

以往出版的教材大多存在理论过多、缺乏实操等缺点。为实现培养一代“技术技能型”人才的目标，必须重构知识体系，努力加强实践教学，以学生为主体进行教学活动，实行“教”“学”“做”一体化的互动式教学，激发学生的学习兴趣和积极性，努力提高学生的基本技能。本教材也是湖南省物联网应用技术专业课程标准及学生技能抽查题库的培训教程。

本书的知识结构如下。

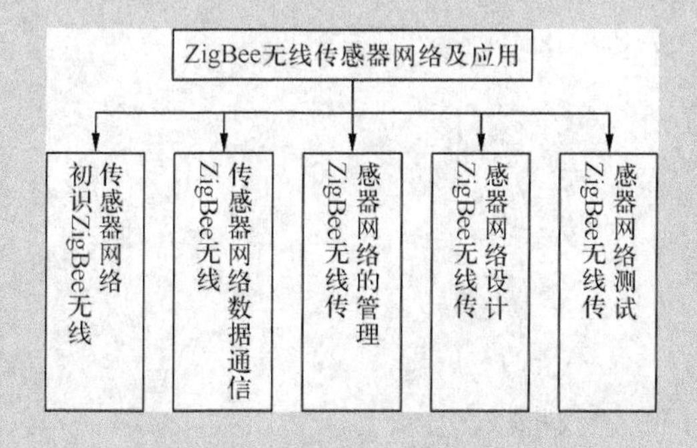

本书的基本技能如下。

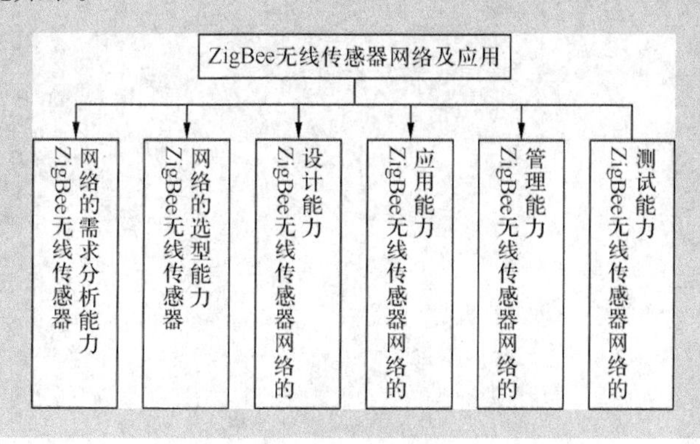

如何使用本书

每个项目教学安排如下。

项目名称	学时
项目一　初识 ZigBee 无线传感器网络	6 学时
项目二　ZigBee 无线传感器网络入门	6 学时
项目三　了解 ZigBee 无线传感器网络协议栈	12 学时
项目四　ZigBee 无线传感器网络数据通信	12 学时
项目五　ZigBee 无线传感器网络的管理	12 学时
项目六　网关技术应用	4 学时
项目七　ZigBee 无线传感器网络设计	4 学时
项目八　ZigBee 无线传感器网络测试	4 学时
总学时	60 学时

本书配套资源

本书配套资源包括电子课件、源代码、习题答案、实验指导、习题集等，读者可从人民邮电出版社教学服务与资源网（http:// www.ptpedu.com.cn）下载。

本书编写队伍

本书由谢金龙（湖南现代物流职业技术学院）、邓人铭（广东粤嵌通信科技有限公司）编著完成。在此，感谢武献宇、杨立雄、邹志贤、马勇赞（长沙民政职业技术学院）、汪瑛（湖南邮电职业技术学院）等老师为本书的编写提供了帮助。

由于编者水平有限，书中难免存在不妥之处，敬请广大读者批评指正。您的宝贵意见请反馈到邮箱 498073710@qq.com。

编　者

2015 年 10 月

目 录 CONTENTS

项目一 初识 ZigBee 无线传感器网络 1

项目二 ZigBee 无线传感器网络入门 26

项目三 了解 ZigBee 无线传感器网络协议栈 77

PART 1

项目一 初识 ZigBee 无线传感器网络

本章目标

知识目标

- 理解 ZigBee 无线传感器网络的定义。
- 掌握 ZigBee 无线传感器网络的系统结构。
- 了解 ZigBee 无线传感器网络的特点及应用。
- 掌握 IEEE 802.15.4 与 ZigBee 协议的区别。

技能目标

- 掌握 ZigBee 无线传感器网络的组成及组网实现的方法。
- 掌握 ZigBee 无线传感器网络组网监测软件的使用与分析方法。
- 掌握 ZigBee 无线传感器网络数据包分析的方法。

1.1 ZigBee 无线传感网络概述

1.1.1 ZigBee 无线传感器网络的定义

20 世纪 90 年代末，随着微电子技术、无线通信技术与计算机技术的快速发展，无线网络得到了快速的发展，用于无线个人区域网范围的短距离无线通信技术标准也得到了迅速的发展，典型技术标准有 Wi-Fi（IEEE 802.11b/g）、无线 USB（Wireless USB）、蓝牙（Bluetooth）、超低功耗蓝牙无线技术（Wibree）、红外无线技术等数据传输协议标准。不同的协议标准对应不同的应用领域。其中，Wi-Fi 主要用于大量数据的传输，Wireless USB 主要用于视频数据的传输，Bluetooth 主要用于少量设备的短距离数据交换。

随着物联网应用技术的发展，无线传感器网络（Wireless Sensor Networks，WSN）也得到了相应的发展。无线传感器网络协议标准日渐规范，其中得到广泛应用和推广的一种协议就是 ZigBee 2007 协议（紫蜂协议）——蜜蜂（bee）是靠飞翔和“嗡嗡”（zig）地抖动翅膀的“舞蹈”来与同伴传递花粉所在的方位信息，也就是说蜜蜂依靠这样的方式构成了群体中的通信网络）。它主要适合用于自动控制和远程控制领域，可以嵌入各种设备。德州公司（Texas Instruments，TI）公司已经推出了完全兼容该协议的片上系统（System on Chip，SoC）芯片 CC2530，同时也开发了相关的软件协议栈 Z-Stack。开发者可以利用上述硬件和软件资源，搭建自己的无线传感器网络。

如图 1.1 所示，ZigBee 无线传感器网络综合了传感器技术、RFID 技术、嵌入式计算技术、现代网络及无线通信技术、分布式信息处理技术等，能够通过各类集成化的微型传感器协作地进行实时监测、感知和采集各种环境或监测对象的信息。这些信息通过无线方式被发送，并以自组多跳网络方式传送到用户终端，从而实现物理世界、计算机世界和现实世界的连通。与传统的互联网不同，ZigBee 无线传感器网络实现了信息采集、信息处理和信息传输等功能，改变了人类与物理世界交互的方式。

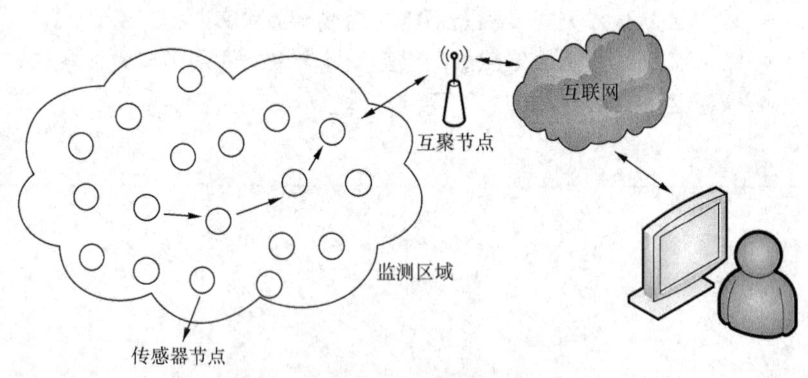

图 1.1　ZigBee 无线传感器网络示意图

目前，国内外可提供 ZigBee 解决方案的公司有 TI、Jennic、ST、Atmel 等。其中，TI 公司提供的方案最全，新出的有 CC2530、CC2538 等无线节点；Atmel 公司生产的基于 ARM 内核的 MC13244 能够在低功耗的情况下输出更大的功率。表 1.1 列出了目前国内外 5 大 ZigBee 芯片厂商、代表型号以及协议栈名称。

表 1.1 国内外 ZigBee 芯片厂商、代表型号以及协议栈名称

公　司	产品型号	类　型	内　核	协议栈
Slicon Lab (Ember)	Em35x	SoC	m3	EmberZnet
TI (Chipcon)	CC2430 CC2530 CC2538	SoC	8051 CC2420 CC2520	Z-Stack
Atmel	ATmega256	SoC	AVR8	BitCloud
Jennic (NXP)	JN5184	SoC	32bit	Stack
Freescale	MC13224V KV20	SoC	ARM7	BeeStack

美国《商业周刊》在 1999 年将 ZigBee 无线传感器网络列为 21 世纪最有影响的 21 项技术之一。2003 年，MIT《技术评论》(麻省理工科技评论杂志) 在对 10 大新兴技术的评价中，将传感器网络列为改变世界的 10 大技术之一。美国军方于 20 世纪 90 年代率先开展了对 ZigBee 无线传感器网络的研究，用于提高战场实时监控与作战反应能力。WINS、SmartDust 与 SensIT 等都是其早期著名的研究项目。随后，在美国国家自然科学基金委的推动下，美国多所著名大学，如哈佛大学、加州大学伯克利分校与弗吉尼亚大学等，展开了对 ZigBee 无线传感器网络更加深入广泛的研究。至此，ZigBee 无线传感器网络不再仅仅应用于军事领域，也被逐渐应用于民用领域。此后，世界各国纷纷加大了在 ZigBee 无线传感器网络方面的科研投入。

在我国，ZigBee 无线传感器网络也得到高度重视并迅速发展。清华大学的任丰原教授等人率先开展了对 ZigBee 无线传感器网络的研究，并发表了第一篇中文 ZigBee 无线传感器网络的综述，揭开了我国 ZigBee 无线传感器网络研究的序幕。中国科学院信息工程研究所的孙利民教授编纂了《ZigBee 无线传感器网络》一书，详细介绍了 ZigBee 无线传感器网络的研究现状，为国内众多研究者提供了宝贵的学习资料。我国政府在 2006 年将传感器网络技术列进未来 15 年的《国家中长期科学和技术发展规划纲要》，标志着 ZigBee 无线传感器网络研究的兴起。2009 年，温家宝总理将传感器网络和物联网列为我国 5 大新兴战略性产业。物联网是在传感器网络技术上发展的物物相连的网络。为落实国家对发展物联网技术与产业的发展规划，2009 年无锡市建立了无锡物联网研究基地，正式标志着传感器网络进入标准化和产业化阶段。ZigBee 无线传感器网络正随着科技的创新而快速发展，并逐渐渗透到人类生活的方方面面。

1.1.2 ZigBee 无线传感器网络的特点

与其他无线通信协议相比，ZigBee 无线传感器网络具有协议复杂程序低、资源要求少等特点，具体如下。

1．低功耗

低功耗是 ZigBee 的一个显著特点。由于工作周期较短、收发信息功耗低且采用了休眠的工作模式，可以确保 2 节 5 号电池支持长达 6 个月到 2 年的使用时间。由于不同应用具有不同的功耗，因此具体的使用时间还受具体应用场合的影响。

2．低成本

协议简单且所需的存储空间小，这极大地降低了 ZigBee 的成本。每块芯片价格仅 2～5

美元，而且 ZigBee 协议是免专利费。

3．时延短

ZigBee 无线传感器网络的通信时延和从休眠状态激活的时延都非常短。设备搜索时延为 30ms，休眠时延为 15ms，活动设备信道接入时延为 15ms。这样，一方面节省了能量消耗，另一方面更适用于对时延敏感的场合。例如，一些应用在工业上的传感器就需要以毫秒的速度获取信息，以及安装在厨房内的烟雾探测器也需要在尽量短的时间内获取信息并传输给网络控制者，从而阻止火灾的发生。

4．数据传输速率低

ZigBee 无线传感器网络的数据传输速率为 10～250kbit/s，专注低传输应用，数据传输可靠性高；采用碰撞避免机制，同时为需要固定带宽的通信业务预留了专用时隙，避免了发送数据时的竞争和冲突。介质访问控制层（Media Access Control，MAC）采用了完全确认的数据传输机制，发送的数据包都必须等待接收方的确认信息。

5．网络容量大

一个 ZigBee 设备可以与 254 个设备相连接，一个 ZigBee 网络可以容纳 65 536 个从设备和一个主设备，一个区域内可以同时存在 100 个 ZigBee 网络。网络有星状、树状和网状网络结构。在有节点加入和撤出时，网络具有自动修复功能。

6．有效范围小

ZigBee 无线传感器网络的有效覆盖范围在 10～200m，具体根据实际发射功率的大小和应用模式而定。

7．工作频段灵活

ZigBee 无线传感器网络的工作频段为 2.4GHz（全球）、868MHz（欧洲）和 915MHz（美国），均为免执照频段。

8．兼容性好

ZigBee 无线传感器网络与现有的控制网络标准无缝集成；通过网络协调器（Coordinator）自动建立网络，采用 CSMA-CA 方式进行信道存取；为了传递的可靠性，提供全握手协议。

9．安全性高

ZigBee 提供了数据完整性检查和鉴权功能，加密算法采用 AES-128，同时各个应用可以灵活确定其安全属性。

10．协议套件紧凑而简单

ZigBee 具体实现的要求很低。ZigBee 套件需要 8 位微处理器，如 80C51；全协议套件需要 32KB 的 ROM；最小协议套件需要大约 4KB 的 ROM。

表 1.2 为 ZigBee 技术与其他几种常见的短距离无线通信技术之间参数的比较。通过比较不难发现，ZigBee 技术在网络容量、功耗及成本等方面有着明显的优势。

表 1.2　ZigBee 技术与其他几种常见的短距离无线通信技术之间参数的比较

参　数	Wi-Fi	Bluetooth	ZigBee	IrDA
无线电频段	2.4GHz 射频	2.4GHz 射频	2.4GHz/868MHz/915MHz 射频	980nm 红外
传输速率（bit/s）	1～54M	1～24M	20～250k	4～16M
传输距离(m)	100	10	10～75	定向 1

续表

参　数	Wi-Fi	Bluetooth	ZigBee	IrDA
网络节点(个)	32	8	255 /65 535	2
功耗	高	较低	最低	很低
芯片成本	20 美元	4 美元	2 美元	2 美元以下

1.2　ZigBee 无线传感器网络构架

1.2.1　ZigBee 无线传感器网络的组成

ZigBee 无线传感器网络是由 PC、网关部分、路由节点部分和传感器节点部分 4 部分组成的，如图 1.2 所示。用户可以很方便地实现传感器网络无线化、网络化、规模化的演示、教学、观测和再次开发。

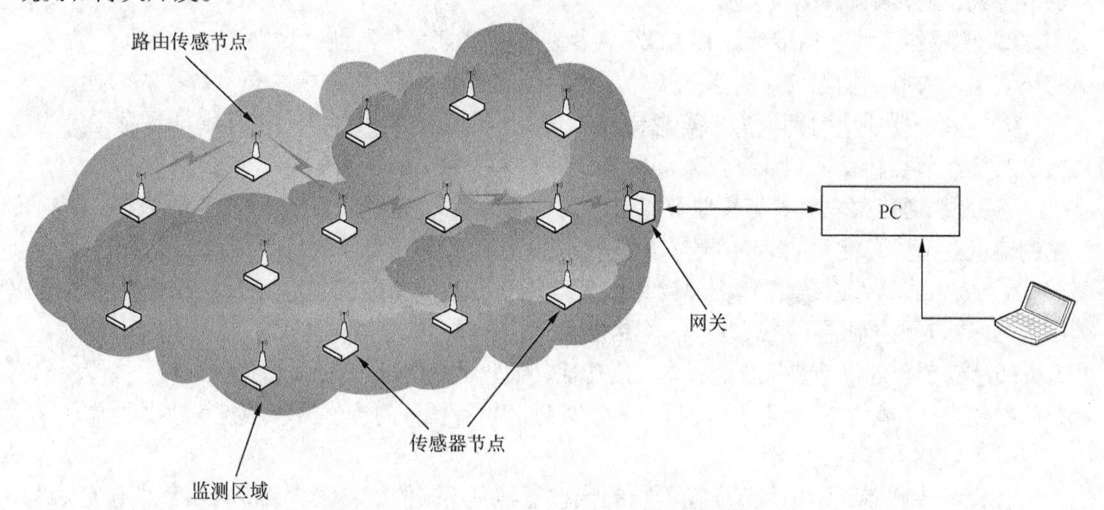

图 1.2　ZigBee 无线传感器网络组成示意图

1．PC（数据管理中心）

PC 直接面向用户，它负责从网络中获取所需要的信息，同时也可以对网络做出各种各样的指示、应用支撑技术操作等。

2．网关

网关被用于连接传感器网络、互联网等外部网络，各方面能力相对于传感器节点来说较强，可实现几种通信协议之间的转换；同时发布管理节点的监测任务，并把收集的数据转发到外部网络。汇聚节点可以是一个具有增强功能的传感器节点（如协调器），有足够的能量和更多的内存与计算机资源；也可以是没有监测功能仅带有无线通信接口的特殊网关设备。

3．路由节点

路由节点主要实现路径选择和数据转发功能。

4．传感器节点

（1）传感器节点的组成

传感器节点负责监测区域内数据的采集和处理。一般的传感器节点主要由能量供应模块、传感器模块、处理器模块、无线通信模块和嵌入式软件系统 5 部分组成。传感器节点的结构如图 1.3 所示。

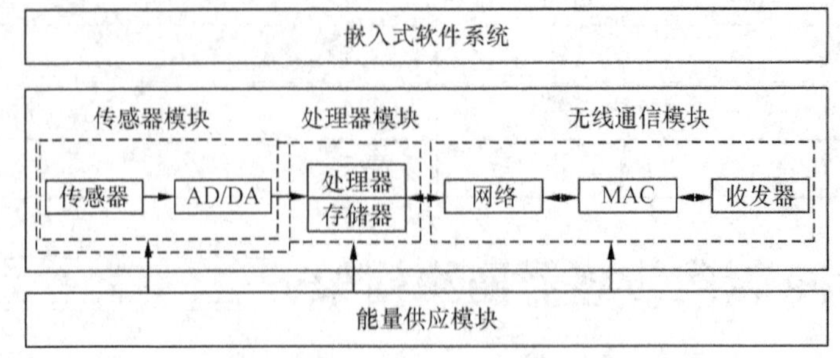

图 1.3　传感器节点的结构示意图

传感器节点各组成部分的作用如下。

① 能量供应模块为传感器节点的其他模块提供运行所需要的能量，可以采取多种灵活的供电方式，通常采用微型电池。

② 传感器模块包括传感器和 AD/DA 模块。传感器负责监测区域内信息的采集，在不同的环境中，被监测物理信号的形式决定了传感器的类型。AD/DA 模块负责数据的转换。

③ 处理器模块包括处理器和存储器，负责整个节点的操作、存储和处理本身采集的数据以及其他节点转发来的数据。处理器模块通常采用通用的嵌入式处理器。

④ 无线通信模块负责与其他节点进行无线通信、交换控制信息和收发采集数据。数据传输的能量占节点总能耗的绝大部分，所以通常采用短距离、低功耗的无线通信模块。

⑤ 嵌入式软件系统是 ZigBee 无线传感器网络的重要支撑，其软件协议栈由物理层（PHY 层）、介质访问控制层（MAC 层）、网络层（NWK 层）和应用层（APL 层）组成。

传感器节点的设计要符合低成本、低功耗、微型化的特点，这是因为 ZigBee 无线传感器网络的重要设计目标是将大量可长时间监测、处理和执行任务的传感器节点嵌入到物理世界中。

（2）传感器节点的设计

在无线传感器网络中，节点在不同的状态下具有不同的能量消耗，传感器节点共有以下 6 种工作状态。

① 睡眠状态：传感器模块关闭，通信模块关闭，能量消耗最低。

② 感知状态：传感器模块开启，通信模块关闭，节点感知事件发生。

③ 侦听状态：传感器模块开启，通信模块空闲。

④ 接收状态：传感器模块开启，通信模块接收。

⑤ 发送状态：传感器模块开启，通信模块发送。

⑥ 长期睡眠状态：表示该节点能量处于阈值，不响应任何事件。

无线传感器网络的一个重要优势是摆脱了传统网络的连线限制和成本问题。但是如果没有合适的无线电源，这一优势就无法体现出来，因此电源效率是设计考虑的关键因素。因为如果必须时常更换电池，那么相关的劳动力成本便会远远超过它相对有线网络节省的成本。因此，电池必须具有较长的寿命。此外，减小节点尺寸也是在传感器网络设计时必须考虑的设计因素。

传感器节点能量是通过电池供应的。节点能源有限，应考虑尽可能地延长整个传感器网络的生命周期。在设计传感器节点时，保证能量供应的持续性是一个重要的设计原则。传感器节点的能量消耗主要包括传感器模块、信息处理模块和无线通信模块，而绝大部分的能量消耗集中在无线通信模块上，约占整个传感器节点能量消耗的 80%。因此，传感器节点设计应围绕低功耗进行。

（3）节点限制

传感器节点具有的处理能力、存储能力、通信能力和电源能力都十分有限，所以传感器节点在实现各种网络协议和应用控制中存在以下约束条件。

① 电源能量有限。传感器节点体积微小，通常携带能量十分有限的电池。由于传感器节点个数多、成本低、分布区域广、部署区域环境复杂，有些区域甚至人员不能到达，所以传感器节点通过更换电池的方式来补充能源是不现实的。

传感器的能耗模块包括传感器模块、处理器模块和无线通信模块。随着电路工艺的进步，处理器和传感器模块的功耗变得很低，绝大部分能量消耗在无线通信模块上。

无线通信模块存在发送、接收、空闲和休眠 4 种状态。无线通信模块在空闲状态一直监听无线信息的使用情况，检查是否有数据发送给自己，而在休眠状态则关闭通信模块。无线通信模块在发送状态的能量消耗最大；在空闲状态和接收状态的能量消耗接近，比发送状态的能量消耗少一些；在休眠状态的能量消耗是最小的。所以，在设计 ZigBee 无线传感器网络系统时，如何让网络通信更有效率，减少不必要的转发和接收，在不需要通信时传感器节点尽快进入休眠状态，是传感器网络协议设计需要重点考虑的问题。

② 通信能力有限。随着通信距离的增加，无线通信的能量消耗急剧增加。因此，在满足通信连通度的前提下，应尽量减少单跳（即一跳）的通信距离。考虑到传感器节点的能量限制和网络覆盖区域大，ZigBee 无线传感器网络采用多跳的传输机制。

③ 计算和存储能力有限。传感器节点通常是一个微型的嵌入式系统，它的处理能力、存储能力和通信能力相对较弱。每个传感器节点兼顾传统网络的终端和路由器双重功能。为了完成各种任务，传感器节点需要完成监测数据的采集和转换、数据管理和处理、应答汇聚节点的任务请求和节点控制等多种工作。如何利用有限的计算和存储完成诸多协同任务成为传感器网络协议设计的挑战。

1.2.2 ZigBee 无线传感器网络系统结构

ZigBee 无线传感器网络根据不同的情况可以由一个网关、一个或多个路由器、一个或多个传感器节点组成。系统大小只受 PC 软件观测数量、路由深度和网络最大负载量限制。ZigBee 2007 无线传感器网络在没有进行网络拓扑修改之前支持 5 级路由、31 101 个网络节点。传感器网络系统结构如图 1.4 所示。

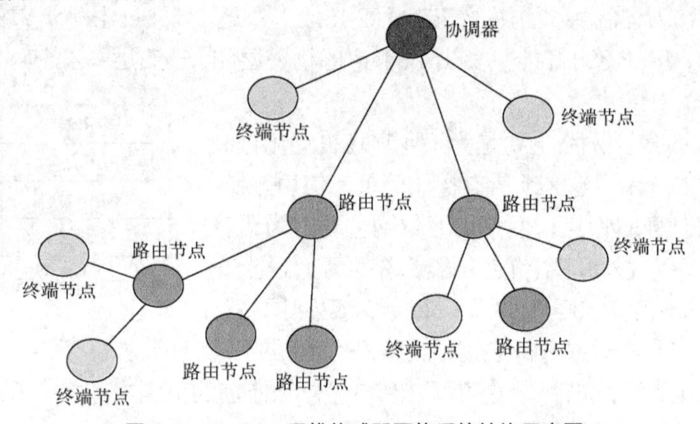

图 1.4 ZigBee 无线传感器网络系统结构示意图

1.2.3 ZigBee 无线传感器网络工作流程

ZigBee 无线传感器网络基于 ZigBee 协议栈无线网络，在网络设备安装过程、架设过程中自动完成。完成网络的架设后用户便可以由 PC、ARM 终端，平板电脑或者手持设备发出命令读取网络中任何设备上挂接的传感器的数据，以及测试其电压。简单的工作流程描述如图 1.5 所示。

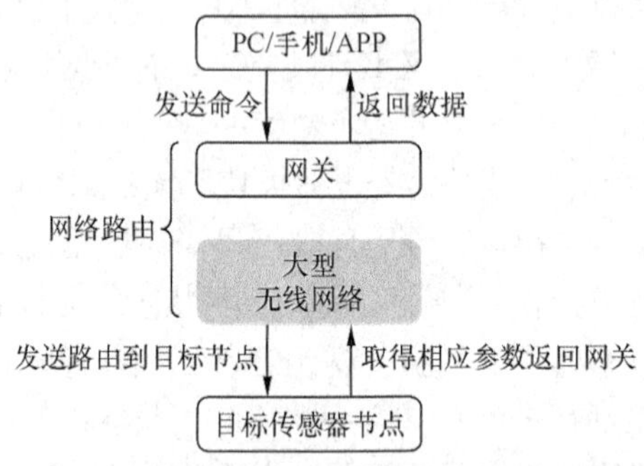

图 1.5　ZigBee 无线传感器网络工作流程示意图

1.3 ZigBee 无线传感器网络的通信协议架构

1.3.1 概述

ZigBee 以 IEEE 802.15.4 协议为基础，使用全球免费频段进行通信。传输速率分别为 250kbps、20kbps 和 40kbps。IEEE 802.15.4 工作组主要负责制定 PHY 层和 MAC 层的协议，其余协议主要参照和采用现有的标准，高层应用、测试和市场推广等方面的工作将由 ZigBee 联盟负责。ZigBee 联盟成立于 2002 年 8 月，由英国 Invensys 公司、日本三菱电气公司、美国摩托罗拉公司以及荷兰飞利浦半导体公司组成，如今已经吸引了 200 多家芯片公司、无线设备公司及开发商加入。ZigBee 是一个由可多到 65 000 个无线数传模块组成的一个无线数传网络平台，十分类似于现有的移动通信的 CDMA 网或 GSM 网，每一个 ZigBee 网络数传模块类似于移动网络的一个基站，在整个网络范围内，它们之间可以相互通信；每个网络节点间的距离可以从标准的 75m，到扩展后的几百米，甚至几千米；另外，整个 ZigBee 网络不仅可以无限扩展，而且还可以与现有的各种网络进行连接。

IEEE 802.15.4 描述了低速率无线个人局域网（Wireless Personal Area Network，WPAN）的物理层和媒体接入控制协议，属于 IEEE 802.15.4 工作组。ZigBee 技术是基于 IEEE 802.15.4 标准的无线技术，IEEE 802.15.4 只负责 ZigBee 的物理层和 MAC 层，ZigBee 网络协议架构分层如图 1.6 所示。

应用层	ZigBee联盟
网络层/安全层	
MAC层	IEEE 802. 15. 4
物理层	

图 1.6　ZigBee 网络协议架构分层

不同的是，ZigBee 网络主要是为工业现场自动化控制数据传输而建立的，因而它必须具有操作简单、使用方便、工作可靠、价格低廉的特点；而移动通信网主要是为语音通信而建立的。每个移动基站价值一般都在百万元以上，而每个 ZigBee 基站仅需 100～200 元。每个 ZigBee 网络节点不仅本身可以与监控对象进行连接，直接进行数据的采集和监控，还可以自动中转别的网络节点采集的数据；除此以外，它还可以在自己信号覆盖的范围内和多个不承担网络信息中转任务的孤立的子节点无线连接。

每个 ZigBee 网络节点可以支持 255 个传感器和受控设备，每一个传感器和受控设备都可以有 8 种不同的接口方式，可以采集和传输数字量和模拟量。

1.3.2 ZigBee 无线网络通信信道分析

各个国家都有自己的无线电管理结构，如美国的联邦通信委员会（Federal Communicatians Commission，FCC）、欧洲的电信标准协会（European Telecommunications Standards Institute，ETSI）等。我国的无线电管理机构是中国无线电管理委员会，其主要负责无线电频率的划分、分配与指配，卫星轨道位置的协调和管理，无线电监测、检测、干扰的查处，协调处理电磁干扰事宜和维护空中电波秩序等。中国无线电管理机构对频段的划分及其主要用途如表 1.3 所示。

表 1.3 频段的划分及其主要用途

频段	符号	频　率	波段	波　长	传播特性	主 要 用 途
甚低频	VLF	3～30kHz	超长波	10～101km	空间波	对潜通信
低频	LF	30～300kHz	长波	1～10km	地波	对潜通信
中频	MF	0.3～3MHz	中波	100～1000m	地波与天波	通用业务、无线电广播
高频	HF	3～30MHz	短波	10～100m	天波与地波	远距离短波通信
甚高频	VHF	30～300MHz	米波	1～10m	空间波	空间飞行器通信
超高频	UHF	0.3～3GHz	分米波	0.1～1m	空间波	微波通信
特高频	SHF	3～30GHz	厘米波	1～10cm	空间波	卫星通信
极高频	EHF	30～300GHz	毫米波	1～10mm	空间波	波导通信

IEEE 802.15.4 工作在工业科学医疗（Industrial、Scientific and Medical，ISM）频段，即 2.4GHz 频段和 868/915MHz 频段。在 IEEE 802.15.4 中，总共分配了 27 个具有 3 种速率的信息。

在 2.4GHz 频段，共有 16 个信道，信道通信速率为 250kbit/s。

在 915MHz 频段，共有 10 个信道，信道通信速率为 40kbit/s。

在 896MHz 频段，共有 1 个信道，信道通信速率为 20kbit/s。

ZigBee 无线传感器网络系统统一使用 2.4GHz 频段，这些信息的中心频段按表 1.4 所示的定义（k 为信道数）进行分配。

表 1.4 ZigBee 无线传感器网络信道分布

信 道 编 号	中 心 频 率	信 道 间 隔	频 率 上 限	频 率 下 限
k=0	868.3		868.6	868.0
k=1，2，3，…，10	906+2(k−1)	2	9 028.0	902.0
k=11，12，13	2 401+5(k−11)	5	2 483.5	2 400.0

ISM 频段分布示意如图 1.7 所示。

一个 IEEE 802.15.4 可以根据 ISM 频段、可用性、拥挤状况和数据速率在 27 个信道中选择一个工作信道。从能量和成本效率来看，不同的数据速率能为不同的应用提供较好的选择。例如，对于有些计算机外围设备与互动式玩具，可能需要 250kbit/s 的速率，而对于其他许多应用，如各种传感器、智能标记和家用电器等，20kbit/s这样的低速率就能满足要求了。不同的数据传输率适用于不同的场合。例如，868/915MHz频段物理层的低速率换取了较好的灵敏度和较大的覆盖面积，从而减少了覆盖给定物理区域所需的节点数。2.4GHz频段物理层的较高速率适用于较高的数据吞吐量、低延时或低作业周期的场合。

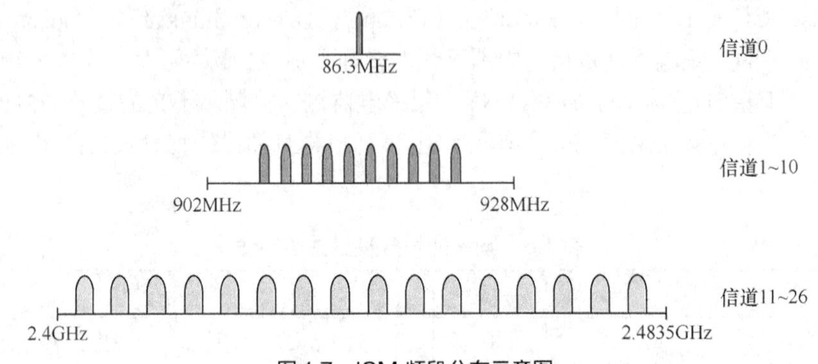

图1.7　ISM频段分布示意图

2.4GHz频段日益受到重视，原因主要有三：首先它是一个全球性的频段，开发的产品具有全球通用性；其次，它整体的频宽胜于其他 ISM 频段，这就提高了整体数据传输速率，允许系统共存；第三就是尺寸，2.4GHz 无线电和天线的体积相当小，产品体积更小。虽然每一种技术标准都进行了必要的设计来减小干扰的影响，但是为了能让各种设备正常运行，对他们之间的干扰、共存分析显然是非常重要的。

ZigBee 技术的抗干扰特性主要是抗同频干扰，即来自共用相同频段的其他技术的干扰。对于同频干扰的抵御能力是极为重要的，因为它直接影响到设备的性能。ZigBee 在 2.4GHz 频段内具备强抗干扰能力就意味着能够可靠地与 Wi-Fi、蓝牙、WirelessUSB 以及家用的无绳电话和微波炉共存。

IEEE802.15.4标准中提供了很多机制来保证ZigBee在2.4GHz频段和其他无线技术标准的共存能力。

IEEE802.15.4 物理层在碰撞避免机制（Carrier Sense Multiple Access with Collision Avoidance，CSMA/CA）中提供空闲信道评估（Clear Channel Assessment，CCA）的能力，即如果信道被其他设备占用，允许传输退出而不必考虑采用的通信协议。

ZigBee个人区域网中的协调器首先要扫描所有的信道，然后再确认并加入一个合适的PAN，而不是自己去创建一个新PAN，这样就减少了同频段PAN的数量，降低了潜在的干扰。如果干扰源出现在重叠的信道上，协调器上层的软件要应用信道算法选择一个新的信道。

IEEE802.11b信道分布示意如图1.8所示。对比IEEE 802.11b和IEEE 802.15.4信道算法，有4个IEEE 802.15.4信道（n=15，16，21，22）落在3个IEEE 802.11b信道的频带间距上，这些间距上的能量不为零，但是会比信道内的能量低，将这些信道作为IEEE 802.15.4网络工作信道可以将系统间的干扰降至最小。在网络初始化或者响应中断时，ZigBee设备都会先扫描一系列被列入信道表参数中的信道，以便进行动态信道选择。在有 IEEE 802.11b 网络活跃的工作环境中建立一个IEEE 802.15.4网络，可以按照上述空闲信道来设置信道表参数，以便加强网络的共存性能。

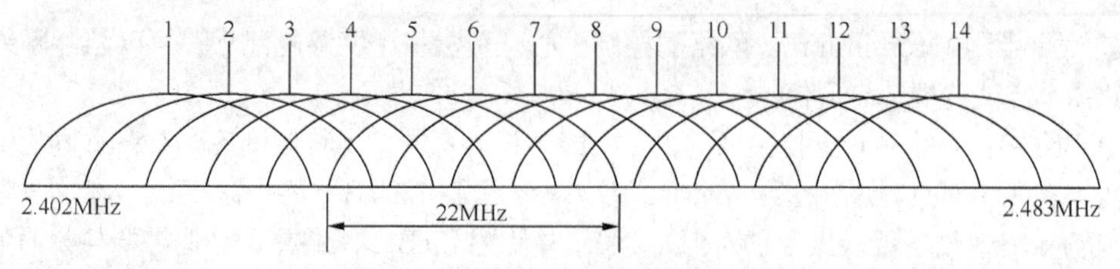

图 1.8　IEEE802.11b 信道分布示意图

1.3.3　ZigBee 的网络号

ZigBee 协议使用一个 16 位的个域网络标识符（Personal Area Network ID，PANID）来标识一个网络。Z-Stack 允许用两种方式配置 PANID。PANID 是一个 32 位标设，范围从 0x0000～0xFFFF。当 ZDAPP_CONFIG_PAN_ID 值不设置为 0xFFFF 时，设备建立或加入网络的 PAN ID 由 ZDAPP_CONFIG_PAN_ID 指定；如果设置 ZDAPP_CONFIG_PAN_ID 为 0xFFFF，那么设备就将建立或加入一个"最优"的网络。

PANID 的出现一般是在确定信道以后。PANID 针对一个或多个应用的网络，用于区分不同的 ZigBee 网络，一般是 Mesh 或者 Cluster Tree 两种拓扑结构之一。所有节点的 PANID 唯一，即一个网络只有一个 PANID，它是由 PAN 协调器生成的，PANID 是可选配置项，用来控制 ZigBee 路由器和终端节点要加入哪个网络。文件 f8wConfg.cfg 可以设置为 0x0000～0x3FFF 之间的一个值。协调器使用这个值，作为它要启动的网络的 PANID。而对于路由器节点和终端节点来说，只要加入一个已经用这个参数配置了 PANID 的网络。如果要关闭这个功能，只要将这个参数设置为 0xFFFF。要更进一步控制加入过程，则需要修改 ZDApp.c 文件中的 ZDO_NetworkDiscoveryConfirmCB 函数。当然，如果 ZDAPP_CONFIG_PAN_ID 被定义为 0xFFFF，那么协调器将根据自身的 IEEE 地址建立一个随机的 PANID（0x0000～0x3FFF）。

1.3.4　ZigBee 的地址

在 ZigBee 无线传感器网络中，节点有两个地址。一个是物理（IEEE 或扩展）地址，每个 CC2530 单片机的 IEEE 在出厂时就已经定义好了（当然，在用户学习阶段可能通过编程软件 SmartRF Flash Programmer 修改设备的 IEEE 地址）。当一个 ZigBee 节点需要加入网络时，其物理地址必须不能与现有网络节点的物理地址有冲突，并且不为 0xFFFF。另一个是网络地址（16 位）。该地址是在设备加入网络时，按照一定的算法计算得到并分配给加入网络的设备。网络地址在某个网络中是唯一的，16 位的网络地址主要有两个功能：在网络中标识不同的设备；在网络数据传输时指定目的地址。

1.3.5　ZigBee 的设备类型

ZigBee 规范定义了 3 种类型的设备，每种都有自己的功能要求。ZigBee 协调器是启动和配置网络的一种设备。协调器可以保持间接寻址用的绑定表格，支持关联，同时还能设计信任中心和执行其他活动。协调器负责网络正常工作以及保持同网络其他设备的通信。一个 ZigBee 网络只允许一个 ZigBee 协调器。

ZigBee 节点一般包括终端节点、路由节点和协调器 3 种节点类型。

① 终端节点（End Device）：只负责数据信息的采集和环境的检测，一般数量比较多。

② 路由节点（Router）：负责数据的转发功能，一个路由节点可以与若干个路由节点或终端节点通信。

③ 协调器（Coordinator）：网络的控制中心，负责一个网络的建立，可以与此网络中的所有路由节点或终端节点通信。

ZigBee 路由器是一种支持关联的设备，能够将消息转发到其他设备。ZigBee 网格或树型网络可以有多个 ZigBee 路由器。ZigBee 星型网络不支持 ZigBee 路由器。

ZigBee 终端设备可以执行它的相关功能，并使用 ZigBee 网络到达其他需要与其通信的设备，它的存储容量要求最小，其可以实现 ZigBee 低功耗设计。

上述 3 种设备根据功能完整性可分为全功能设备（Full Functional Device，FFD）和精简功能设备（Reduce Function Device，RFD）。其中 FFD 可作为协调器、路由器和终端设备，而 RFD 只能用于终端设备。一个 FFD 可与多个 RFD 或多个其他 FFD 通信，而一个 RFD 只能与一个 FFD 通信。

1.4　ZigBee 无线传感器网络拓扑结构

ZigBee 支持包含有主从设备的星型、树型和网状等拓扑结构。虽然每一个 ZigBee 设备都有一个唯一的 64 位的 IEEE 地址，并可以用这个地址在 PAN 中进行通信，但在从设备和网络主协调器建立连接后会为它分配一个 16 位的短地址，此后就可以用这个短地址在 PAN 内进行通信。64 位的 IEEE 地址是唯一的绝对地址，相当于计算机的 MAC 地址；而 16 位的短地址是相对地址，相当于 IP 地址。

1．星型拓扑

星型拓扑是最简单的一种拓扑形式，包含一个协调器（Coordinator）和一系列的终端节点（End Device），其结构如图 1.9 所示。每一个终端节点只能和协调器进行通信。如果需要在两个终端节点之间进行通信则必须通过协调器进行信息的转发。

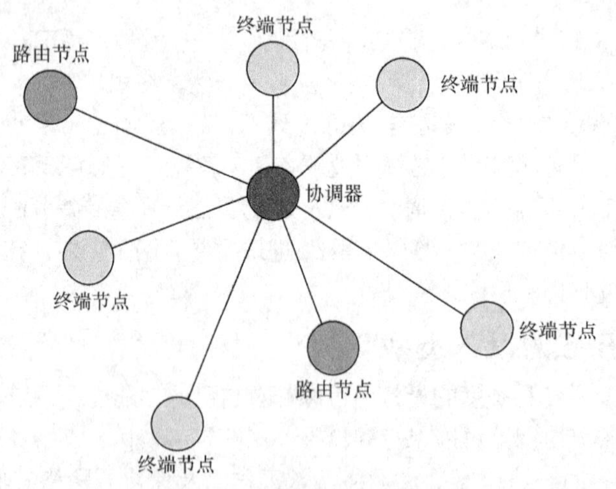

图 1.9　星型拓扑结构示意图

这种拓扑形式的缺点是节点之间的数据路由只有唯一的一个路径。协调器有可能成为整个网络的瓶颈。实现星形网络拓扑不需要使用 ZigBee 的网络层协议，因为本身 IEEE 802.15.4 的协议层就已经实现了星型拓扑形式，但是这需要开发者在应用层做更多的工作，包括自己处理信息的转发。

2．树型拓扑

树型拓扑包括一个协调器以及一系列的路由器和终端节点。协调器连接一系列的路由器和终端节点，其子节点的路由器也可以连接一系列的路由器和终端节点，这样可以重复多个层级。树型拓扑的结构如图 1.10 所示。

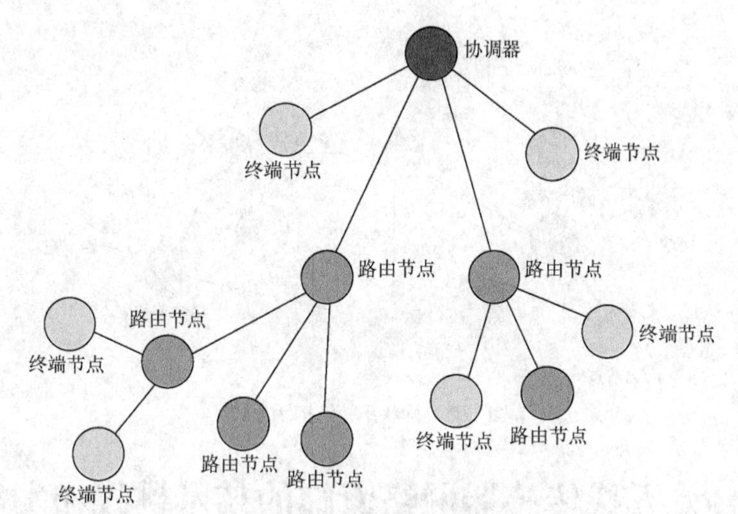

图 1.10　树型拓扑结构示意图

需要注意以下几点。

① 协调器和路由器可以包含自己的子节点。

② 终端节点不能有自己的子节点。

③ 有同一个父节点的节点称为兄弟节点。

④ 有同一个祖父节点的节点称为堂兄弟节点。

树型拓扑中的通信规则如下。

① 每一个节点都只能与其父节点和子节点进行通信。

② 如果需要从一个节点向另一个节点发送数据，那么信息将沿着树的路径向上传递到最近的祖先节点，然后再向下传递到目标节点。

这种拓扑方式的缺点就是信息只有唯一的路由通道。另外，信息的路由是由协议栈层处理的，整个路由过程对于应用层是完全透明的。

3．网状拓扑（Mesh 拓扑）

网状拓扑包含一个协调器和一系列的路由器和终端节点。这种网络拓扑形式和树型拓扑相同，可参考上面所提到的树型网拓扑。但是，网状拓扑具有更加灵活的信息路由规则，在可能的情况下，路由节点之间可以直接通信。这种路由机制使得信息的通信变得更有效率，而且意味着一旦一个路由路径出现了问题，信息可以自动地沿着其他的路由路径进行传输。网状拓扑的结构如图 1.11 所示。

通常在支持网状网络的实现上，网络层会提供相应的路由探索功能，这一特性使得网络层可以找到信息传输的最优化路径。需要注意的是，以上所提到的特性都由网络层来实现，应用层不需要进行任何参与。

网状拓扑结构的网络具有强大的功能，可以通过“多级跳”的方式来通信。该拓扑结构还可以组成极为复杂的网络，这种网络具备自组织和自愈功能。星型和树型网络适合点对点、距离相对较近的应用。

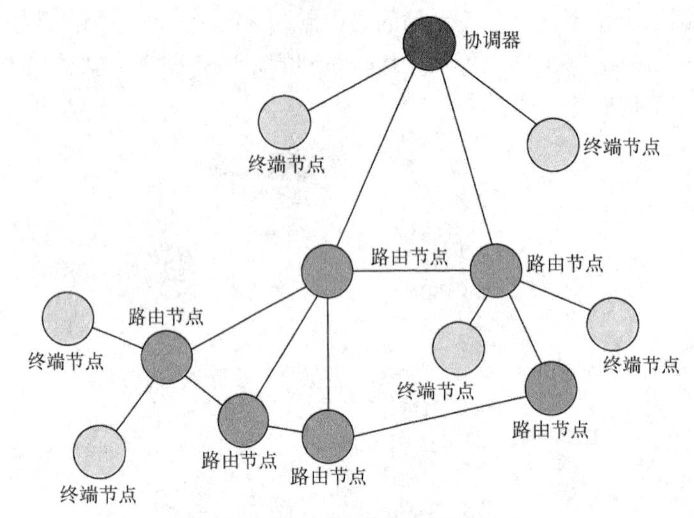

图 1.11 网状拓扑结构示意图

1.5 ZigBee 无线传感器网络面临的技术挑战和发展趋势

1.5.1 ZigBee 无线传感器网络面临的技术挑战

ZigBee 无线传感器网络是一种独立出现的计算机网络，它的基本组成单位是节点，这些节点集成了传感器、微处理器、无线接口和电源 4 个模块。可以将传统的计算机网络技术中已成熟的解决方案借鉴到无线传感网络中来，但基于无线传感网络自身的用途和优点，开发专用的通信协议和路由算法已经成为当前无线传感网络领域内急待研究的课题，如 ZigBee 无线网络国际通信标准。

1．能源消耗

ZigBee 无线传感器节点通常由电池供电，供电容量一般不会很大。由于长期工作在无人值守的环境中，通常无法给传感器节点充电或更换电池，一旦电池用完，节点也就失去了作用。这要求在 ZigBee 无线传感器网络运行的过程中，每个节点都要最小化自身的能量消耗，获得最长的工作时间；因而 ZigBee 无线传感器网络中的各项技术和协议的使用一般都以节能为前提。

2．实时性

ZigBee 无线传感器网络应用大多有实时性的要求。例如，目标在进入监测区域之后，网络系统需要在一个很短的时间内对这一事件做出响应，其反应时间越短，系统的性能越好。又如，车载监控系统需要每 10ms 读 1 次加速度仪的测量值，否则将无法正确估计速度，导致交通事故，这些应用都对 ZigBee 无线传感器网络的实时性设计提出了很大的挑战。

3．低成本

组成 ZigBee 无线传感器网络的节点众多，单个节点的价格会极大程度地影响系统的成本，为了达到降低单个节点成本的目的，需要设计对计算、通信和存储能力均要求较低的简单网络系统和通信协议。此外，ZigBee 无线传感器网络系统具有配置和自修复的能力，还可以减少系统管理与维护的开销和降低系统的成本。

4．网络安全

ZigBee 无线传感器网络系统具有严格的资源限制，需要设计低开销的通信协议，同时也会带来严重的安全问题，如何使用较小的能量完成数据加密、身份认证、入侵检测以及在破坏或受干扰的情况下可靠地完成任务，也是 ZigBee 无线传感器网络研究和设计面临的一个挑战。

5．协作

单个的传感器节点往往不能完成对目标的测量、跟踪和识别，而需要多个传感器节点采用一定的算法通过交换信息，对所获得的数据进行加工、汇总和过滤，并以事件的形式得到最终结果。数据的传递协作涉及网络协议的设计和能量的消耗，也是目前 ZigBee 无线传感器网络面临的一个挑战。

1.5.2 ZigBee 无线传感器网络的发展趋势

针对 ZigBee 无线传感器网络面临的技术挑战，其发展趋势主要体现在以下几个方面。

1．灵活、自适应的网络协议体系

ZigBee 无线传感器网络广泛应用于军事、环境、医疗、家庭、工业等领域。其网络协议、算法的设计和实现与具体的应用都有着紧密的关联。在环境监测中需要使用静止、低速的 ZigBee 无线传感器网络；在军事应用中需要使用移动的、实时性强的 ZigBee 无线传感器网络；在智能交通里还需要将射频识别（Radio Frequency Identification，RFID）技术和 ZigBee 无线传感器网络技术整合起来使用。这些面向不同应用背景的 ZigBee 无线传感器网络所使用的路由机制、数据传输模式、实时性要求以及组网机制等都有着很大的差异，因而网络性能各有不同。目前 ZigBee 无线传感器网络研究中所提出的各种网络协议都是基于某种特定的应用而提出的，这给 ZigBee 无线传感器网络的通用化设计和使用带来了巨大的困难，如何设计功能可裁剪、自主灵活、可重构和适应于不同应用需求的 ZigBee 无线传感器网络协议体系结构，将是未来 ZigBee 无线传感器网络发展的一个重要方向。

2．跨层设计

ZigBee 无线传感器网络有着分层的体系结构，因此在设计时也大都是分层进行的。各层的设计都相互独立且具有一定局限性，因而各层的优化设计并不能保证整个网络的设计最优。针对此问题，一些研究者提出了跨层设计的概念。跨层设计的目标就是实现逻辑上并不相邻的协议层之间的设计互动与性能平衡。对 ZigBee 无线传感器网络的能量管理机制、低功耗设计等在各层设计中都有所体现，但要使整个网络的节能效果达到最优，还应采用跨层设计的思想。

将 MAC 层与路由相结合进行跨层设计可以有效地节省能量，延长网络的寿命。同样，传感器网络的能量管理和低功耗设计也必须结合实际跨层进行。此外，在时间同步和节点定位方面，采用跨层优化设计的方式，能够使节点直接获取物理层的信息，有效避免本地处理带来的误差，获得较为准确的相关信息。

3．ZigBee 标准规范

ZigBee 是一种新型无线网络通信规范，主要用于近距离无线连接。ZigBee 的基础是 IEEE 802.15.4 技术标准。802.15.4 标准旨在为低能耗的简单设备提供有效覆盖范围在 10m 左右的低速连接，可广泛用于交互玩具、库存跟踪监测等消费与商业应用领域。ZigBee 当然不仅只是 802.15.4 的名字。IEEE 802.15.4 仅处理低级 MAC 层和物理层协议，ZigBee 联盟对其网络层协议和 AH 进行了标准化，还开发了安全层，以保证这种便携设备不会意外泄漏其标识，而且这种利用网络的远距离传输不会被其他节点获得。此外，ZigBee 还具有低传输速率、低功耗、协议简单、时延短、安全可靠、网络容量大、优良的网络拓扑能力等优点。ZigBee 的这些优点极好地支持了 ZigBee 无线传感器网络:它能够在众多微小的传感器节点之间相互协调通信，这些节点只需要很低的功耗，以多跳接力的方式在节点间传送数据，因而通信效率非常高。目前，ZigBee 联盟正在进行协议标准的整合工作，该标准的成功制定对于 ZigBee 无线传感器网络的推广使用将有着深远、重要的意义。

在标准规范的制订方面，主要是 IEEE802.15.4 小组与 ZigBee 联盟（ZigBee Alliance）两个组织，两者分别制订硬件与软件标准，两者的角色分工就如同 IEEE802.11 小组与 Wi-Fi 之间的关系。在 IEEE802.15.4 方面，2000 年 12 月 IEEE 成立了 IEEE802.15.4 小组，负责制订介质访问控制路层（MAC 层）与物理层（PHY 层）规范，2003 年 5 月通过 802.15.4 标准。802.15.4 任务小组目前在着手制订 802.15.4 b 标准，此标准主要是加强 802.15.4 标准，包括解决标准有争议的地方，降低复杂度，提高适应性并考虑新频段的分配等。ZigBee 建立在 802.15.4 标准之上，它确定了可以在不同制造商之间共享的应用纲要。802.15.4 仅定义了 PHY 层和 MAC 层，并不足以保证不同的设备之间可以对话，于是便有了 ZigBee 联盟。

为推动 ZigBee 技术的发展，Chipcon、Ember、Freescale、Honeywell、Mistubishi、Motorala、Philips 和 Samsung 等共同成立了 ZigBee 联盟。目前该联盟已经包含 150 多家会员。根据市场研究机构 IC Insights 的最新预测报告，2015 年全球 ZigBee 器件的出货量将达到 132 亿个。

ZigBee 无线传感器网络各层示意如图 1.12 所示。IEEE 802.15.4 仅定义了 PHY 层和 MAC 层的数据传输规范，而 ZigBee 协议定义了 NWK 层、应用程序支持子层以及应用层的数据传输规范。这就构成了 ZigBee 无线传感器网络。

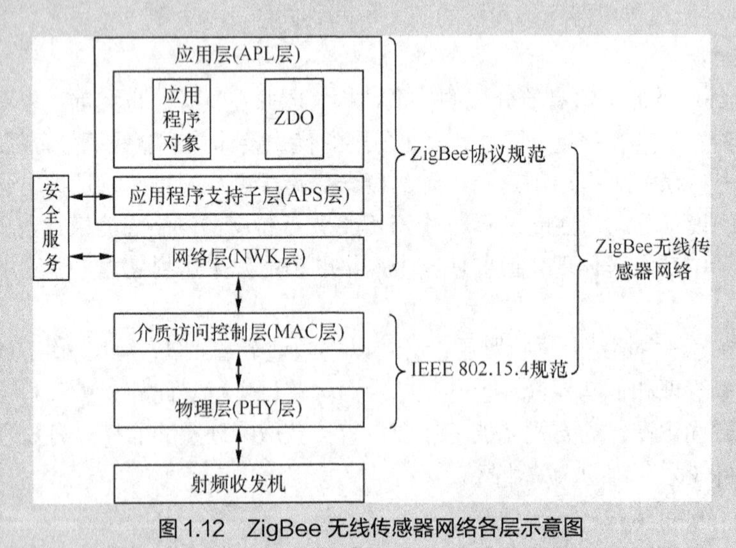

图 1.12　ZigBee 无线传感器网络各层示意图

4. 与其他网络的融合

ZigBee 无线传感器网络和现有网络的融合将带来新的应用。例如，ZigBee 无线传感器网络与互联网、移动通信网的融合，一方面使 ZigBee 无线传感器网络得以借助这两种传统网络传递信息，另一方面这两种网络可以利用传感信息实现应用的创新。此外，将 ZigBee 无线传感器网络作为传感与信息采集的基础设施融合进网络体系，构建一种全新的基于 ZigBee 无线传感器网络的网络全系——ZigBee 无线传感器网络。传感器网络专注于探测和收集环境信息；复杂的数据处理和存储等服务则交给网络来完成，将为大型的军事应用、科研、工业生产和商业交易等应用领域提供一个集数据感知、密集处理和海量存储于一体的强大的操作平台。

知识链接

传感器网络与物联网的对比见表 1.5。

表 1.5　传感器网络与物联网的对比

对　比　项	传感器网络	物　联　网
定义	传感器以自组织和多跳的方式构成的无线网络	利用感知技术与智能装置对物理世界进行感知识别
终端	大量的传感器节点	传感器、RFID、二维条码、GPS、内置移动的模块
基础网络	无	传感网、互联网、移动网等
通信对象	物对物	物对物、物对人

1.6　ZigBee 无线传感器网络的应用

传感器网络具有广阔的应用前景，能够应用于环境监测、安全防卫、智能家居与医疗护理等多个领域。

1．环境监测

环境监测是 ZigBee 无线传感器网络最基本的应用之一。由于人力资源有限，无法时刻关注环境变化。在这种情况下，可以将大量廉价的传感器节点部署于感兴趣的环境中，实时收集相关数据信息感知环境变化。常见的环境监测场景有水污染监测、空气质量监测、精细农业操作与动物生活习性监测等。由于环境监测系统对信息传输的延迟要求不高，设计系统面临的主要问题是，如何在保证应用需求的情况下调度节点最大化网络寿命。

2．安全防卫

安全防卫是 ZigBee 无线传感器网络的一项重要应用。部署于被保护区域外围的 ZigBee 无线传感器网络能够检测入侵目标，估计目标位置并跟踪目标；基于传感器网络提供的信息，系统能够以最快的速度拦截目标。大到国防安全，小到财产安全，均可以通过 ZigBee 无线传感器网络来实现。常见的安全防卫场景有边境防护、战场环境监控、机场防护与建筑物监控等。安全防卫对入侵者的定位精度及信息的实时传输要求较高，因此，系统设计面临的主要问题是，如何确保入侵者的检测与定位跟踪，以及如何实时汇报入侵者的位置信息给基站。

3．智能家居

随着社会的发展，人们对生活的智能化、自动化要求越来越高。通过在家电中嵌入传感器节点，可以将屋内所有的设备联系在一起组成传感器网络，从而为人们提供更加舒适方便的智能家居环境。如何实现多设备互联是智能家居应用中面临的主要设计问题。

4．医疗护理

将传感器节点安装在老年人或者病人的身体上，实时汇报身体状态信息，医生通过远程的方式了解病人的实时状况，并采取相应的医疗措施。ZigBee 无线传感器网络将有效地解决医疗资源匮乏的问题，降低医疗成本，在老龄化日益严重的今天发挥越来越重要的作用。设计适合采集身体状况数据的节点与建立有效的医疗系统是医疗护理应用面临的主要问题。

5．目标跟踪与定位

目标跟踪是指当目标在部署区域移动时，不断有传感器节点检测到目标，估计目标位置并实时汇报目标位置给基站。目标跟踪同样是 ZigBee 无线传感器网络众多应用的研究基础，尤其在安全防卫领域发挥着重大作用。例如，战场入侵者拦截：当入侵者进入部署区域后，将目标位置汇报给基站，基站派出人员拦截入侵者。然而，目标是不断移动的，因此网络需要跟踪目标，不断提供目标的实时位置信息，指引己方人员对入侵者的拦截。

在传感器网络中，节点的感知范围有限，只有目标附近的节点能够感知目标，远离目标的节点无法提供有效的信息。因此，通过唤醒目标附近的节点，休眠远离目标的节点可以节省节点能耗，延长网络寿命。同时，由于节点资源有限，单个节点无法准确估计目标位置，从而要求多节点协作共同跟踪目标。如何能有效地调度节点跟踪目标的同时实时汇报目标位置到基站，是目标跟踪与定位应用面临的主要问题。

项目小结

（1）ZigBee 无线传感器网络是大量的传感器节点以自组织或者多跳的方式构成的无线网络。

（2）传感器负责在传感器网络中感知和采集数据，它处于 ZigBee 无线传感器网络的感知层，是识别物体、采集信息的设备。

（3）ZigBee 无线传感器网络由传感器节点、汇聚节点和任务管理节点等几部分组成。

（4）ZigBee 无线传感器网络的主要软件协议栈由物理层（PHY 层）、介质访问控制层（MAC 层）、网路层（NWK 层）和应用层（APL 层）组成。

主要概念

ZigBee 无线传感器网络、ZigBee、传感器节点、传感器网络、IEEE 802.15.4。

实训项目

任务一　ZigBee 简单自组网

[任务目标]

（1）通过 ZigBee 组网，掌握 ZigBee 无线传感器网络构架。

（2）利用监测软件或网关代理软件，进行 ZigBee 组网测试。

（3）培养学生协作与交流的意识与能力，让学生进一步认识 ZigBee 无线传感器网络构架。

[内容与要求]

（1）ZigBee 组网。

（2）利用监测软件，检测组网的正确与否。

任务二　ZigBee 网关自组网实验

[任务目标]

（1）通过 ZigBee 组网，掌握 ZigBee 无线传感器网络构架。

（2）利用网关监测软件，进行 ZigBee 组网测试。

（3）培养学生协作与交流的意识与能力，让学生进一步认识 ZigBee 无线传感器网络构架。

[内容与要求]

（1）ZigBee 组网。

（2）利用网关监测软件，检测组网的正确与否。

任务三　ZigBee 数据包分析

[任务目标]

（1）通过 ZigBee 组网，掌握 ZigBee 数据包的组成和形式。

（2）利用 Packet Sniffer 软件，进行 ZigBee 数据包的组成及地址分析。

（3）培养学生协作与交流的意识与能力，让学生进一步认识 ZigBee 无线传感器网络数据包。

[内容与要求]

（1）ZigBee 组网。

（2）利用 Packet Sniffer 软件，进行 ZigBee 数据包的组成及地址分析。

实训考核

任务一　ZigBee 简单自组网

考核要素	评价标准	分值（分）	评分（分）				
			自评（10%）	小组（10%）	教师（80%）	专家（0%）	小计（100%）
ZigBee 组网特性分析	① ZigBee 组网的操作步骤和无线组网架构	40					
ZigBee 组网监测	② 利用 ZigBee Sensor Monitor(1.2.0) 软件或者网关代理软件进行网络拓扑结构图分析	30					
分析总结		30					
合计							
评语（主要是建议）							

任务二　ZigBee 网关自组网实验

考核要素	评价标准	分值（分）	评分（分）				
			自评（10%）	小组（10%）	教师（80%）	专家（0%）	小计（100%）
ZigBee 组网特性分析	① ZigBee 组网的操作步骤和无线组网架构，理解网关与 PC 机的通信特性和作用	40					
ZigBee 组网监测	② 利用 ZigBee Sensor Monitor（1.2.0）软件进行网络拓扑结构图分析	30					
分析总结		30					
合计							
评语（主要是建议）							

任务三　ZigBee 数据包分析

考核要素	评价标准	分值（分）	评分（分）				
			自评（10%）	小组（10%）	教师（80%）	专家（0%）	小计（100%）
ZigBee 组网特性分析	① ZigBee 组网的操作步骤和无线组网架构，理解 ZigBee 无线传感器网络的通信特性和作用	40					
ZigBee 数据包分析	② 利用 Packet Sniffer 软件，进行 ZigBee 数据包的组成及地址分析	30					
分析总结		30					
合计							
评语（主要是建议）							

实训参考

任务一　ZigBee 简单自组网

1．实验设备

实 验 设 备	数量	备　　注
ZigBee Debugger 仿真器	1	下载和调试程序
CC2530 节点	4	调试程序
USB 线	4	连接 PC 机、网关板、调试器
RS232 串口连接线	1	调试程序
SmartRF Flash Programmer 软件	1	烧写物理地址软件
电源	5	供电
ZigBee Sensor Monitor（1.2.0）	1	监控软件
网关代理软件	1	选配

2．实验过程

（1）选择测试代码文件夹下的无线自组网对应文件，利用 ZigBee 仿真器下载，烧写 hex 文件到相应传感器的 E^2PROM 中。

（2）分别将无线自组网对应文件下的协调器、终端节点、路由器的 hex 文件下载到相应的传感器中（注：个别厂家需要烧写两次）。

（3）按照图 1.13 所示的网络拓扑图组网。

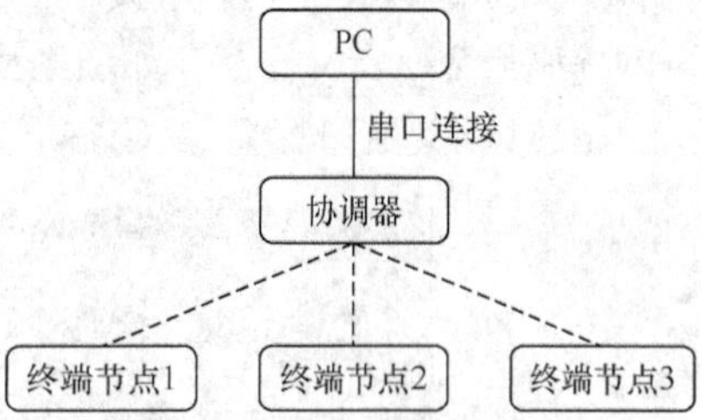

（4）打开协调器电源和其他 ZigBee 模块电源，然后用串口线将协调器和 PC 连接起来，打开节点监控软件，此时会输出网络的拓扑信息，获取网络拓扑实验测试效果，如图 1.14 所示。

PC
串口连接
协调器
终端节点1
终端节点2
终端节点3

图 1.13　网络拓扑结构示意图

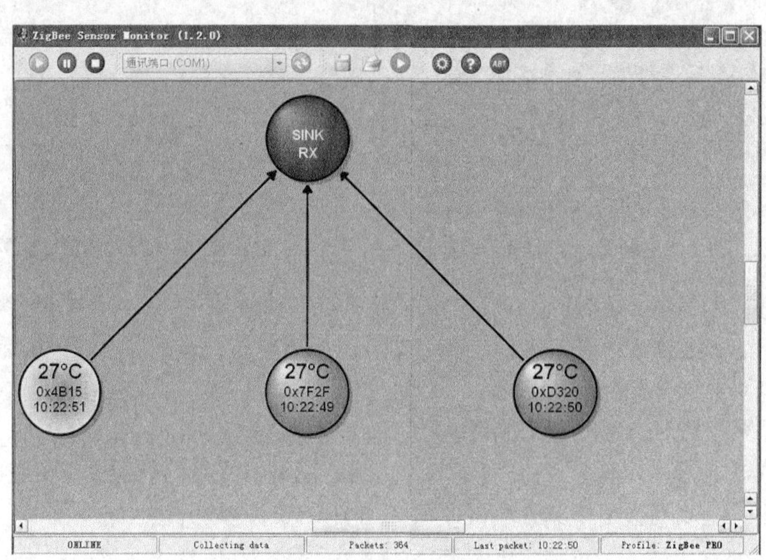

图 1.14　获取网络拓扑实验测试效果示意图

思考：

（1）与同一个父节点相连的终端节点的网络地址有什么关系？

（2）各节点的角色分别是什么？承担什么任务？

（3）终端节点之间能否相互通信？怎样进行相互通信？

任务二　ZigBee 网关自组网实验

1．实验设备

嵌入式物联网实验箱平台内的 ZigBee 仿真器 1 个，ZigBee 无线传感器网络节点（有源节点）4 个，网关主板（包括 ZigBee 协调器）1 块，电源若干，RS232 串口连接线 1 根，AccessPort 软件 1 套，烧写物理地址软件 SmartRF Flash Programmer（物理地址烧写可参考项目二中的内容）。

2．实验过程

（1）选择测试代码文件夹下的无线自组网对应文件，利用 ZigBee 仿真器下载，烧写 hex 文件到相应传感器的 E^2PROM 中。

（2）分别将无线自组网对应文件下的协调器、终端节点、路由器的 hex 文件下载到相应的传感器中（注：个别厂家需要烧写两次）。

（3）接通电源开关，并把网关主板 ZigBee 接口右边的开关向下拨，网关与 PC 之间利用以太网线进行连接。

（4）PC 环境配置方法：设置 PC 机 IP 地址为 192.168.1.120（ARM 网关默认的 IP 地址），子网掩码为 255.255.255.0，如图 1.15 所示。

ARM 网关网口灯亮，PC 右下角如图 1.16 所示，ARM 网关与 PC 机连接成功。

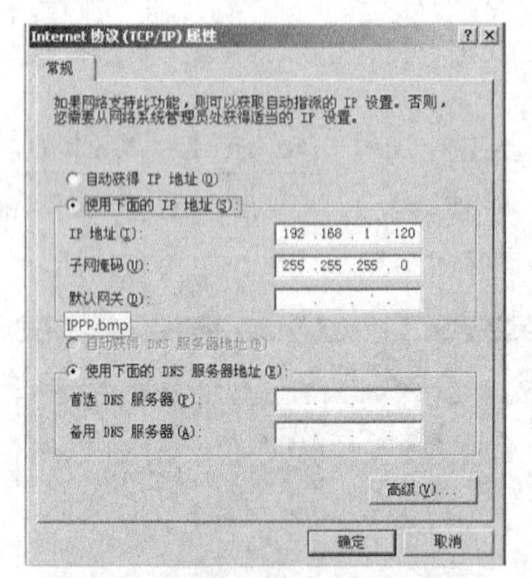

图 1.15　设置 IP 地址与子网掩码

图 1.16　网关连接成功示意图

如果连接不成功，可以采用 ipconfig 查看本机的 IP 地址，采用 ping 网关地址查看连接情况。

注：连线前，必须运行烧写软件将 hex 文件下载到网关；连线后，在网关单击“run”按钮运行，检查网关与 PC 的连接状况。

（5）按照图 1.17 所示的网络拓扑组网。

打开协调器电源和其他 ZigBee 模块电源，然后用串口线将协调器和 PC 连接起来，打开节点监控软件，获取网络拓扑实验测试效果，如图 1.18 所示。

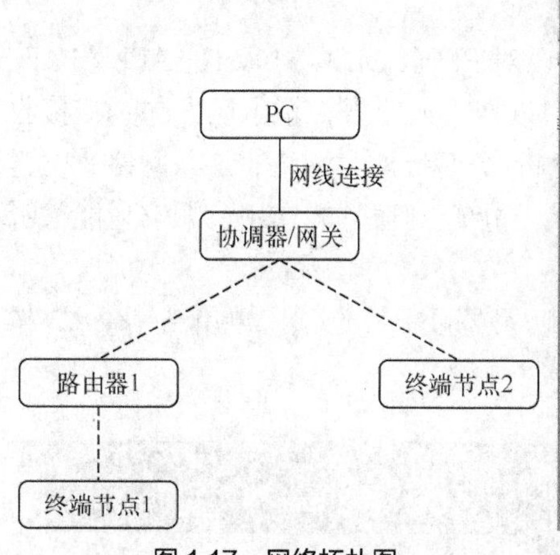

图 1.17　网络拓扑图

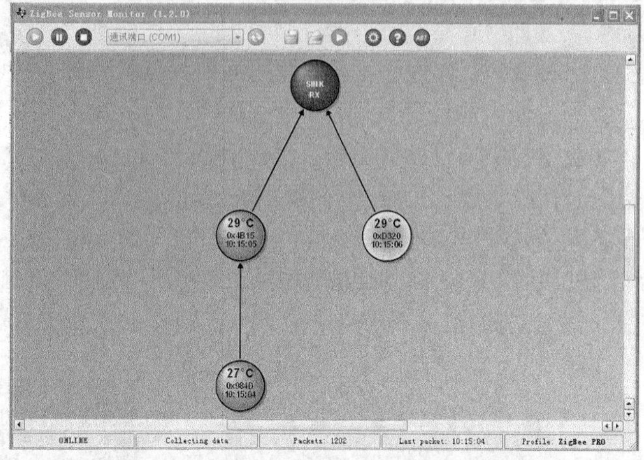

图 1.18　获取网络拓扑实验测试效果示意图

知识链接

注：执行对整个 Flash 进行擦除，因此芯片中的 IEEE 地址也相应地被擦除了。可重新写入，在用该软件写入的时候，注意 0x 后面的是低位在前、高位在后（CC2430 的 CPU 是小端模式）。会话层负责主机间的通信。

注：配置好以后，就可以下载了，在 Flash Programmer 中，先选 EB application，下载不了，提示"flash image overlaps with the bootloader"，改用 system on chip 下载就好用了。

思考：

（1）通过实验，体验网关的主要作用是什么。

（2）一个终端节点退出网络后，其他节点如何组网？如何理解自主网和自愈功能？

（3）比较 ZigBee 无线传感器网络与以太网的区别。

任务三　ZigBee 数据包分析

1．实验设备

实 验 设 备	数量	备　注
ZigBee Debugger 仿真器	1	下载和调试程序
CC2530 节点	4	调试程序
USB 线	4	连接 PC 机、网关板、调试器
RS232 串口连接线	1	调试程序
SmartRF Flash Programmer 软件	1	烧写物理地址软件
电源	5	供电
Packet Sniffer	1	调试程序，分析数据包和格式

2．实验过程

（1）选择测试代码文件夹下的无线自组网对应文件，利用 ZigBee 仿真器下载，烧写 hex 文件到相应传感器的 E^2PROM 中。

（2）按照图 1.19 所示将协调器与 PC 之间用串口连接，如果用 USB 线连接，需要串口转 USB 驱动，否则无法运行（注：需要安装串口转 USB 驱动程序）。

（3）先将协调器上电，接着将终端节点、路由节点分别上电，接入网络（注：必须在同一 PAN ID 和信道）。

（4）Packet Sniffer 是一款专门的协议分析软件，可以对 PHY、MAC、NWK、APL 和 APS 等各层协议上的信息包进行分析和解码；显示出错的包以及接入错误；指示触发包；在接收和注册过程中可连续显示包，可以利用 Packet Sniffer 分析 ZigBee 建立网络、加入网络、发送数据、接收数据的过程，需要注意的是，Packet Sniffer 只能起到侦听的作用，即它只能侦听设备发送的数据。

（5）打开 Packet Sniffer 软件后，选择“IEEE 802.15.4/ZigBee”选项，再单击“start”按钮，如图 1.20 所示。

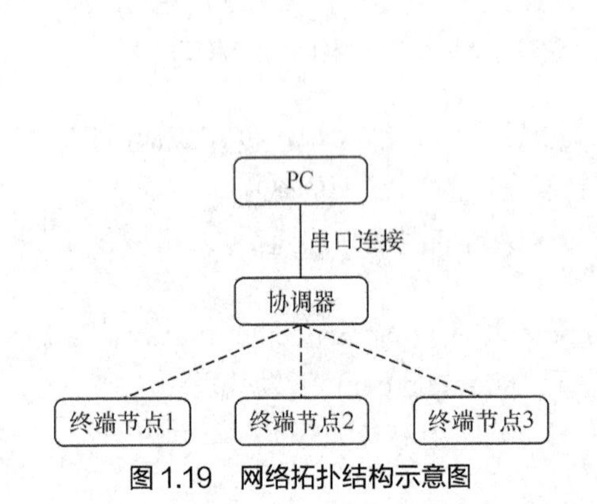

图 1.19　网络拓扑结构示意图

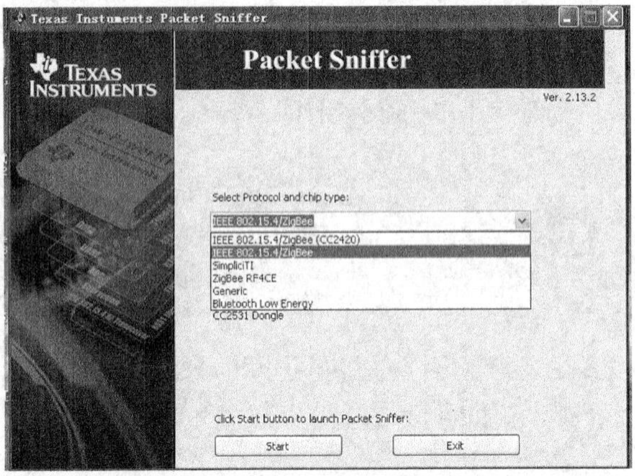

图 1.20　Packet Sniffer 选项设置

（6）进入 Radio Configuration 选项，进行 IEEE 802.15.4 Channel 选择，如图 1.21 所示。

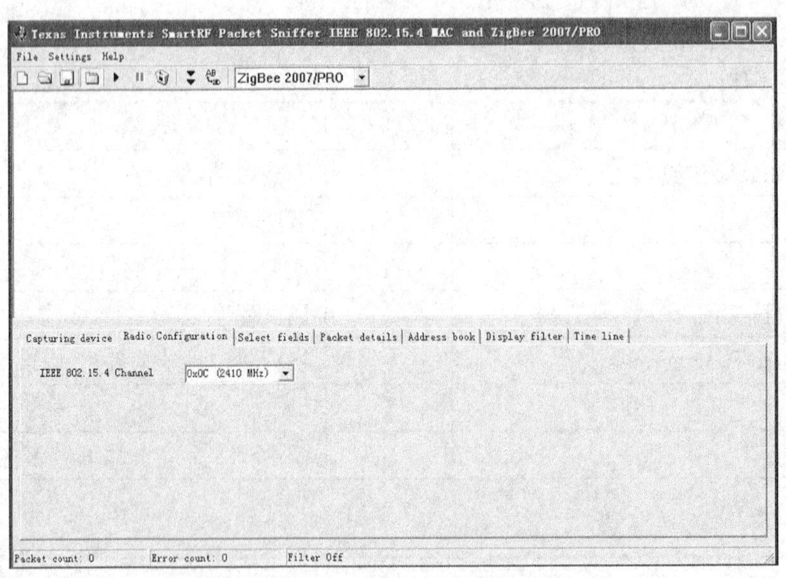

图 1.21　Packet Sniffer 信道选项设置

注：本教程配套的 hex 文件的 IEEE 802.15.4 Channel 为 0x0B。

（7）进入 Packet Sniffer 软件界面后，单击三角形图标启动捕获功能，在刚打开软件还没有形成网络时会出现分析得到的画面。Packet Sniffer 软件捕获数据包如图 1.22 所示。

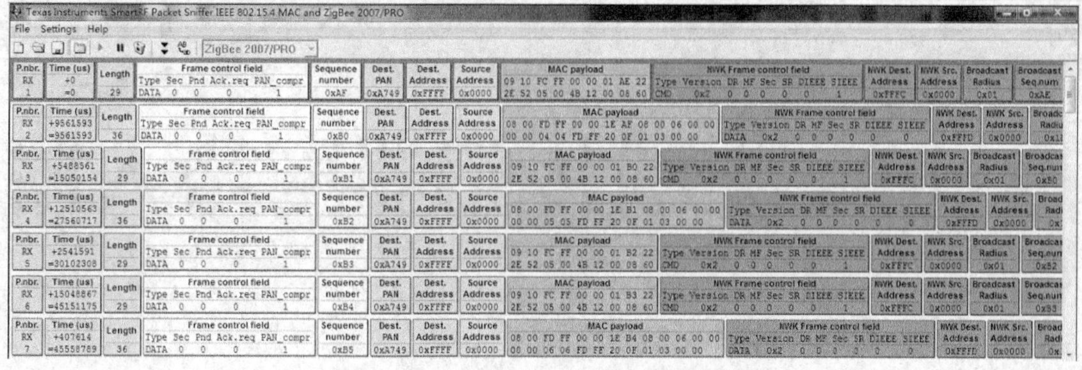

图 1.22 Packet Sniffer 软件捕获数据包示意图

思考：

（1）协调器的网络地址是什么？

（2）终端节点的网络地址是什么？

（3）为什么不使用网络地址作为源地址？

（4）第 1～7 行体现了 ZigBee 无线传感器网络的什么功能？

（5）终端节点在网络通信时为什么不使用节点的 IEEE 地址作为源地址进行通信？

课后练习

一、填空题

（1）ZigBee 无线传感器网络是大量的传感器节点以________或者________的方式构成的无线网络。

（2）________、________、________、________是构成 ZigBee 无线传感器网络的关键技术。

（3）ZigBee 无线传感器网络由________、________和________3 部分组成。

（4）无线传感器的节点主要分为________、________和________3 种类型。

（5）ZigBee 无线传感器网络的协议栈主要分为________、________、________、________和________________5 层。

二、简答题

（1）简述 ZigBee 无线传感器网络的定义。

（2）简述 ZigBee 无线传感器网络与物联网的关系。

（3）简述 ZigBee 无线传感器网络的特点。

（4）ZigBee 无线传感器网络与 IEEE 802.15.4 的主要区别是什么？

（5）在 ZigBee 无线传感器网络中为什么使用 16 位地址而不使用 64 位地址？

PART 2 项目二 ZigBee 无线传感器网络入门

本章目标

知识目标

- 掌握 ZigBee 无线传感器模块的芯片选型和硬件资源。
- 了解 ZigBee 无线传感器网络的协议栈选型和软件资源。
- 了解 Z-Stack 协议栈的应用。

技能目标

- 掌握 ZigBee 无线传感器网络的协议栈选型和软件资源。
- 了解 Z-Stack 协议栈的修改。

随着现代微电子、微机电系统（Micro-Electro-Mechanical System，MEMS）、SoC、纳米材料、无线通信技术、信号处理技术、计算机网络技术等的进步以及互联网的迅速发展，传感器信息获取技术从独立的单一化模式向集成化、微型化，进而向智能化、网络化方向发展，成为信息获取最重要和最基本的技术之一。

ZigBee 传感器网是集传感器、数据处理单元和通信模块的微小节点随机分布，并通过自组织方式构成的网络，借助节点中内置的形式多样的传感器测量周边环境中热、红外、声呐、雷达、射频和地震波等信号，从而探测包括温度、湿度、噪声、光强度、压力、气体成分及浓度、土壤成分、移动物体大小、速度和方向等众多感兴趣的物质现象。在通信方式上，可以采用有线、无线、红外、超声波和光等任意一种或多种方式。

2.1 需求分析

2.1.1 各层功能简介

根据物联网的服务类型和节点等情况，物联网的体系结构主要由物理层、媒体接入控制层、网络/安全层和应用层组成。

1．物理层

物理层定义了无线信息和 MAC 子层之间的接口，提供物理层数据服务和物理层管理服务，主要是在驱动程序的基础上，实现数据传输和管理。物理层数据服务从无线信道上收发数据，管理服务包括信道能量监测（Energy Detection，ED）、链接质量指示（Link Qualily Indicator，LQI）、载波检测（Carrier Sense，CS）和空闲信道评估（Clear Channel Assessment，CCA）等，维护一个由物理层相关数据组成的数据库。

2．介质访问控制层

介质访问控制层提供了 MAC 层数据服务和 MAC 层管理服务。前者保证 MAC 层协议数据单元在物理层数据服务中的正确收发，而后者从事 MAC 层的管理活动，并维护一个信息数据库。

3．网络/安全层

网络/安全层负责设备加入和退出网络，申请安全结构、路由管理，在设备之间发现和维护路由，发现邻设备、存储邻设备信息。

4．应用层

应用层包括应用支持子层（Application Support Layer，APS）和 ZigBee 设备对象（ZigBee Device Object，ZDO）。其中，APS 负责维持绑定表，在绑定的设备之间传送消息；而 ZDO 定义设备在网络中的角色，发起和响应绑定请求，在网络设备之间建立安全机制。

2.1.2 最低需求估算

数据在通信设备之间传输时，其传输过程均是由上层协议到底层协议，再由底层协议到上层协议。相比于常见的无线通信标准，ZigBee 协议套件紧凑而简单，并且其实现的要求很低。以下是 ZigBee 协议套件的最低需求估算。

（1）硬件需要 8 位处理器，如 80C51。

（2）软件需要 32KB 的 ROM，最小软件需要 4KB 的 ROM，如 CC2430 芯片具有 8051 内核、内存可选择从 32～128KB 的 ZigBee 无线单片机系统。

（3）网络主节点需要更多的 RAM，以容纳网络内所有节点的设备信息、数据包转发表、设备关联表以及与安全有关的密钥存储等。

根据需求分析和估算，我们采用粤嵌科技推出的用于 ZigBee 传感器网络研究演示平台的实验节点 GEC WSN ZigBee。GEC WSN ZigBee 节点主要包含具备无线收发功能的微处理器、传感器和标准通信接口，其中微处理器采用的是 TI 公司的 CC2530，外围元件包含一颗 32MHz 晶振和一颗 32.768kHz 晶振及其他一些阻容器件。

2.2 硬件资源

ZigBee 是一种短距离的无线通信技术，其应用系统由硬件和软件组成，本章主要讲解 ZigBee 芯片和 ZigBee 协议栈。

2.2.1 节点芯片选型

单片机按照 CPU 处理数据的位宽可分为 4 位、8 位、16 位和 32 位单片机。其中 8 位单片机由于内部构造简单、体格小、成本低等优势，应用最为广泛。4 位单片机主要应用于工业控制领域，随着工艺的发展，由于性能较低，逐步退出市场。而 16 位和 32 位单片机虽然性能比 8 位单片机强得多，但由于成本和应用场合的限制，尤其是近年来 ARM 嵌入式技术的发展，导致它的应用不如 8 位单片机那么广泛。而 16 位和 32 位单片机主要应用于视频采集、图形处理等方面。

目前，世界各大电子电器公司基本上都有自己的单片机系列产品。如三星公司的 KS86 和 KS88 系列 8 位单片机、Philips 公司的 P89C51 系列 8 位单片机、Atmel 公司的 AT89 系列 8 位单片机等。目前，在物联网领域应用较为广泛的有 TI 公司的 MSP430 系列，Atmel 公司的 AVR 系列、51 系列，Microchip 公司的 PIC 系列等。除了单片机含有的外设和数量存在一定的差异外，处理器核的差异是体现这些单片机性能差异的主要原因。本系统采用 TI 公司的 8 位单片机 CC2530 作为核心芯片进行阐述。

进行 ZigBee 无线传感器网络的二次开发硬件支持主要包括核心板硬件资源和底板硬件资源两部分。

2.2.2 核心板硬件资源

1．CC2530 简介

CC2530 是用于 IEEE 802.15.4 ZigBee 和 RF4CE 应用的一个真正的 SoC 解决方案。它能够以非常低的总材料成本建立强大的网络节点。CC2530 结合了领先的 RF 收发器的优良性能、业界标准的增强型 8051 CPU、系统内可编程闪存及 8KB RAM 和许多其他强大的功能。CC2530 有 4 种不同的闪存版本即 CC2530F32/64/128/256，分别具有 32/64/128/256KB 的闪存。CC2530 具有不同的运行模式，使得它尤其适应超低功耗要求的系统，运行模式之间的转换时间短，进一步确保了低能源消耗。

CC2530F256 结合了 TI 公司在业界领先的黄金单元 ZigBee 协议栈（Z-Stack™），提供了 ZigBee 解决方案。

CC2530F64 结合了 TI 公司的黄金单元 RemoTI，更好地提供了完整的 ZigBee RF4CE 远程控制解决方案。

图 2.1 是 CC2530 的方框图，图中模块大致可以分为 3 类：CPU 和内存相关的模块，外

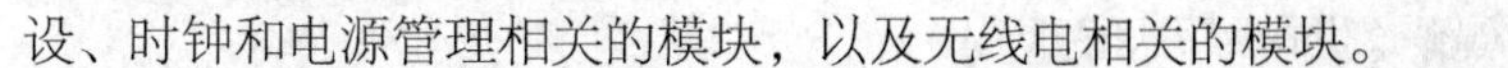
设、时钟和电源管理相关的模块，以及无线电相关的模块。

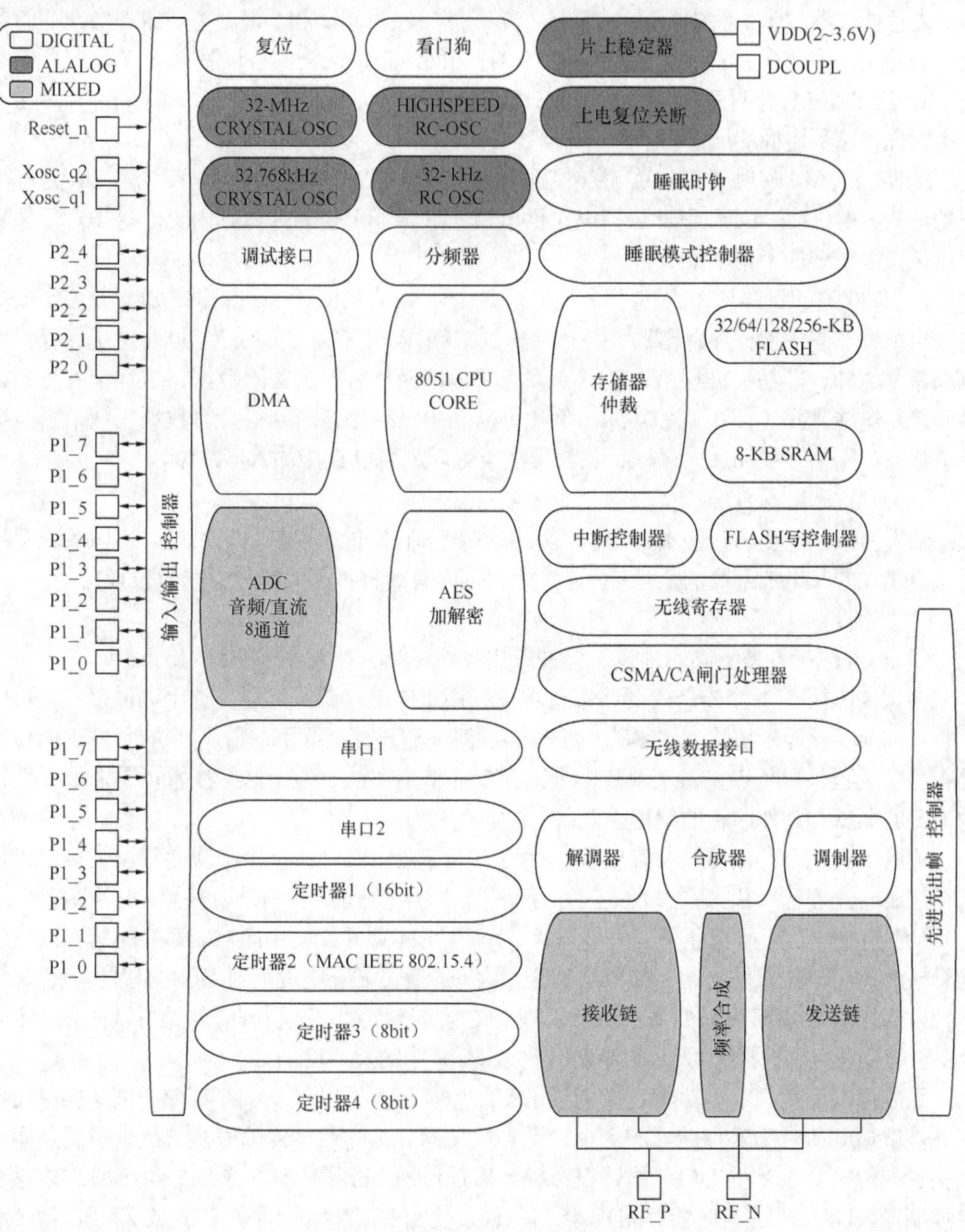

图 2.1　CC2530 方框图

（1）CPU 和内存

CC2530 芯片系列中使用的 8051CPU 内核是一个单周期的 8051 兼容内核。它有 3 种不同的内存访问总线：特殊功能寄存器（Special Function Register，SFR）、数据（DATA）和代码/外部数据（CODE/XDATA）。它包括一个调试接口和一个 18 输入扩展中断单元。

CC2530 使用单周期访问 SFR、DATA 和主 SRAM。

中断控制器总共提供 18 个中断源，分为 6 个中断组，每个中断组与 4 个中断优先级之一相关。当 CC2530 处于空闲模式时，任何中断都可以将 CC2530 恢复到主动模式。某些中断还可以将 CC2530 从睡眠模式唤醒（供电模式 1～3）。

内存仲裁器位于系统中心，因为它通过 SFR 总线把 CPU 和 DMA 控制器和物理存储器以及所有外设连接起来。内存仲裁器有 4 个内存访问点，每次访问可以映射 3 个物理存储器之一：8-KB SRAM、闪存存储器和 XREG/SFR 寄存器。它负责执行仲裁，并确定同时访问同一个物理存储器之间的顺序。

8-KB SRAM 映射到 DATA 存储空间和部分 XDATA 存储空间。8-KB SRAM 是一个超低功耗的 SRAM，即使数字部分掉电（供电模式 2 和 3）也能保留其内容。这是对于低功耗应用来说很重要的一个功能。

CC2530 的 Flash 容量可以选择，有 32 KB、64 KB、128 KB、256 KB，这就是 CC2530 的在线可编程非易失性程序存储器，并且映射到 CODE 和 XDATA 存储空间。除了保存程序代码和常量之外，非易失性程序存储器允许应用程序保存必须保留的数据，这样设备重启之后可以使用这些数据。使用这个功能，例如可以利用已经保存的网络具体数据，就不需要经过完全启动、网络寻找和加入过程，系统再次上电后就可以直接加入网络中。

（2）时钟和电源管理

数字内核和外设由一个 1.8V 低差稳压器供电。它提供了电源管理功能，可以实现使用不同供电模式的长电池寿命的低功耗运行。CC2530 有 5 种不同的复位源来复位设备。

（3）外设

CC2530 包括许多不同的外设，允许应用程序设计者开发先进的应用。

调试接口执行 1 个专有的两线串行接口，用于内电路调试。通过这个调试接口，可以执行整个闪存存储器的擦除、控制哪个振荡器、停止和开始执行用户程序、执行 8051 内核提供的指令、设置代码断点，以及内核中全部指令的单步调试。使用这些技术，可以很好地执行内电路的调试和外部闪存的编程。

设备含有闪存存储器以及存储程序代码。闪存存储器可通过用户软件和调试接口编程。闪存控制器处理写入和擦除嵌入式闪存存储器。闪存控制器允许页面擦除和 4 字节编程。

I/O 控制器负责所有通用 I/O 引脚。CPU 可以配置外设模块来控制某个引脚，或它们是否受软件控制。如果是的话，每个引脚配置为一个输入输出，是否连接衬垫里的 1 个上拉或下拉电阻。CPU 中断可以分别在每个引脚上使能。连接到 I/O 引脚的外设可以在 2 个不同的 I/O 引脚位置之间选择，可以确保在不同应用程序中的灵活性。

系统可以使用一个多功能的 5 通道 DMA 控制器，使用 XDATA 存储空间访问存储器，因此能够访问所有物理存储器。每个通道（触发器、优先级、传输模式、寻址模式、源和目标指针和传输计数）用 DMA 描述符在存储器任何地方配置。许多硬件外设（AES 内核、闪存控制器、USART、定时器、ADC 接口）通过使用 DMA 控制器在 SFR 或 XREG 地址和闪存/SRAM 之间进行数据传输，获得高效率操作。定时器 1 是一个 16 位定时器，具有定时器/PWM 功能。它有一个可编程的分频器、一个 16 位周期值和 5 个各自可编程的计数器/捕获通道，每个都有一个 16 位比较值。每个计数器/捕获通道都可以用作一个 PWM 输出或捕获输入信号边沿的时序。它还可以配置在 IR 产生模式，计算定时器 3 的周期，输出和定时器 3 的输出相与，用最小的 CPU 互动产生调制的消费型 IR 信号。

MAC 定时器（定时器 2）是专门为支持 IEEE 802.15.4 MAC 或软件中其他时槽的协议设计。定时器有一个可配置的定时器周期和一个 8 位溢出计数器，可以用于保持跟踪已经经过的同期数。一个 16 位捕获寄存器也用于记录收到/发送一个帧开始界定符的精确时间，或传输结束的精确时间，还有一个 16 位输出比较寄存器可以在具体时间产生不同的选通命令（开始 RX、开始 TX 等）到无线模块。定时器 3 和定时器 4 是 8 位定时器，具有定时器/计数器/PWM 功能。它们有一个可编程的分频器、一个 8 位的周期值、一个可编程的计数器通道，具有一个 8 位的比较值。每个计数器通道都可以用作一个 PWM 输出。

睡眠定时器是一个超低功耗的定时器，计算晶振或 32kHz RC 振荡器的周期（XOSC_Q1 和 XOSC_Q2 之间采用 32MHz 晶振，32k_Q1 和 32k_Q2 之间采用 32.768kHz 晶振）。睡眠定时器在除了供电模式 3 的所有工作模式下不断运行。这一定时器的典型应用是作为实时计数器，或作为一个唤醒定时器跳出供电模式 1 或 2。

ADC 支持 7~12 位的分辨率，带宽频率为 30kHz 或 4kHz。DC 和音频转换可以使用高达 8 个输入通道（端口 0），输入可以选择作为单端或差分。参考电压可以是内部电压、AVDD 或是一个单端或差分外部信号。ADC 还有一个温度传感输入通道。ADC 可以自动执行定期抽样或转换通道序列的程序。

随机数发生器使用一个 16 位 LFSR 来产生伪随机数，这可以被 CPU 读取或由选通命令处理器直接使用。例如，随机数可以用作产生随机密钥，增强安全性。

AES 加密解密内核允许用户使用带有 128 位密钥的 AES 算法加密和解密数据。这一内核能够支持 IEEE 802.15.4 MAC 安全、ZigBee 网络层和应用层要求的 AES 操作。

一个内置的看门狗允许 CC2530 在固件挂起的情况下复位自身。当看门狗定时器由软件使用，它必须定期清除；否则，当它超时就复位设备。或者它可以配置用作一个通用 32kHz 定时器。

串口 1（USART 0）和串口 2（USART 1）每个被配置为一个 SPI 主/从或一个 UART。它们为 RX 和 TX 提供了双缓冲，以及硬件流控制，因此非常适合于高吞吐量的全双工应用，每个都有自己的高精度波特率发生器，可以将普通定时器空闲出来用作其他用途。

2．无线设备

CC2530 具有一个 IEEE 802.15.4 兼容无线收发器。RF 内核控制模拟无线模块。另外，它提供了 MCU 和无线设备之间的一个接口，从而可以发出命令、读取状态，自动操作和确定无线设备事件的顺序。无线设备还包括一个数据包过滤和地址识别模块。

继 CC2530 后，TI 公司又相继推出了针对不同应用的 CC2531、CC2533 等 IC。表 2.1 是它们之间的功能差异描述表，供选型时参考。

表 2.1　CC2530、CC2531 和 CC2533 差异描述表

功能配置	CC2530	CC2531	CC2533
2.4GHz IEEE 802.15.4 标准射频收发器	有	有	有
射频调制模式	DSSS	DSSS	
最大可编程输出功率	+4.5dBmW	+4.5dBmW	+4.5dBmW
内置 FLASH 空间（Byte）	32k/64k/128k/256	128k/256k	32k/64k/96k
内置 RAM 空间	8k		4k/6k
USB 接口（FULL SPEED）	无	有	无
ADC	有		无

续表

功 能 配 置	CC2530	CC2531	CC2533
电池低电压监控	不支持		支持
I^2C	不支持		支持
待机消耗电流（UA）	1		<1
封装	QFN40	QFN40	QFN40
IEEE 802.15.4	支持	支持	支持
标准 RF 4CE 协议栈	支持	支持	支持
标准 TIMAC 协议栈	支持	支持	支持
标准 SimpliciTI 协议栈	支持	支持	支持
标准 Z-Stack 协议栈	支持	支持	不支持

在基于 ZigBee 协议的无线传感器网络构建过程中，天线及巴伦匹配电路的设计对射频通信距离和系统功耗等都有较大的影响。天线设计可以使用 PCB 天线，如倒 F 天线、螺旋天线等，也可使用 SMA 接口的杆状天线，根据不同的应用来选择。

采用板载 PCB 天线设计和巴伦匹配电路，接收灵敏度可达-97dB。采用 DIP2.54mm 扩展接口，更加方便用户的扩展，甚至可以用万用板扩展。在开阔的马路边上，其可视通信距离为 200m，室内非混凝土墙可穿透 3 堵，距离可达到 10m 左右，视测试条件的不同略有变化。巴伦可以使用低成本的分立电感和电容实现，天线及巴伦匹配电路设计如图 2.2 所示。如果使用了诸如折叠偶极子这样的平衡天线，则巴伦可以忽略。

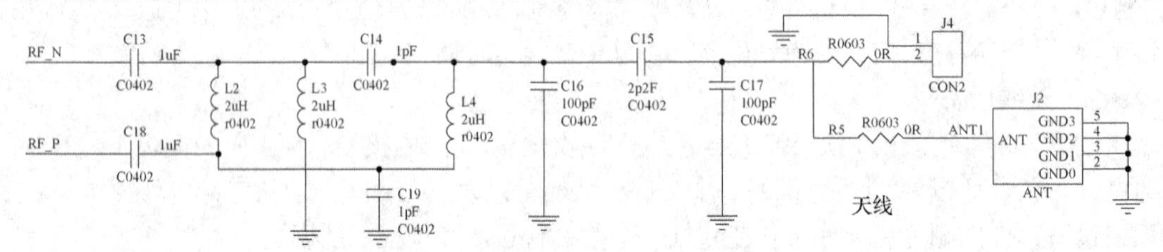

图 2.2 天线及巴伦匹配电路设计示意图

2.2.3 底板硬件资源

1．底板电源电路设计

GEC CC2530F256 节点考虑两种供电方式：AA 电池供电和 USB 供电。两节 AA 电池电压为 3V，因而节点不需要专门的升压/降压芯片为 IC 供电。USB 供电方式的电压为 4.5～5V，节点采用 TI 公司的 TPS60211 升压为其他 IC 提供 3.3V 电压。TPS60211 输出电流可达 400mA，输出 100mA 时所需最低压降为 120mV。电源电路图如图 2.3 所示。

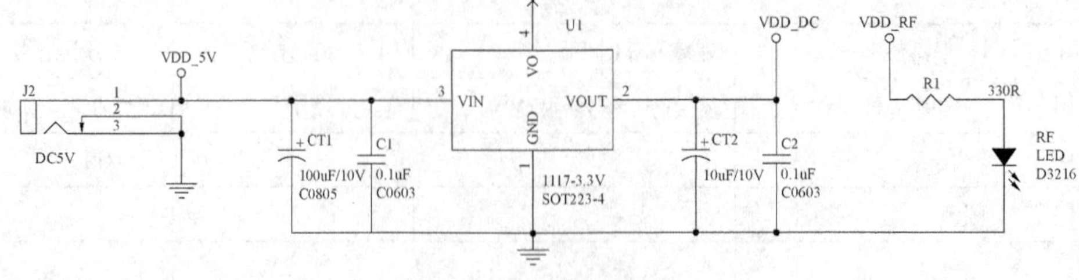

图 2.3 电源电路示意图

2．LED 电路设计

LED 主要用于指示电路的工作状态，如加入网络、网络信号良好、正在传输数据等信息。LED 电路图如图 2.4 所示。

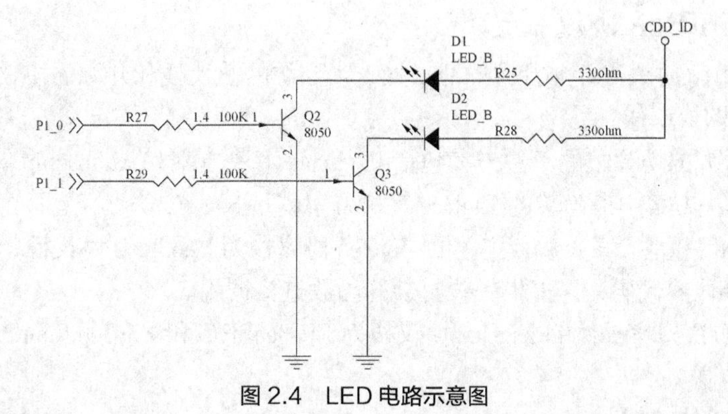

图 2.4　LED 电路示意图

3．传感电路设计

GEC CC2530F256 节点的传感器包括温湿度传感器和光敏电阻、温敏电阻。温湿度传感器采用 AOSONG 公司的 DHT11。DHT11 将温度检测、湿度检测、信号转换、A/D 转换和加热等功能集成到一个芯片上。DHT11 通过单线串行通信协议与微处理器通信。光敏电阻、温敏电阻通过处理器的 AD 转换功能，采集当前温度、光照度。温湿度传感电路设计图、光敏传感电路设计图分别如图 2.5 和图 2.6 所示。

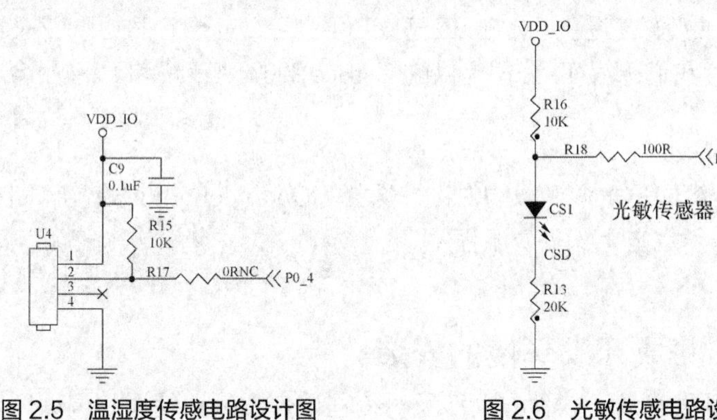

图 2.5　温湿度传感电路设计图　　图 2.6　光敏传感电路设计图

4．按键电路设计

按键应用人机交互方法，主要用于复位功能、灯的开关等功能的实现。按键电路设计图如图 2.7 所示。

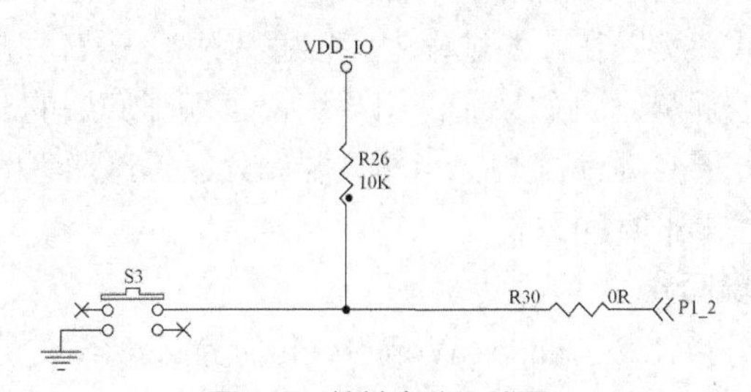

图 2.7　按键电路设计图

2.3 软件资源

2.3.1 ZigBee 协议栈选型

常见的 ZigBee 协议栈分非开源的协议栈、半开源的协议栈和开源的协议栈 3 种。

1. 非开源的协议栈

常见的非开源的协议栈的解决方案包括 Freescale 解决方案和 Microchip 解决方案。

Freescale 解决方案中最简单的 ZigBee 解决方案就是 SMAC 协议，是面向简单的点对点应用，不涉及网络的概念。Freescale 完整的 ZigBee 协议栈为 BeeStack 协议栈，也是最复杂的协议栈，看不到具体的代码，只提供一些封装的函数直接调用。

Microchip 解决方案提供的 ZigBee 协议栈为 ZigBeePRO 和 ZigBee RF4CE，均是完整的协议栈，但收费较高。

2. 半开源的协议栈

TI 公司开发的是一个半开源的 ZigBee 协议栈，是一款免费的 ZigBee 协议栈，它支持 ZigBee 和 ZigBeePRO 栈，并向后兼容 ZigBee 2006 和 ZigBee 2004。Z-Stack 内嵌了 OSAL 操作系统，标准的 C 语言代码，使用 IAR 开发平台，比较容易学习，是一款适合工业级应用的 ZigBee 协议栈。

3. 开源的协议栈

Freakz 是一个彻底开源的 ZigBee 协议栈，配合 contiki 操作系统，contiki 的代码全部由 C 语言编写，对于初学者来说比较容易上手。Freakz 适合用于学习，对于工业应用，Z-Stack 比较适用。

根据应用需求，我们选用 TI 公司提供的 ZigBee 2007 协议栈和 IAR 平台作为软件工具进行二次开发。

开源即单击该函数的右键，选择 “Go to definition of 函数名称”，能够跳转到源函数定义，查看源程序。

2.3.2 IAR 集成开发环境的安装

对于单片机的开发环境，软件方面涉及对编程语言、编辑编译和调试环境的选择问题。根据应用对象的特点选择合适的开发编程语言和工具，是解决问题的首要任务。

单片机的编程环境一般有两种：汇编语言和 C 语言。无论是采用 C 语言，还是汇编语言，都是各有利弊。虽然对汇编语言的娴熟使用需要一定的时间，而且调试起来困难很大，但其程序执行效率高是不争的事实。C 语言虽易学易用，但对于一些底层和重复性的操作，采用 C 语言实现起来效率偏低。所以在开发过程中，推荐采用 C 语言和汇编语言相结合的编程方式，以充分发挥这两者的优势。例如，通常用汇编语言编写底层的对硬件的操作，把与硬件无关或相关性较小的部分用 C 语言实现。当然，要充分发挥这两者的性能优势，需要对 C 编译器有一定的了解，并注重平时的积累。

1. ZigBee 开发环境简介

我们的实验平台选用 IAR Embedded Workbench 作为 ZigBee 的开发环境。IAR Embedded Workbench（简称 EW）的 C/C++交叉编译器和调试器是目前世界上最完整和最容易使用的专业嵌入式应用开发工具之一。EW对不同的微处理器提供相同的直观用户界面。EW今天已经支持35种以上的8位/16位/32位的微处理器结构。

EW包括嵌入式C/C++优化编译器、汇编器、连接定位器、库管理员、编辑器、项目管理器和C-SPY调试器。IAR编译器使代码更加紧凑和优化，节省硬件资源，最大限度地降低产品成本，提高产品竞争力。

IAR Embedded Workbench集成的编译器主要产品特征如下。

① 高效PR OMable代码。

② 完全兼容标准C。

③ 内建对应芯片程序速度和大小的优化器。

④ 目标特性扩充。

⑤ 版本控制和扩展工具支持良好。

⑥ 便捷的中断处理和模拟。

⑦ 瓶颈性能分析。

⑧ 高效浮点支持。

⑨ 内存模式选择。

⑩ 工程中相对路径支持。

IAR Systems的C/C++编译器可以生成高效、可靠的可执行代码，并且应用程序规模越大，效果越明显。

忽略项目的最终期限，开发者需要依靠一些可靠的开发工具来完成任务。未能按时完成进度会给项目带来不便，而恶性循环将会导致所有进度安排的拖延，后果会十分严重。IAR Embedded Workbench被认为是一款稳定、可靠、高效的开发工具，可以提高项目开发效率。

IAR Embedded Workbench 是一套完整的集成开发工具集合：包括从代码编辑器、工程 建立到C/C++编译器、连接器和调试器的各类开发工具。它和各种仿真器、调试器紧密结合， 使用户在开发和调试的过程中，仅仅使用一种开发环境界面，就可以完成多种微控制器的开发工作。

2．ZigBee开发环境的安装

IAR Embedded Workbench的安装如同Windows操作系统其他软件一样，单击setup.exe进行安装，出现如图2.8所示的界面。

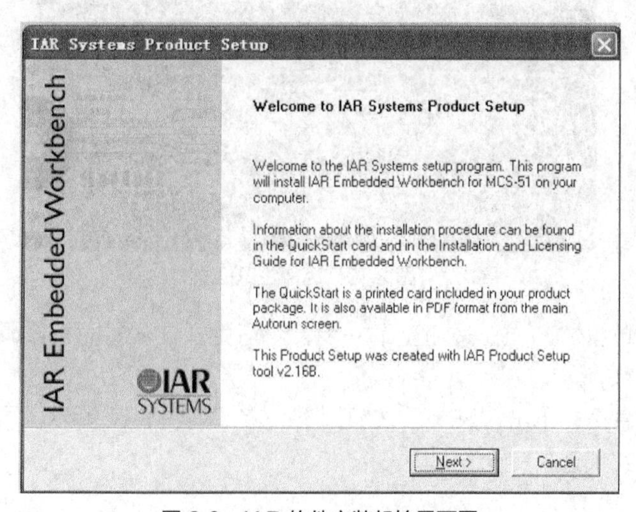

图2.8　IAR软件安装起始界面图

单击“Next”按钮至下一步，分别填写你的名字、公司以及认证序列，如图 2.9 所示。注：认证序列（license number）和 lisence key 由注册机生成，如图 2.10 所示。

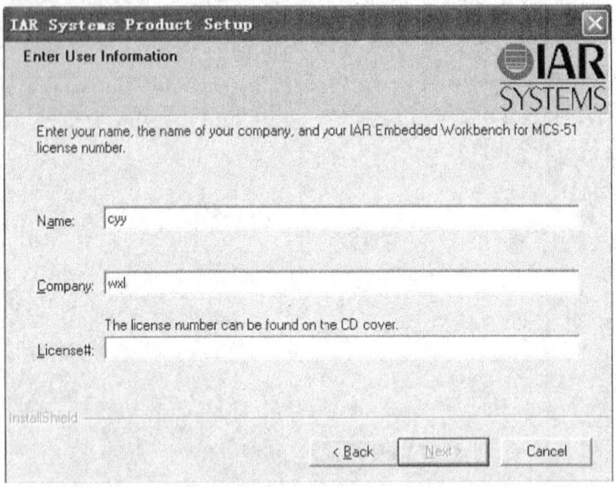

图 2.9　IAR 软件安装界面

图 2.10　IAR 注册机

正确填写后，单击“Next”按钮至下一步，填写由本计算机的机器码和认证序列生成的序列密钥，如图 2.11 所示。

输入正确的信息后，单击“Next”按钮到下一步。如图 2.12 所示，可以选择完全安装或是典型安装，这里我们选择完全安装。

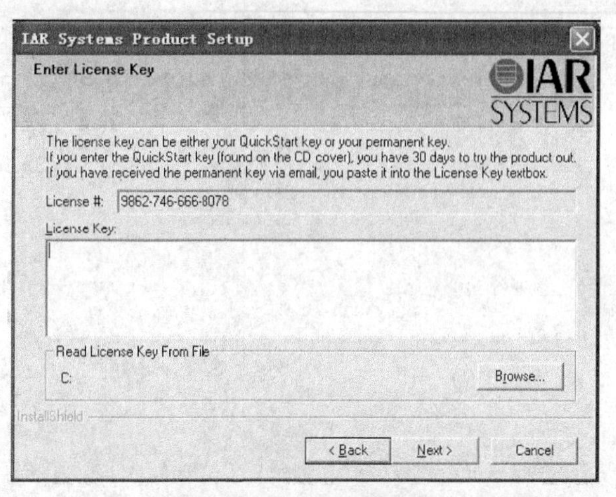

图 2.11　输入安装信息界面

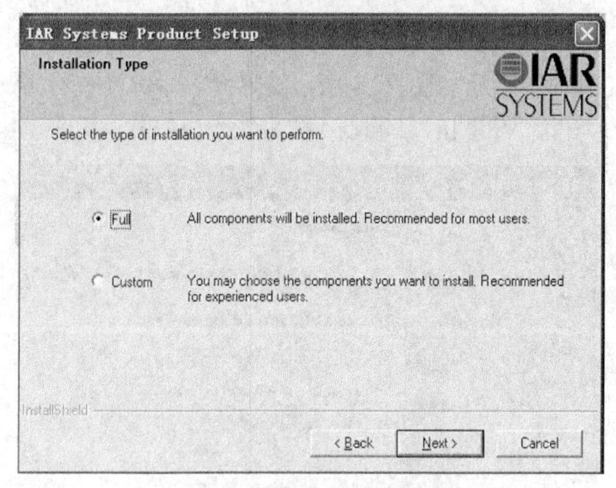

图 2.12　选择安装类型界面

单击“Next”按钮到下一步，这里可以查证之前输入的信息是否正确，如图 2.13 所示。如果需要修改，单击“Back”按钮返回修改。

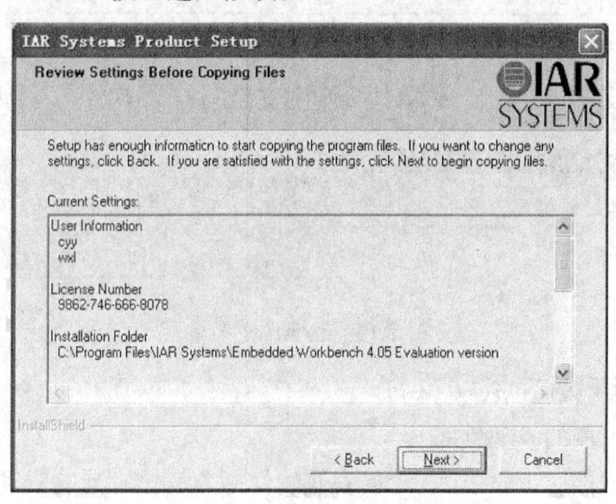

图 2.13　安装信息确认界面

单击“Next”按钮正式开始安装，可以看到安装进度，如图 2.14 所示。这将需要几分钟的时间，请耐心等待。

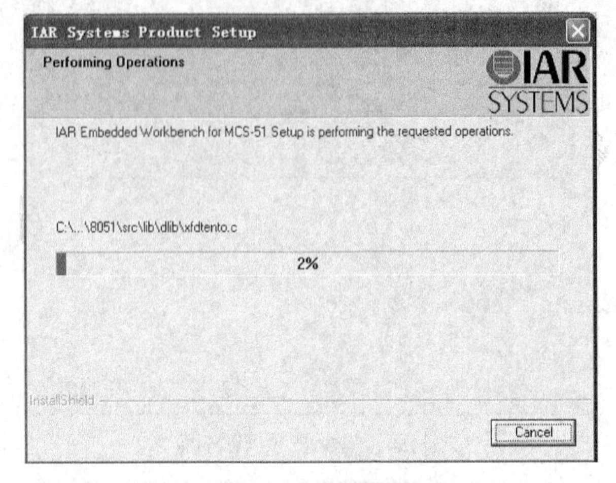

图 2.14　安装进度界面

当进度条读到 100%时，显示如图 2.15 所示的界面。可选择查看 IAR 的介绍以及是否立即运行 IAR 开发集成环境，并单击“Finish”按钮来完成安装。

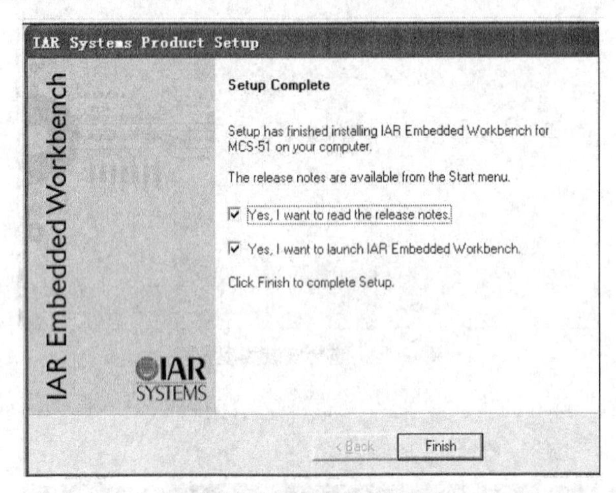

图 2.15　安装完成界面

完成安装后，可以从“开始”菜单找到刚刚安装的 IAR 软件，如图 2.16 所示。

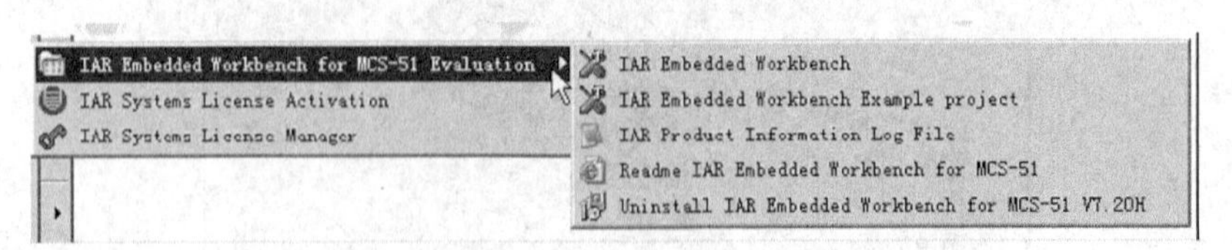

图 2.16　运行 IAR 软件

2.3.3　安装仿真器驱动程序

1. 自动安装仿真器的驱动程序

成功安装 IAR 软件后，由于 IAR 的安装软件中含有仿真器的驱动，所以连接仿真器与 PC 后可以自动安装仿真器的驱动程序。具体操作如下。

将仿真器通过附带的 USB 电缆连接到 PC 机，在 Windows XP 系统下，系统发现新硬件后弹出提示对话框，在该对话框中选择“是，仅这一次”选项，单击“下一步”按钮，如图 2.17 所示。

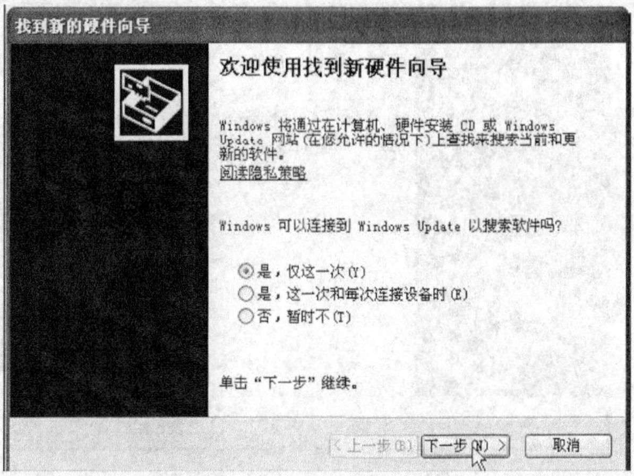

图 2.17　硬件安装向导

系统识别出仿真器，选择“自动安装软件”选项，如图 2.18 所示。

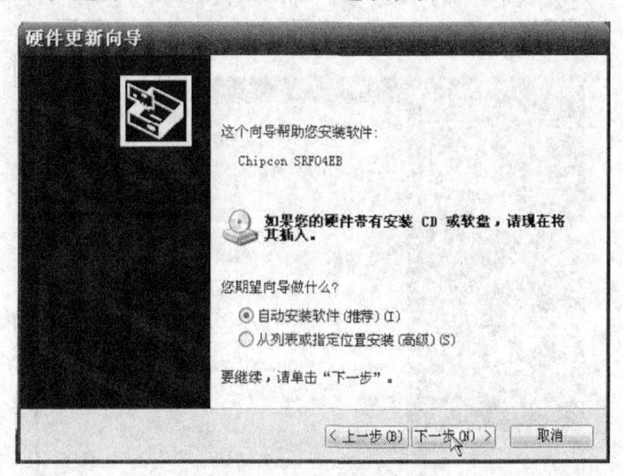

图 2.18　自动安装示意图

向导会自动搜索并复制驱动文件到系统，如图 2.19 所示。

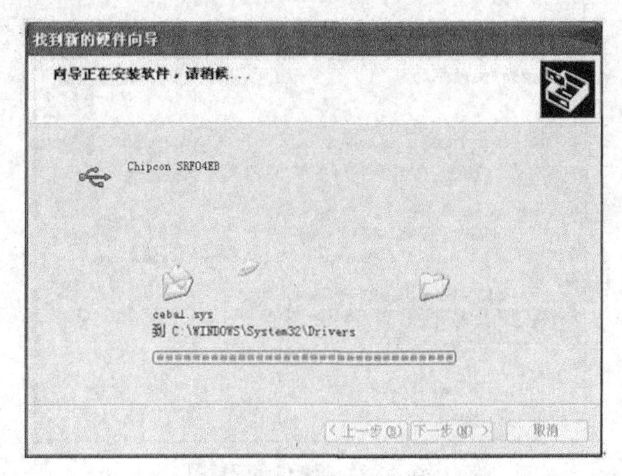

图 2.19　安装驱动文件

系统安装完驱动后弹出对话框提示安装完成，单击“完成”按钮退出安装，如图 2.20 所示。

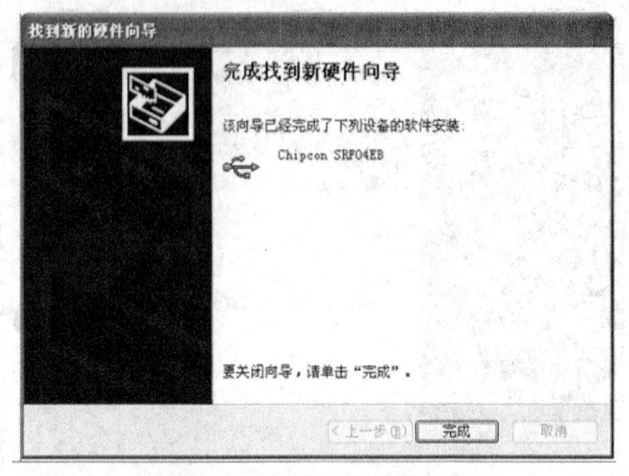

图 2.20　仿真器驱动安装完成

2．手动安装仿真器的驱动程序

如果向导未能自动搜索到驱动文件，驱动程序可以在 IAR 的安装文件中找到。选择“从列表或指定位置安装”选项，如图 2.21 所示。

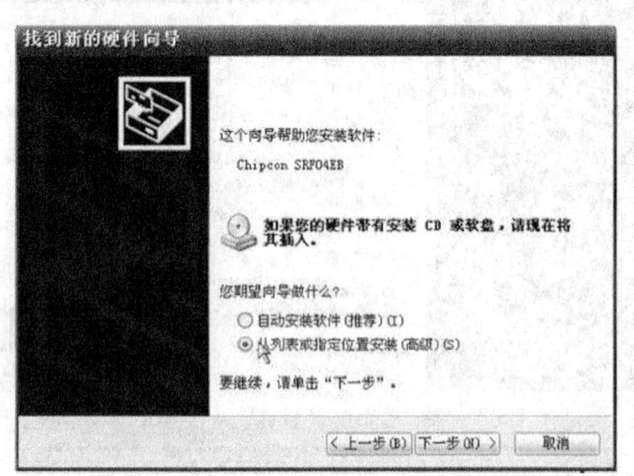

图 2.21　手动安装

选择“在搜索中包括的位置”选项，如图 2.22 所示。

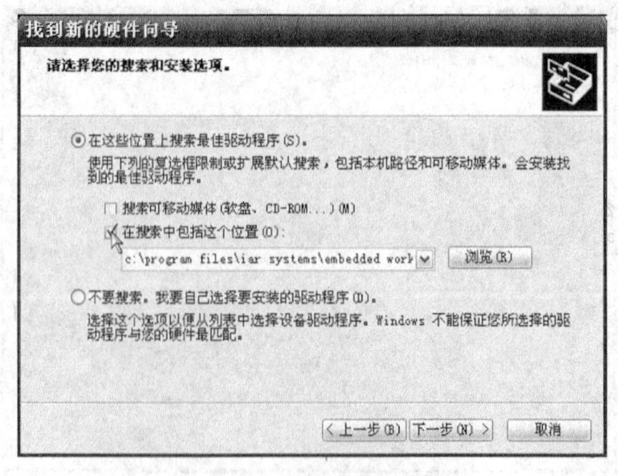

图 2.22　搜索位置示意图

选择“浏览”选项，如图 2.23 所示。

在 IAR 的安装路径中找到 Texas Instruments 文件夹，按系统提示直至完成安装，如图 2.24 所示。

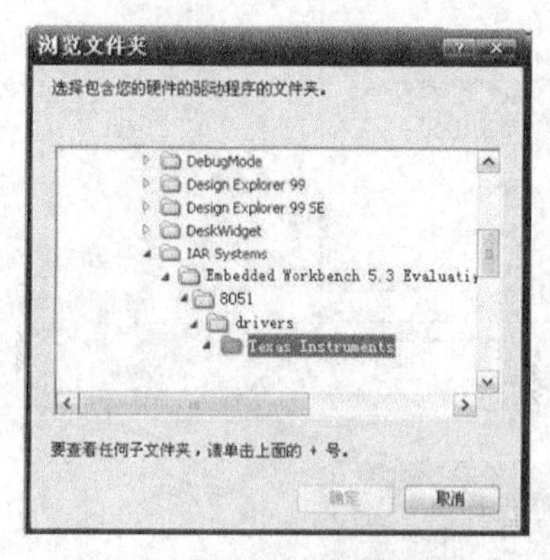

图 2.23　搜索位置路径示意图

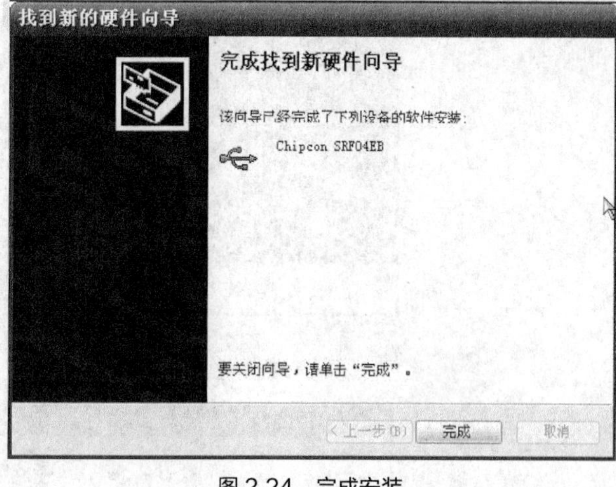

图 2.24　完成安装

注：如果电脑中没有安装 IAR 或者是仿真器的驱动丢失，可以直接安装仿真器驱动，运行 ebinstaller.exe 即可，即完成了仿真器驱动的安装。

安装完成后，重新拔插仿真器，在设备管理器里找到 Chipco SR，说明驱动安装完成，如图 2.25 所示。

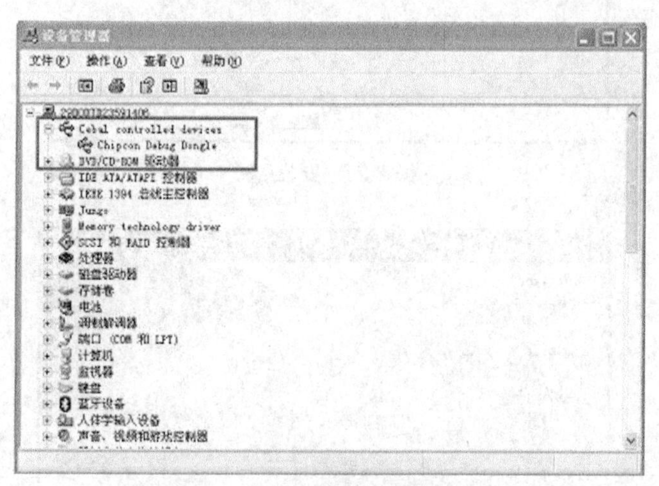

图 2.25　仿真器驱动安装成功示意图

2.3.4　安装物理地址烧写软件

打开物理地址烧写软件安装程序 Setup_SmartRFProgr_1.6.2.exe（物理地址烧写软件的目录位置：“\工具软件”），显示如图 2.26 所示的界面。

单击“Next”按钮继续，选择安装路径（默认即可），显示如图 2.27 所示的界面。

继续单击“Next”按钮，显示如图 2.28 所示的界面。

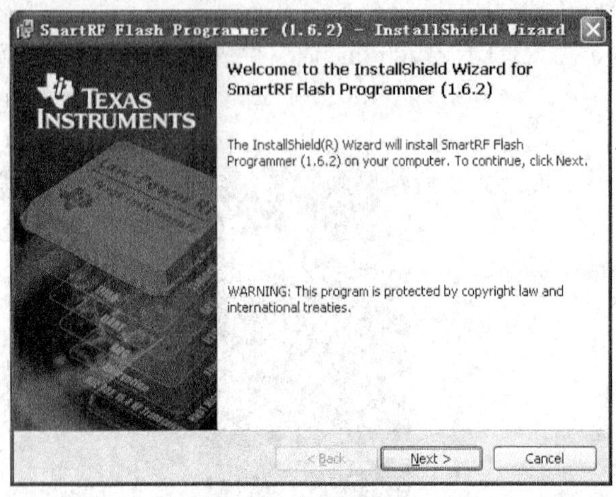

图 2.26　物理地址烧写软件安装

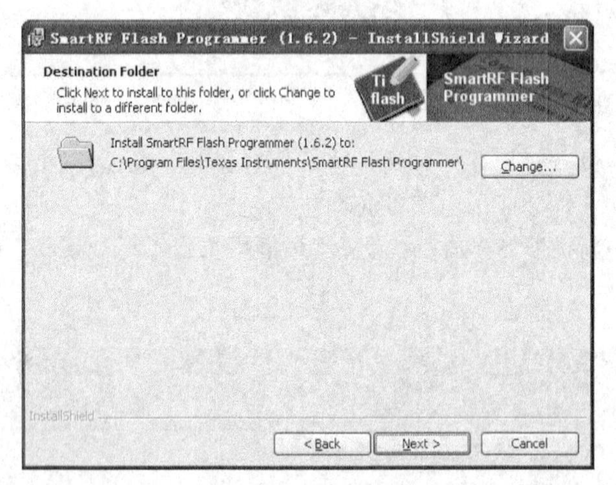

图 2.27　安装路径

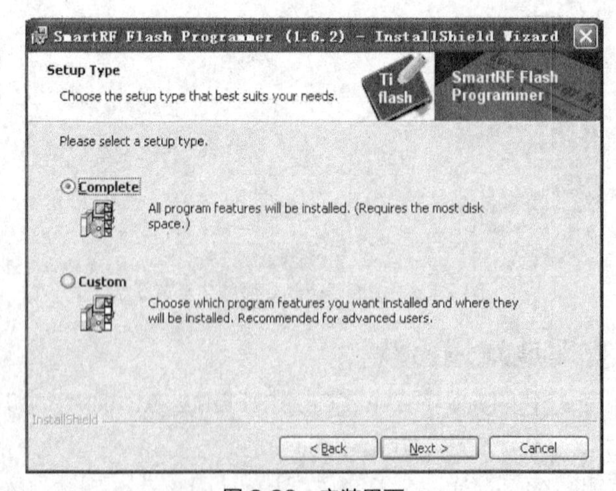

图 2.28　安装界面

单击“Next”按钮，显示如图 2.29 所示的界面；再单击“Install”按钮，开始安装。

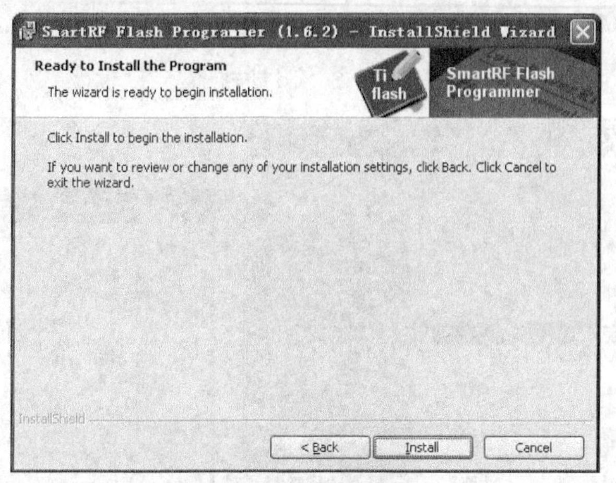

图 2.29　安装界面

安装完成，显示如图 2.30 所示的界面。

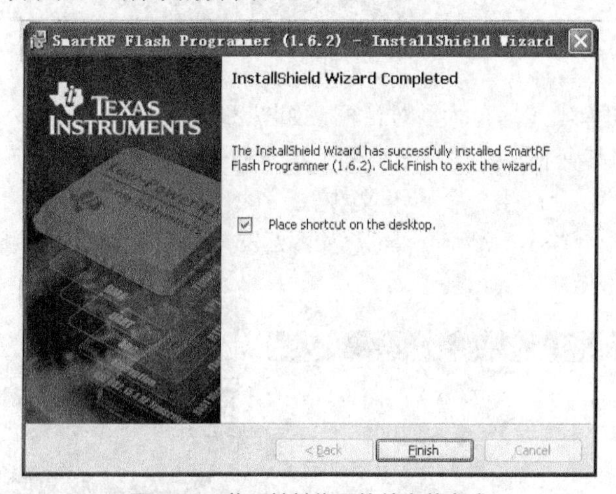

图 2.30　物理地址烧写软件安装完成

单击“Finish”按钮，退出安装程序。在开始菜单中选择 Texas Instruments→SmarRF FIash Programmer 作为物理地址烧写软件的位置，如图 2.31 所示。

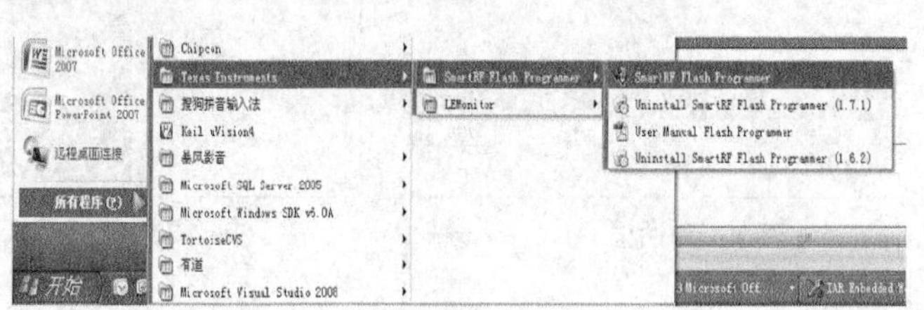

图 2.31　物理地址烧写软件的位置

2.4　软件应用

2.4.1　IAR 的使用

1．新建一个工程

打开 IAR Embedded Workbench 软件，选择“Project”→“Create New Project”，如

图 2.32 所示。

选择“Empty project” 默认配置，如图 2.33 所示。

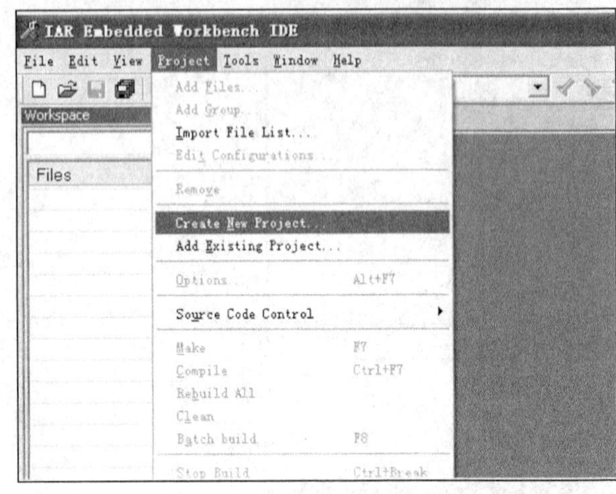

图 2.32 新建一个工程

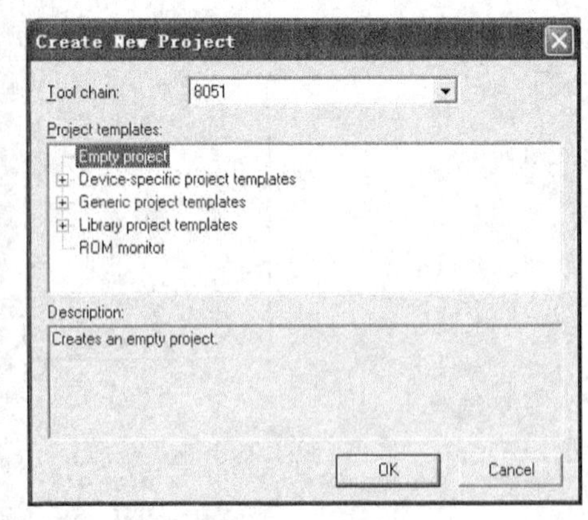

图 2.33 选择配置

单击“OK”按钮弹出“另存为”对话框，如图 2.34 所示。

此时我们选择将其保存在之前已在桌面上建立的一个名为“project”的文件夹中，并将项目也取名为“project”，会产生一个 ewp 文件。

然后选择“File”→“Save Workspace”，如图 2.35 所示，保存工程，弹出保存工程对话框，如图 2.36 所示。

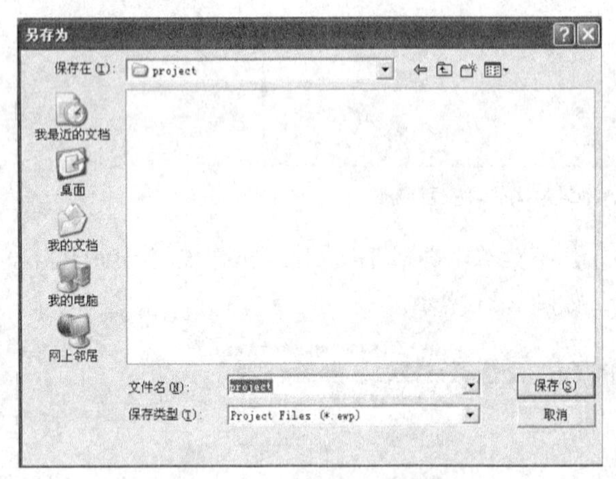

图 2.34 “另存为”对话框

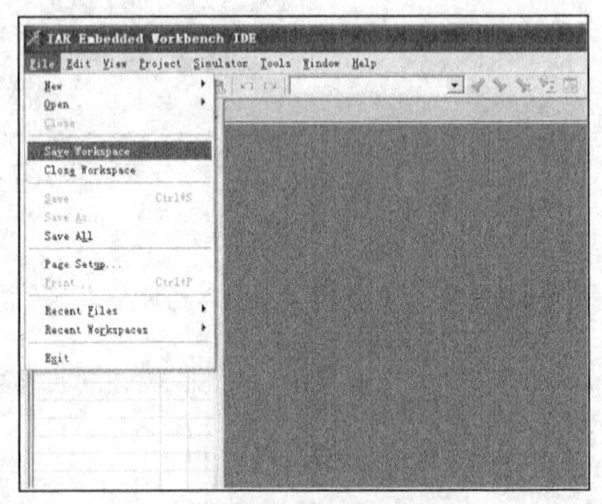

图 2.35 选择保存工程

输入工程文件名，单击“保存”按钮退出，系统将产生一个以 eww 文件。这样，我们就建立了 IAR 的一个工程文件。

2．参数设置

接下来，我们对这个工程加入一些特有的配置。选择“Project”→“Options”，如图 2.37 所示。

显示工程选项页面，如图 2.38 所示。

工程选项页面中需要设置很多必要的参数，下面我们针对 CC2531 来配置这些参数。

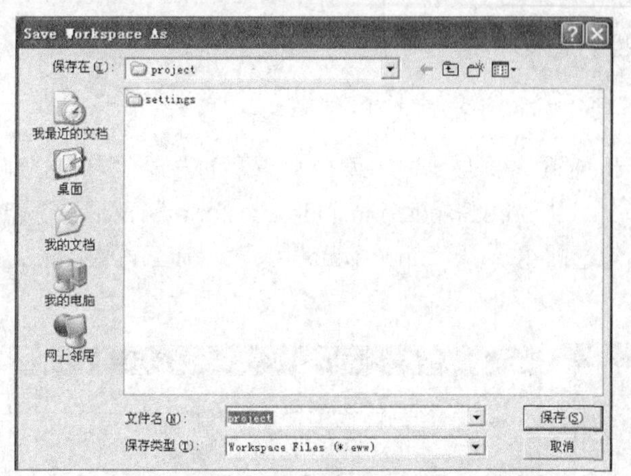

图 2.36　保存工程对话框

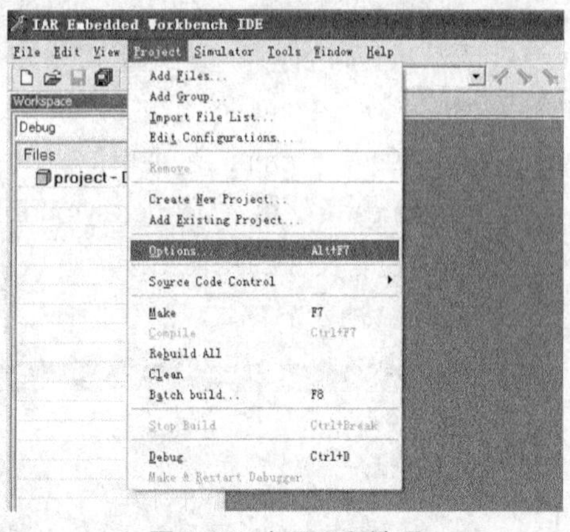

图 2.37　打开工程选项

（1）General Options 设置

将“General Options”→“Target”选项中的“Device”选择为 CC2530，如图 2.39 和图 2.40 所示（由于 ZigBeePRO 协议栈是以 CC2530 为基准的，所以这里我们将 Device 选择为 CC2530，CC2531 与 CC2530 区别很小）。

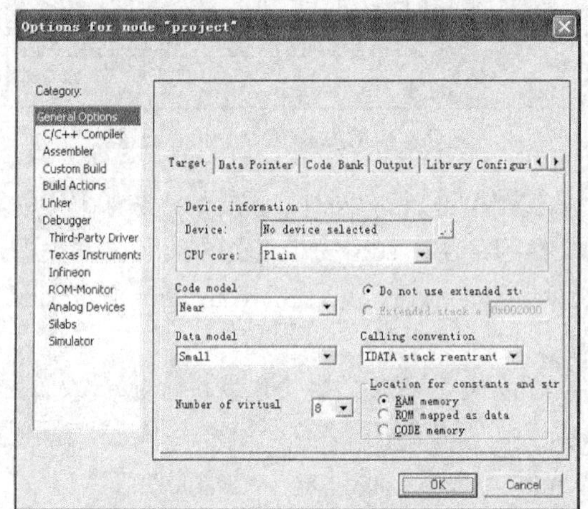

图 2.38　工程选项页面

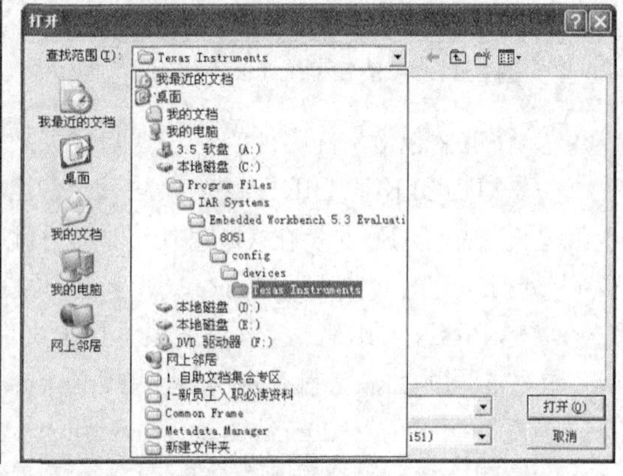

图 2.39　找到 Texas Instruments 文件夹

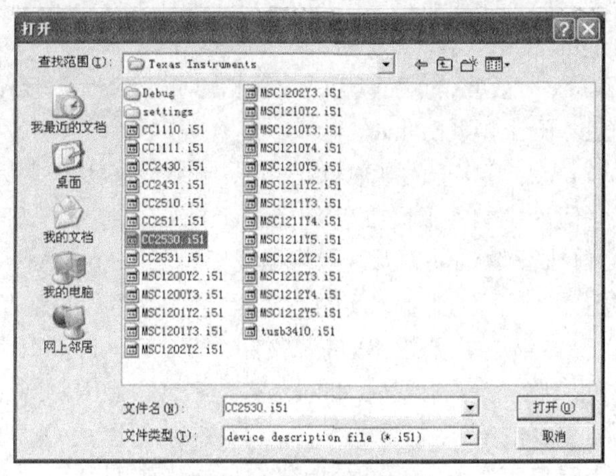

图 2.40　选择需要的芯片

在“General Options”菜单的“Target”选项卡中，“Data model”选项选择为“Large”，“Calling cinvention”选项选择为“XDATA”，如图 2.41 所示。

（2）C/C++ Compiler 设置

在“C/C++ Compile”菜单的“Preprocessor”选项卡中有两个很重要的选项，它们分别是“Include paths”和“Defined symbols”。“Ignore Standard include directories”表示是否忽略在工程中包含文件的路径（选择默认不勾选即可），“Defined symbols”表示在工程中的宏定义，如图 2.42 所示。

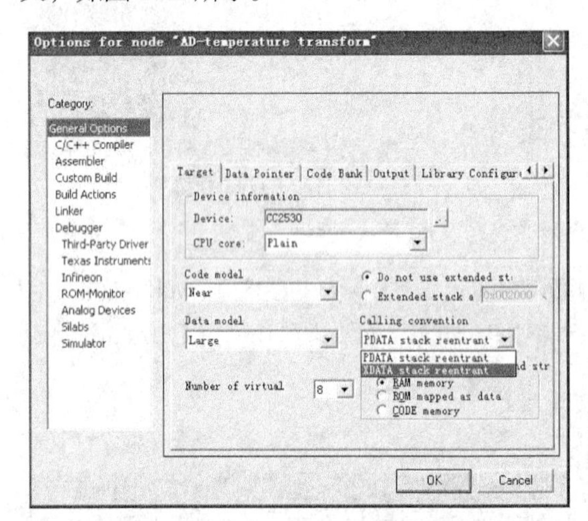

图 2.41 修改 Calling cinvention

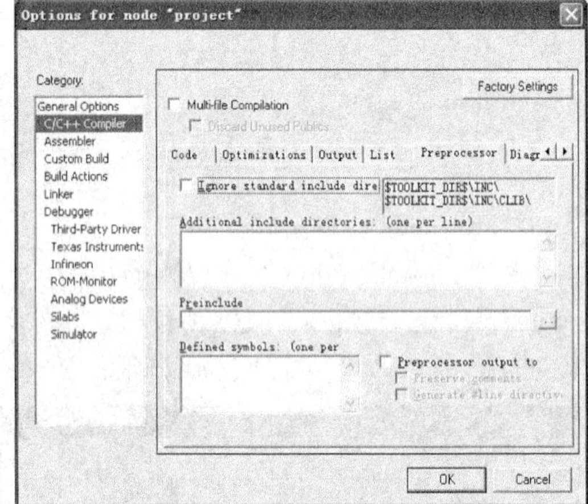

图 2.42 C/C++ Compiler 设置

① 在定义包含文件路径的文本框中，定义包含文件的路径有两种很重要的语法如下所示。

一是$TOOLKIT_DIR$。这个语法表示包含文件的路径在 IAR 安装路径的 8051 文件夹下，也就是说如果 IAR 安装在 C 盘中，那么它就表示 C:\Program Files\IAR Systems\Embedded Workbench 4.05 Evaluation version\8051 这个路径。

二是$PROJ_DIR$。这个语法表示包含文件的路径在工程文件中，也就是和 eww 文件和 ewp 文件相同的目录。我们刚才建立的 project 项目中，如果使用了这个语言，那么就表示现在这个文件指向了 C:\Documents and Settings\Administrator\桌面\project 这个文件夹。

和这两个语言配合使用的还有两个很重要的符号，这就是“\..”和“\文件夹名”。“\..”表示返回上一级文件夹。“\文件夹名”表示进入名为“文件夹名”的文件夹。

我们来具体看两个例子。

$TOOLKIT_DIR$\inc\：这句话的意思是包含文件指向 C:\Program Files\IAR Systems\Embedded Workbench 4.05 Evaluation version\8051\inc。

$PROJ_DIR$\..\Source：这句话的意思是包含文件指向工程目录的上一级目录中的 Source 文件夹。例如，假设我们的工程放在 D:\project\IAR 中，那么$PROJ_DIR$\..\就将路径指向了 D:\project，再执行\Source，就表示将路径指向了 D:\project\Source。

继续回到我们的工程，下面通过上面的方法设定一些必要的路径，如图 2.43 所示。$TOOLKIT_DIR$\INC\中存放了 CC2531 的 h 文件，$TOOLKIT_DIR$\inc\clib\中有很多常用的 h 文件。一般这两个路径是必须要添加的。还有$PROJ_DIR$\include，是一个包含在工程中的 include 文件夹，这个文件夹需要自己在工程文件中创建，一般自定义的头文件可以放在这个文件夹中，编程时只要在 main 函数中用#include 声明即可。

② 在宏定义文件的文本框中，是用于用户自定义的一些宏定义，它的功能和#define 相似，这里不再赘述，在后面的应用中，会根据具体情况给出使用方法。

（3）Linker 设置

在“Linker”菜单的“Output”选项卡中可以进行输出文件格式的设置。选择如图 2.44 所示的选项即可实现 IAR 的在线调试。

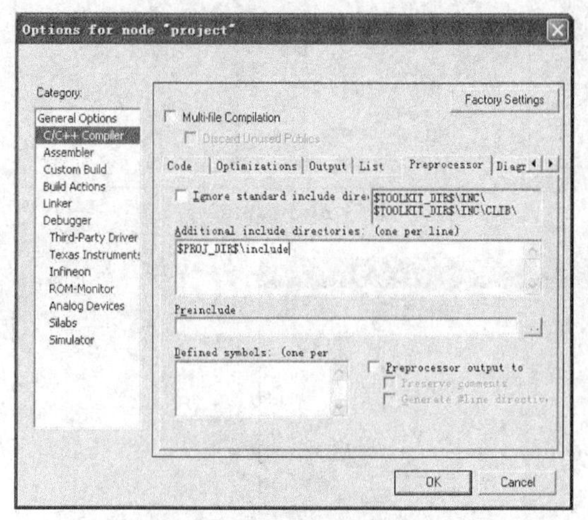

图 2.43 设置工程路径

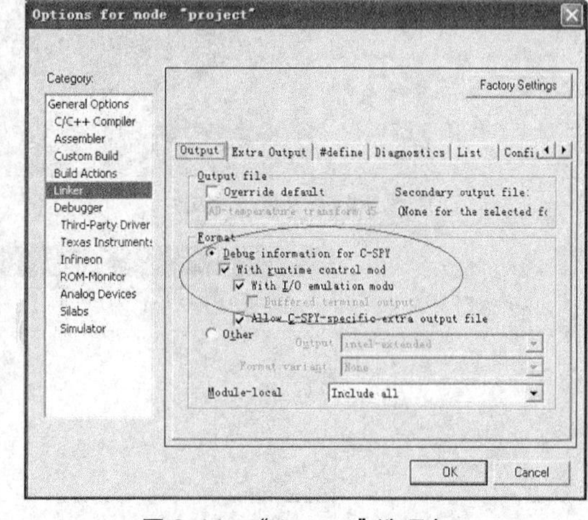

图 2.44 “Output”选项卡

在“Linker”菜单的“Config”选项卡中，“linker command file”选项选择“lnk51ew_CC2530.xcl”，如图 2.45 所示。

（4）Debugger 设置。在“Debugger”菜单的“Setup”选项卡中，“Driver”选项选择“Texas Instruments”，如图 2.46 所示。

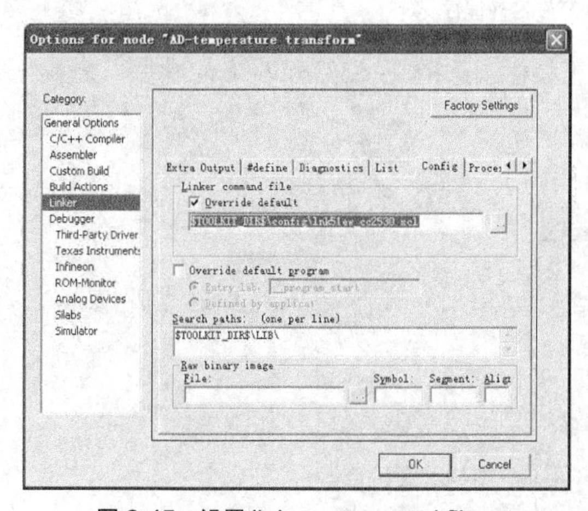

图 2.45 设置 linker command file

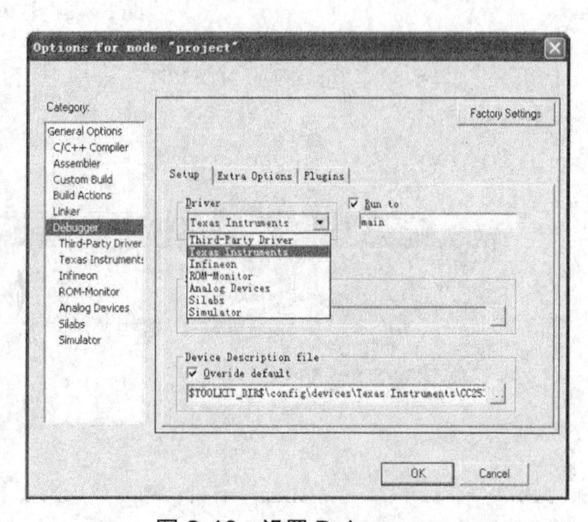

图 2.46 设置 Debugger

到此，对于整个项目的基本设置就完成了，现在开始第一个项目开发。

3．第一个项目

新建一个 C 文件，选择 New 菜单中的“File”选项并保存，如图 2.47 和图 2.48 所示。

输入文件名后单击保存，如果是 C 文件请务必添加“c”后缀，否则会以文本文件存档，如图 2.49 所示。

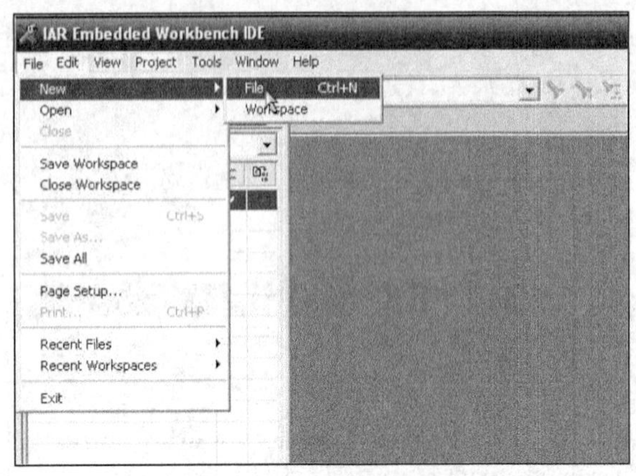

图 2.47　新建一个文件

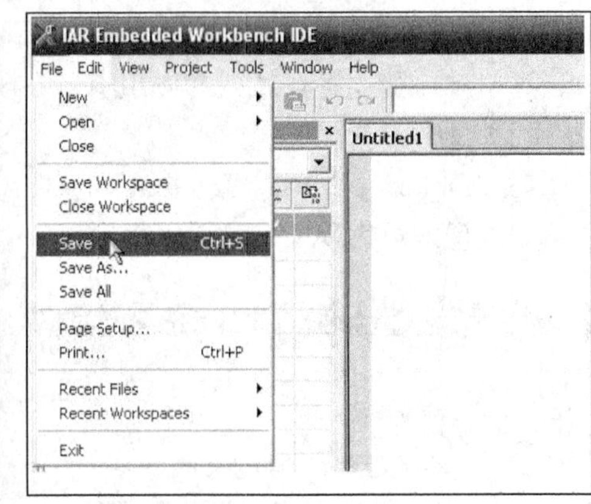

图 2.48　保存文件

图 2.49　输入文件名并保存

右键单击所建的工程“project”，在弹出的工具栏中选择“Add Group”，创建一个文件组，如图 2.50 所示。

输入文件组名，如图 2.51 所示。

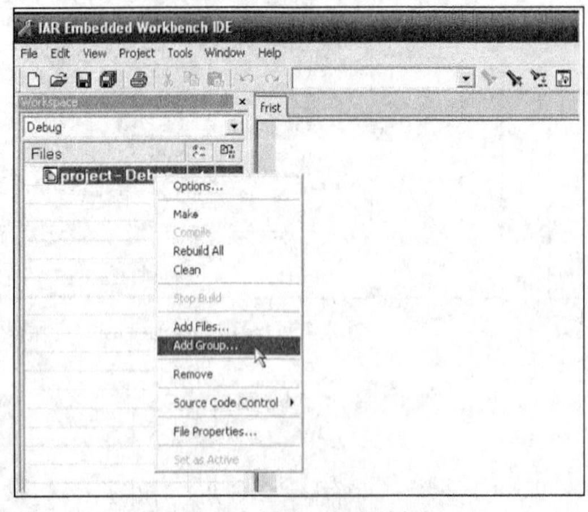

图 2.50　创建一个文件组

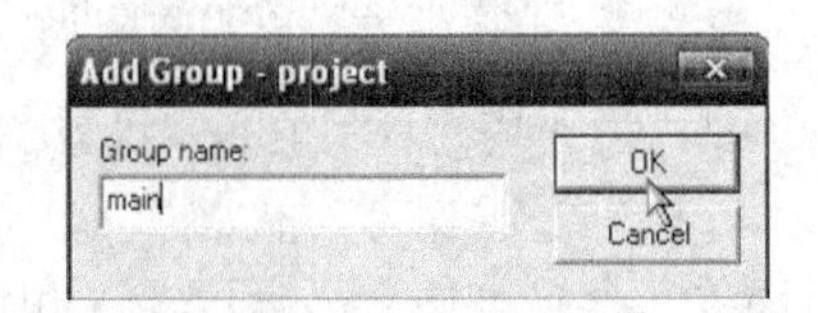

图 2.51　输入文件组名

右键单击刚创建的文件组“main”，在弹出的工具栏中选择“Add Files”，加入”first.c”文件，如图 2.52～图 2.54 所示。

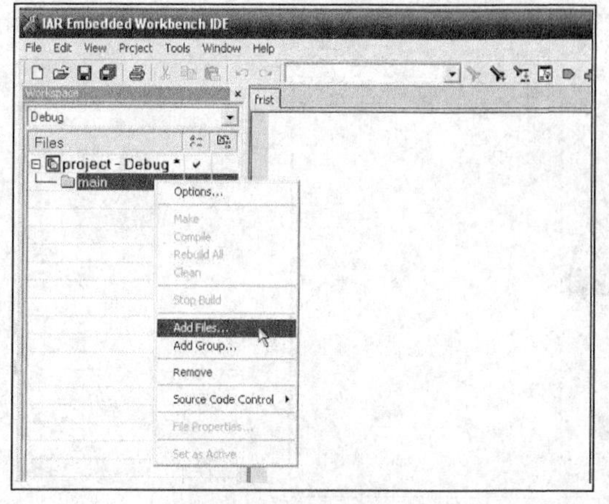

图 2.52　加入文件

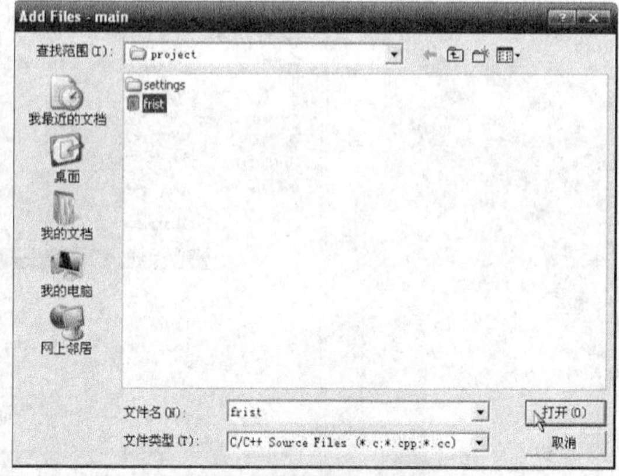

图 2.53　选择新建的 C 文件

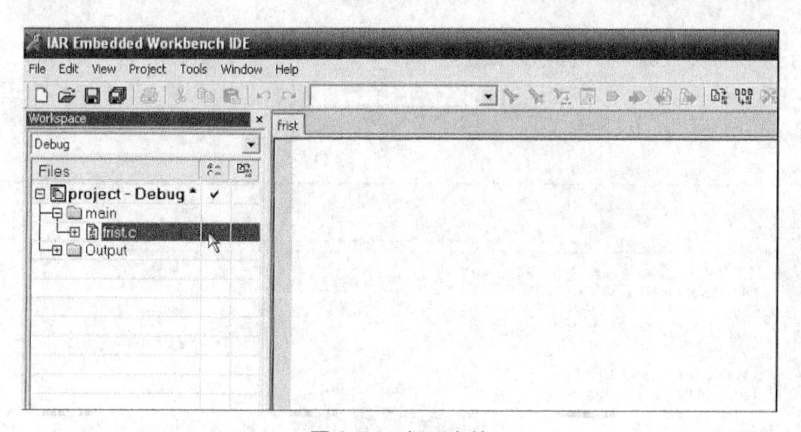

图 2.54　打开文件

接下来，在“first.c”中加入第一个代码，如图 2.55 所示。这个代码的意思是将 P1 口设置为输出，将 P1 口置 0，在模块和开发板中有小灯在 P1 口上，当执行这个代码时，小灯会点亮。

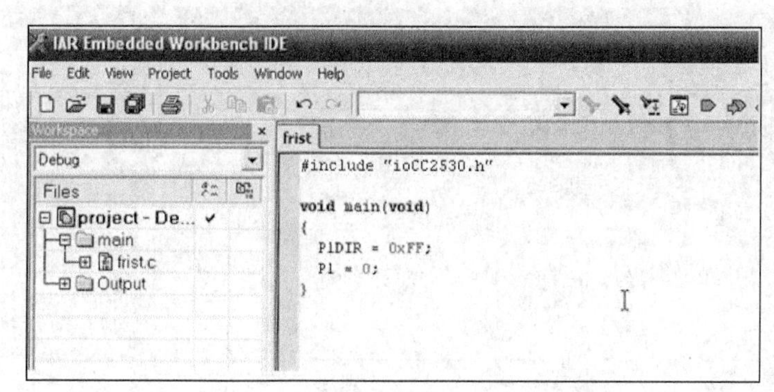

图 2.55　代码

在实际的使用中如果 IAR 的工程路径有中文路径，有可能在调试的时候，设置断点不能生效。所以，为了方便在线调试，我们将建立的工程复制到磁盘根目录中。然后打开工程执行“Project”菜单的“Make”命令，如图 2.56 所示。

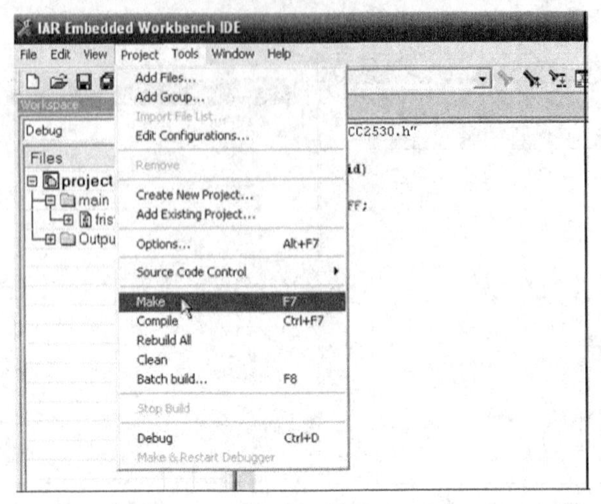

图 2.56　编译

可以通过“Make”编译，也可以通过“Rebuild All”全部编译（用“Make”只会编译修改过的文件）。编译后只要没有错误就可以使用了，一般警告可以忽略。有关错误和警告的提示信息如图 2.57 所示。

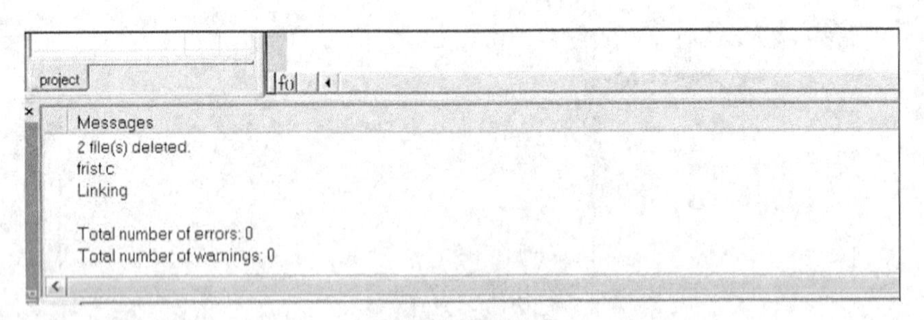

图 2.57　提示信息

在编译没有错误后，就可以下载程序了，单击“Debug”按钮，执行下载程序。下载程序完成后，软件进入在线仿真模式，如图 2.58 所示。

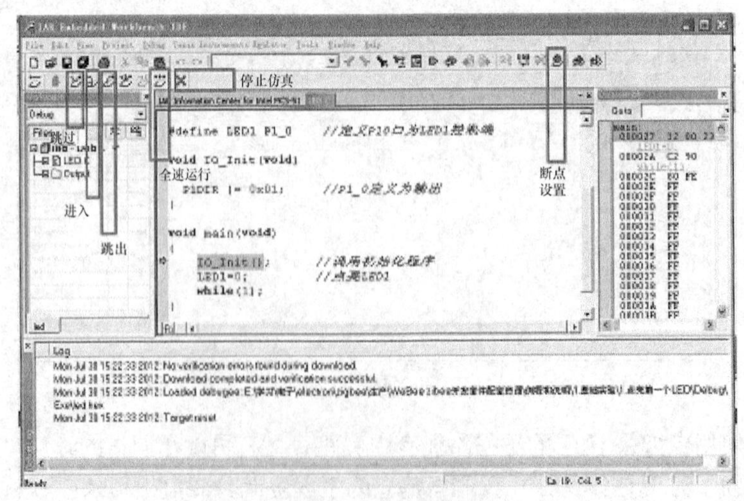

图 2.58　Debug 示意图

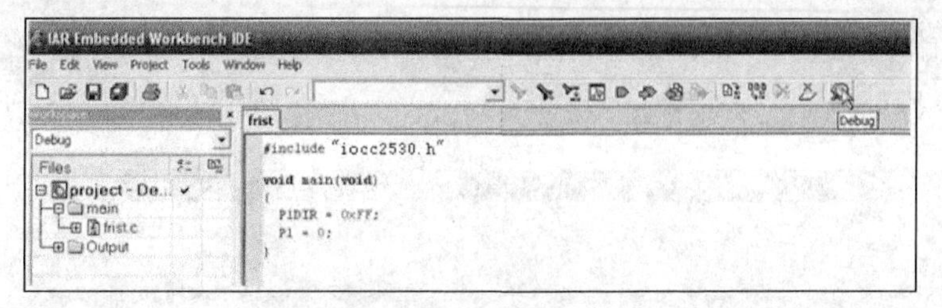

图 2.58 Debug 示意图（续）

Reset：复位。

Break：停止运行。

Step Into：执行内部函数或子程序的调用。

Step Over：每步执行一个函数调用。

Step Out：跳出内部函数或子程序的调用。

Next statement：每次执行一个语句。

Run to Cursor：运行到光标位置。

Go：全速运行，快捷键为 F5。

Stop Debuggring：结束调试。

在仿真模式中，可以对这个文件设置断点，断点的设置方法是首先选择需要设置断点的行，然后单击“Toggle Breakpoint”设置断点。设置好以后，这行代码会变为红色，这样就表示断点设置已经完成，如图 2.59 所示。

然后，执行全速运行，当执行到断点处会停止，如图 2.60 所示。

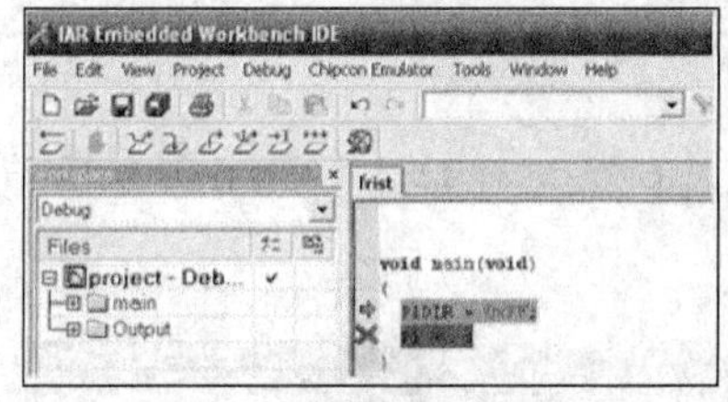

图 2.59 设置断点示意图

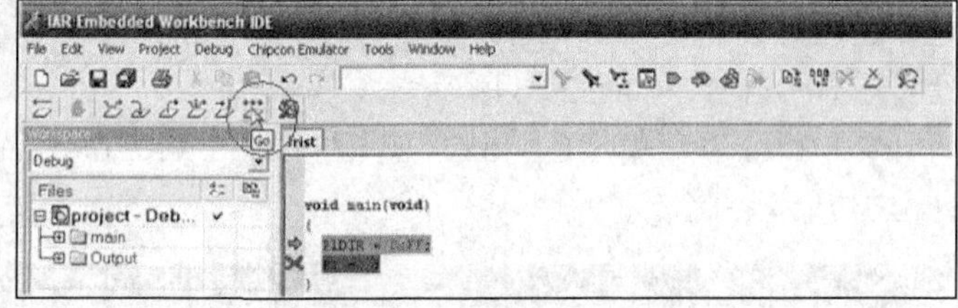

图 2.60 运行示意图

接着，用鼠标选中“P1DIR”，单击右键，选择“Add to Watch”或者“Quick Watch”，如图 2.61 所示。

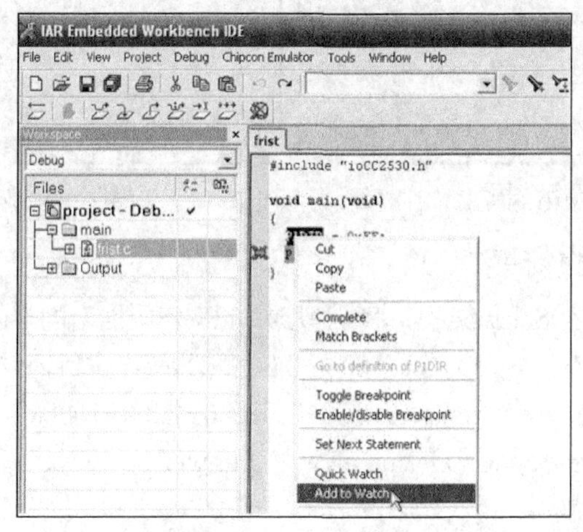

图 2.61 Watch 查看

此步骤的作用是查看该寄存器中的值，如果是一个变量的话，就可以查看一个变量的值。该值在 Watch 中可以看到，如图 2.62 所示。

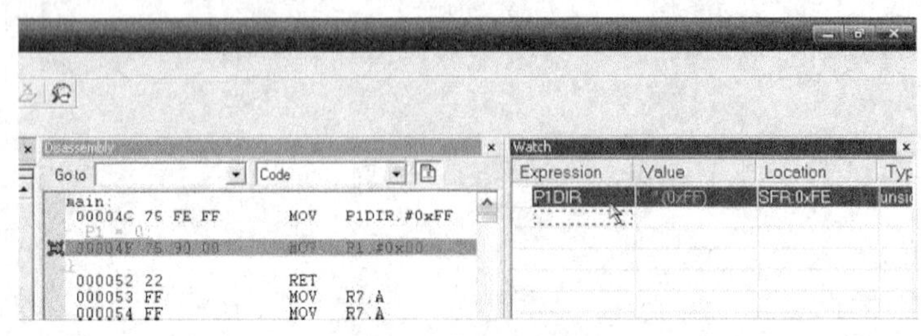

图 2.62　查看寄存器值

一个模块中包含两个文件，一个是 h 文件，另一个是 c 文件

h 文件是一个接口描述文件，其文件内部一般不包含任何实质性的函数代码，主要对外提供接口函数或接口变量。头文件的构成原则：不该外界知道的信息就不应该出现在头文件里，而供外界调用的模块内部接口函数或接口变量所必需的信息就一定要出现在头文件里。

c 文件的主要功能是对 h 文件中声明的外部函数进行具体实现，对具体实现方式没有特殊规定，只要能实现其函数的功能即可。

4．IAR 中标记行号和字体

IAR 中可以设置字体大小、关键字的颜色及行号显示。选择“tools”菜单中的“Options”选项进入设置。在“tools”菜单的“Options”选项中，“Editor”勾选“Show line number ”便可以显示行号，如图 2.63 所示。

在“tools”菜单“Options”选项的“Editor Colors and Fonts”中便可以设置字体，如图 2.64 所示。

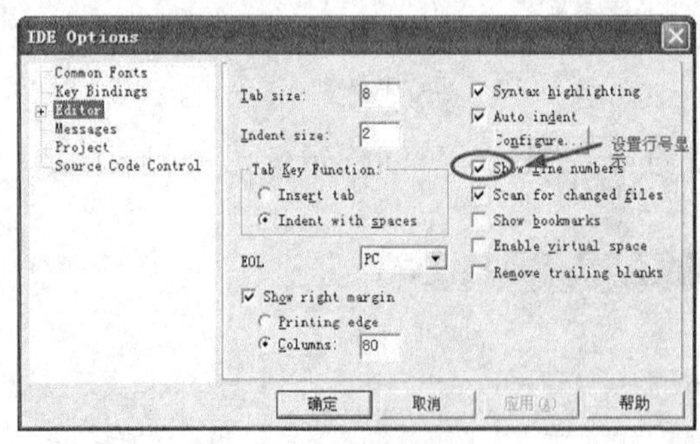

图 2.63　行号示意图

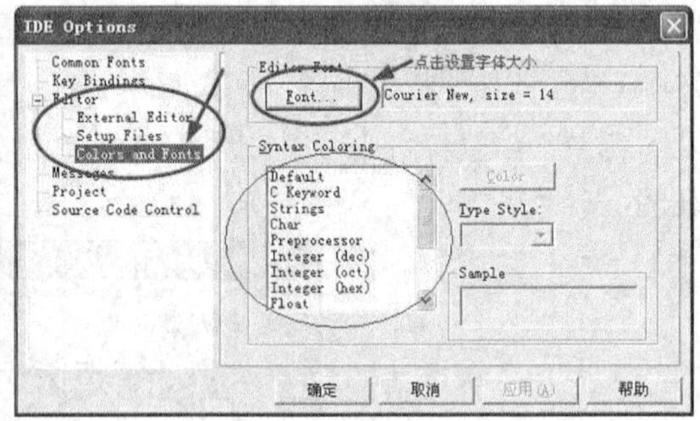

图 2.64　字体标记示意图

2.4.2　协议栈的安装

为了从整体上认识 Z-Stack 架构，我们拟选用 TI 公司推出的 ZigBee 2007 协议栈进行剖析。从 TI 官方网站上下载 Z-Stack-CC2530-2.3.0-1.4.0.exe，进行协议栈的安装，默认安装到 C 盘根目录下，即 C:\Texas Instruments\ZStack-CC2530-2.3.0-1.4.0\Projects\zstack\Samples。TI 公司提供了 GenericApp.eww、SampleApp.eww 和 SimpleApp.eww，3 种例程。他们的实现功能各有区别。

协议栈 GenericApp 实现设备互相绑定传送信息（hello world）；SampleApp 主要实现设备发送和接收 LED 灯信息；SimpleApp 主要实现温度和灯开关，和智能家居结合使用的 have Profile。

本教程以 SampleApp.eww 为例进行讲解。在路径 C:\Texas Instruments\ZStack-CC2530-2.3.0-1.4.0\Projects\zstack\Samples\SampleApp\CC2530DB 下找到 SampleApp 工程路径，如图 2.65 所示。

图 2.65　SampleApp 工程路径

协议栈 Z-Stack-CC2530-2.3.0-1.4.0.exe 和协议栈 Z-Stack-CC2530-2.5.0 虽然都针对 CC2530 开发，功能稍有差别。采用哪个协议栈开发的软件必须在哪个协议栈下使用。

打开 SampleApp 工程文件，如图 2.66 所示。其文件布局中有许多文件夹，如 App、HAL、MAC 等，这些文件夹对应着 ZigBee 协议中不同的层，使用 ZigBee 协议栈进行应用程序的开发一般只需要修改 App 目录下的文件即可。

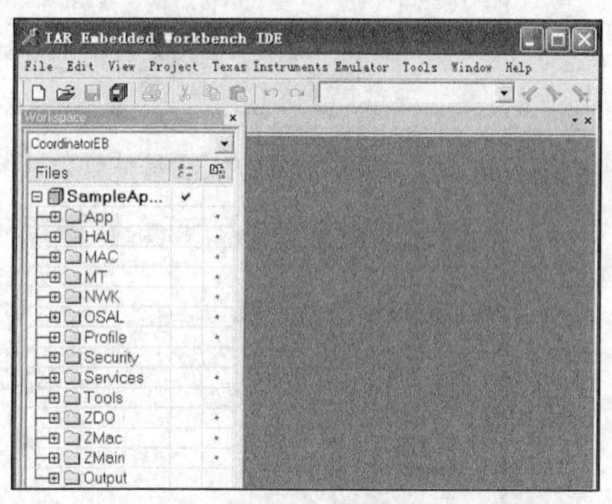

图 2.66　SampleApp 工程文件布局示意图

（1）App 应用层目录（Application Programming Interface，API）

当要创建另外一个新项目时，也只需要主要换掉目录里的文件。一般我们都是在 App 应用层目录下编写自己的应用程序源代码。本次实验也是在该目录之下编写 SampleApp 的源代码，如图 2.67 所示。

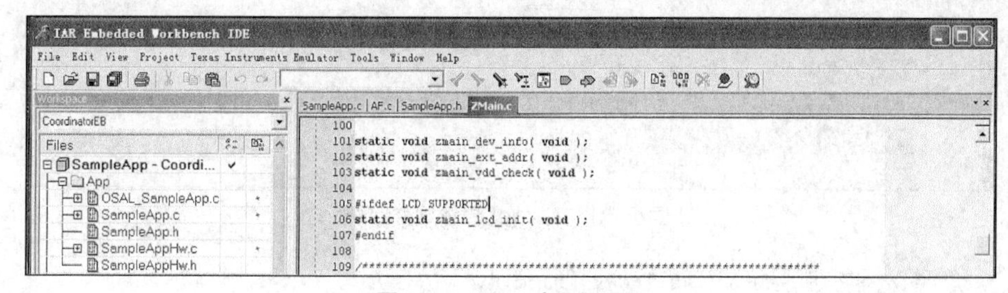

图 2.67　App 应用层目录

（2）硬件层目录（Hardware Abstract Layer，HAL）

下层 Commmon 目录下的文件是公用文件，基本上与硬件无关，其中 hal_assert.c 是测试文件，用于调试；hal_drivers.c 是驱动文件，抽象出与硬件无关的驱动函数，包含有与硬件相关的配置和驱动及操作函数。目录下主要包含各个硬件模块的头文件，而 Include 目录下的文件是跟硬件平台相关的。include 硬件平台头文件包含层，Target 具体相关平台的硬件驱动可能看到有两个平台，分别是 CC2530DB 平台和 CC2530EB 平台。后面的 DB 和 EB 表示的是 TI 公司开发板的型号，其实还有一种类型是 BB 的。BB（Battery Board）、DB（Development Board）和 EB（Evaluation Board）分别对应 TI 公司开发的 3 种板型，其功能按以上顺序依次变强。参看“Z-Stack User's Guide for CC2530”的图片可以获得更直观的认识，如图 2.68 所示。

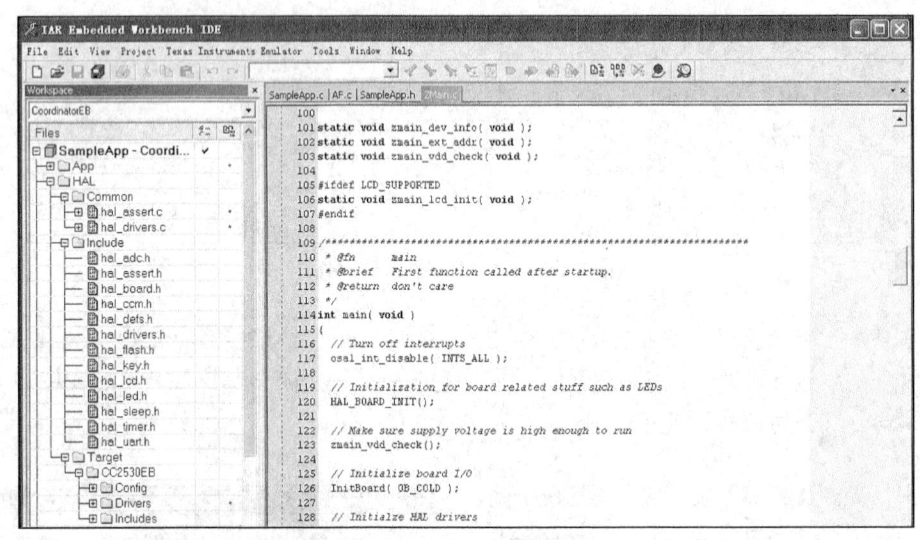

图 2.68　HAL 应用层目录

Target 下主要包含 CC2530 具体硬件平台，其相关文件如图 2.69 所示。

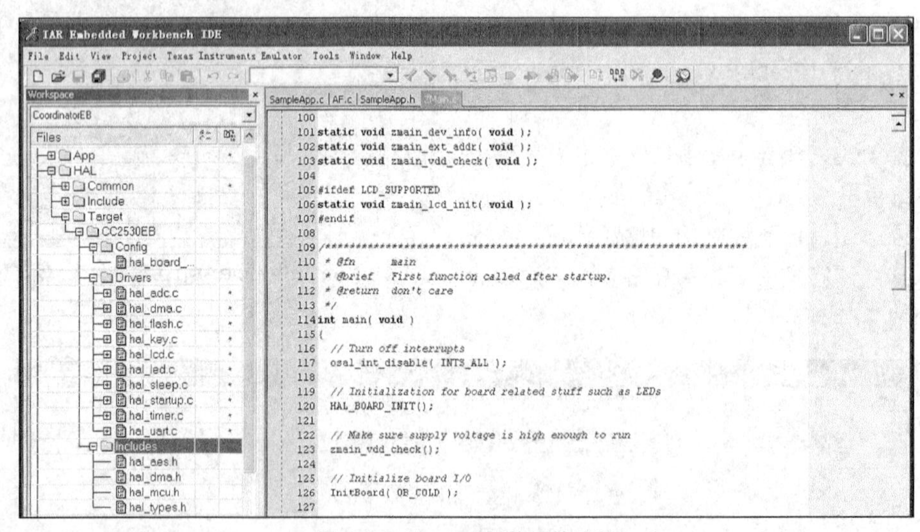

图 2.69　Target 具体硬件目录

（3）介质访问控制层（Media Access Control，MAC）

MAC 层分为 High Level 和 Low Level 两个目录表示 MAC 层的高层和底层，如图 2.70 所示。Include 目录下包含 MAC 层的参数配置文件及基 MAC 的 LIB 库函数接口文件，这里 MAC 层的协议是不开源的，以库的形式给出。

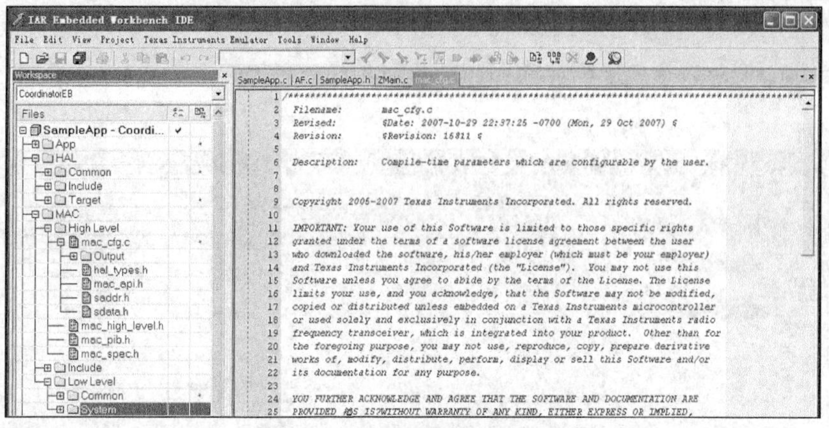

图 2.70　MAC 层的高层与底层

在 Low Level 层又分为 Common 层与 System 层，其中 System 层包含对硬件的操作，如图 2.71 所示。

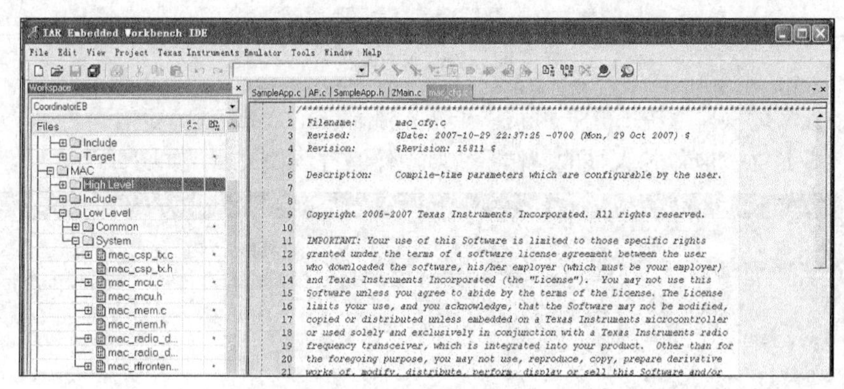

图 2.71　Low Level 的 System 层

（4）监控调试层目录（MonitorTest，MT）

该目录下的文件主要用于调试目的，即实现通过串口调试各层，与各层进行直接交互，如图 2.72 所示。

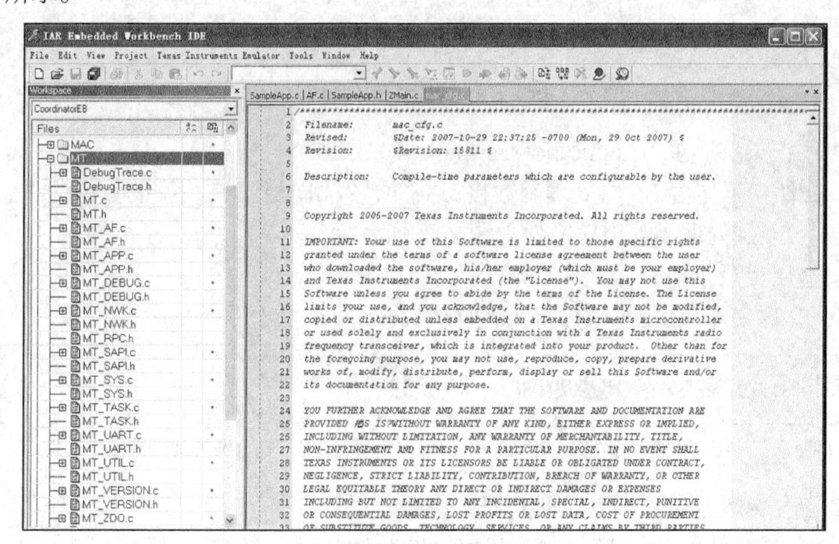

图 2.72　MT 层

（5）网络层目录（Network Layer，NWK）

网络层配置参数文件、网络层库的函数接口文件，及 APS 层库的函数接口，如图 2.73 所示。

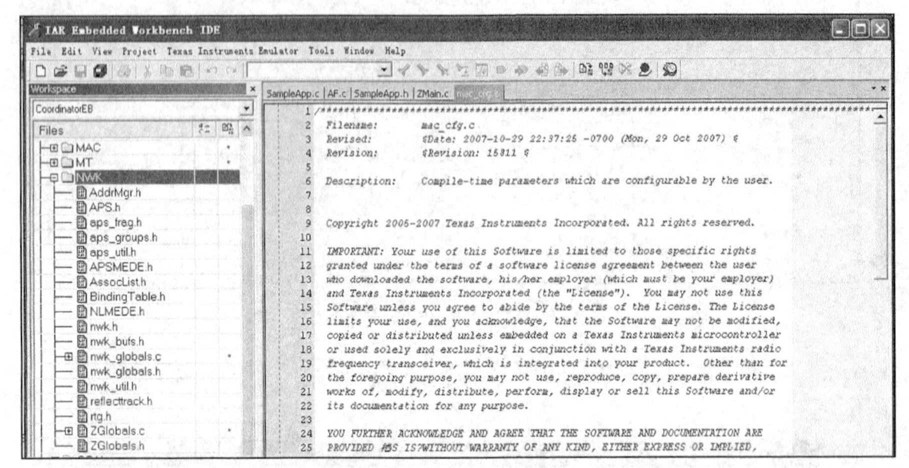

图 2.73　NWK 层

（6）协议栈的操作系统（Operating System Abstraction Layer，OSAL）

该层主要是 Z-Stack 协议栈的操作系统对硬件的管理和封装，如图 2.74 所示。

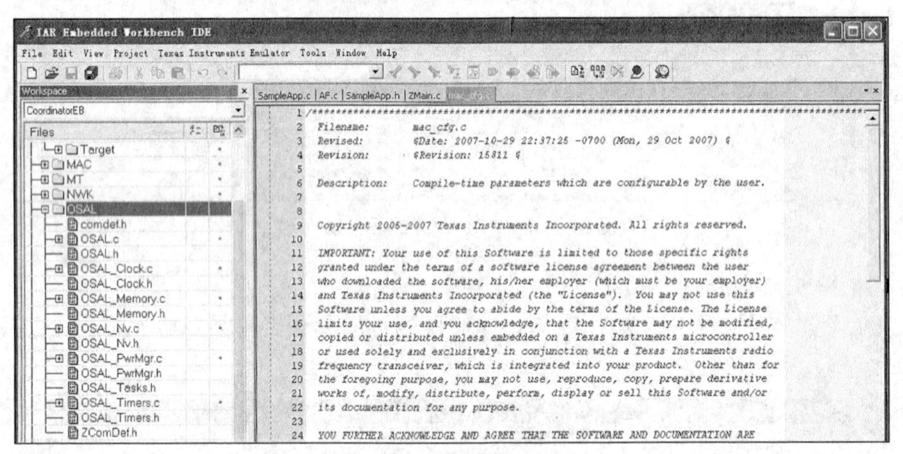

图 2.74　OSAL 操作系统

（7）应用框架层目录（Application Farmework，AF）

Profile 文件夹下包含 AF 层处理函数接口文件，例如，开发常用到的数据的收、发及终端管理等函数。AF 层处理函数接口文件如图 2.75 所示。

（8）安全层目录

Security 文件夹下包含安全层处理函数接口文件，如图 2.76 所示。

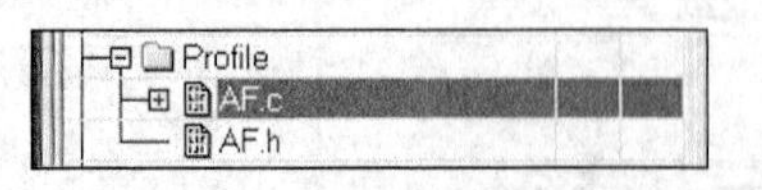

图 2.75　AF 层处理函数接口文件

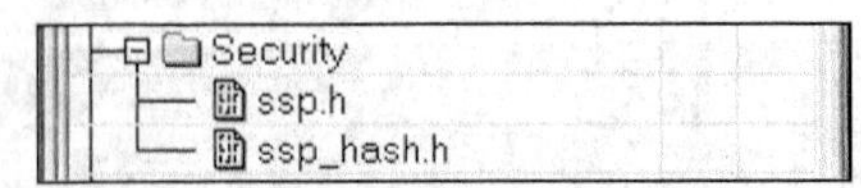

图 2.76　安全层处理函数接口文件

（9）ZigBee 和 802.15.4 设备的地址处理函数目录

Services 文件包括地址模式的定义及地址处理函数，如图 2.77 所示。

（10）工程配置目录

Tools 文件包括空间划分及 Z-Stack 相关配置信息，其目录下的文件如图 2.78 所示。

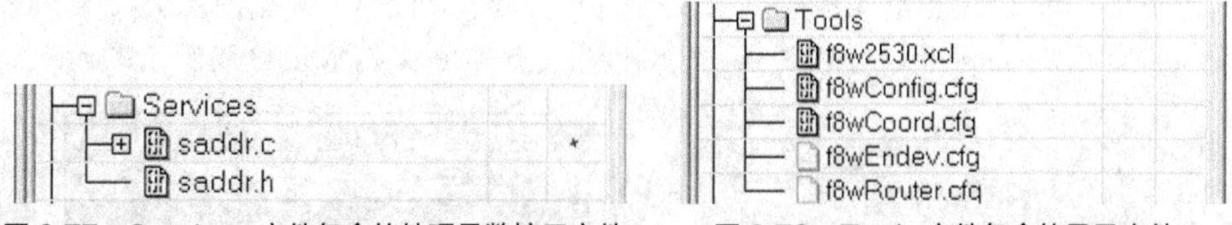

图 2.77　Services 文件包含的处理函数接口文件　　图 2.78　Tools 文件包含的目录文件

注意：灰色表示在当前工作空间（workspace）中不参加编译。其设置方法是选择相应的文件，然后单击鼠标右键，选择“Options” 出现如图 2.79 所示的界面，勾选“Exclude form build”。

（11）ZigBee 设备对象（ZigBee Device Objects，ZDO）

它是一种公共的功能集，方便用户用自定义的对象调用 APS 子层的服务和 NWK 层的服务，其目录下的文件如图 2.80 所示。

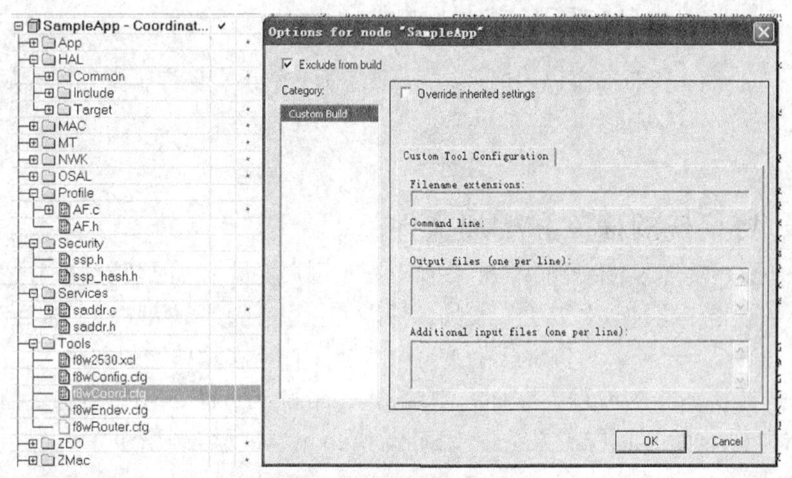

图 2.79　不参与编译设置

（12）Z-Stack MAC 移植层目录（Z-Stack MAC，ZMAC）

它提供了 Z-Stack 中关于 MAC 操作的接口函数；zmzc.c 是 Z-Stack MAC 层导出层接口文件，zmac_cb.c 是 ZMAC 需要调用的网络层函数，相关文件如图 2.81 所示。

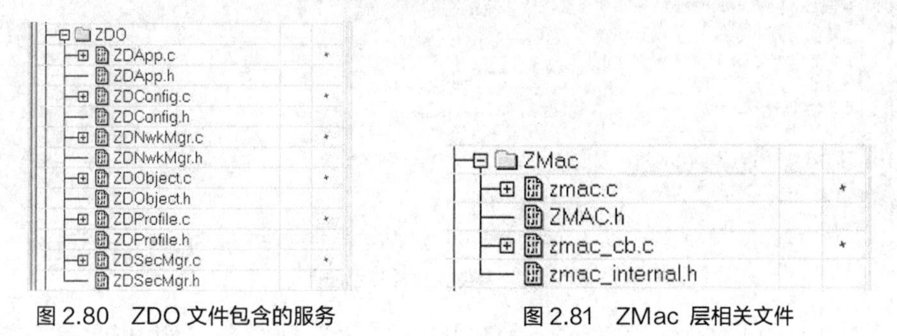

图 2.80　ZDO 文件包含的服务　　图 2.81　ZMac 层相关文件

（13）ZigBee 协议栈的主程序（ZigBee Main，ZMain）

ZMain.c 主要包含了整个项目的入口函数 main()，在 OnBoard.c 中包含对硬件开发平台各类外设进行控制的接口函数，如图 2.82 所示。

（14）输出文件目录

Output 文件是 IDE 自动生成的。协议栈提供 EndDeviceEB（终端设备）、CoordinatorEB（协调器设备）和 RouterEB（路由设备）3 种设备工作空间，如图 2.83 所示。

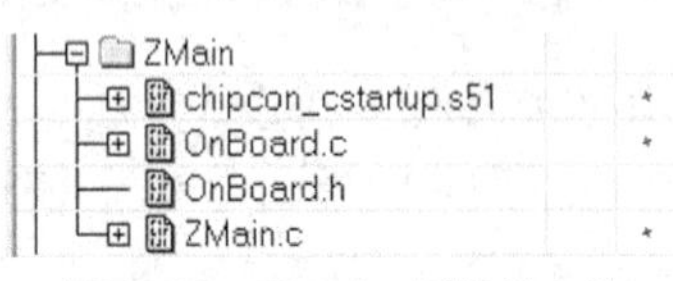

图 2.82　ZMain 层相关文件

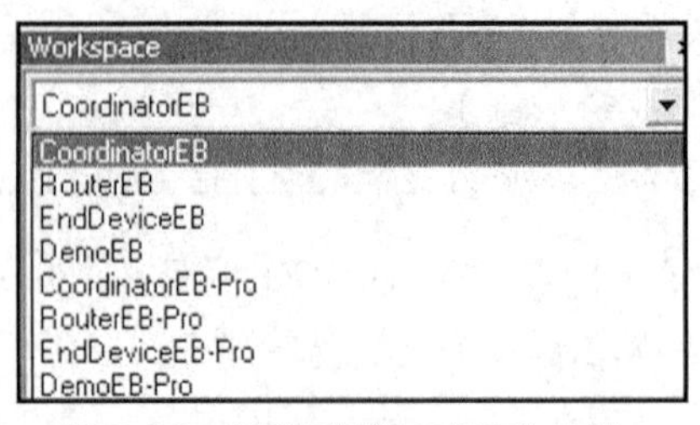

图 2.83　创建不同设备的工作空间

使用 IAR 打开工程文件 SampleApp.eww 后，即可查看到整个协议栈从 HAL 层到 APP 层的文件夹分布。该协议栈可以实现复杂的网络链接，在协调器节点中实现对路由表和绑定表的非易失性存储，因此网络具有一定的记忆功能。

协议栈布局窗口中出现“*”只表示文件没有保存，文件保存后就不会出现“*”标记。

2.4.3　协议栈的移除和增加文件

ZigBee 协议栈实现了 ZigBee 协议，该协议栈为用户提供了 API 函数接口，在开发过程中用户不必去关心 ZigBee 协议是怎么实现的，只需关心程序的数据从哪里来然后到哪里去。

下面以 SampleApp.eww 为例讲解在 APP 文件夹下如何移除和增加文件。

我们先进行协调器的编程，鼠标右键单击“SampleApp.c”，在弹出的下拉菜单中选择“Remove”即可，然后以同样的方法删除 SampleApp.h，如图 2.84 所示。

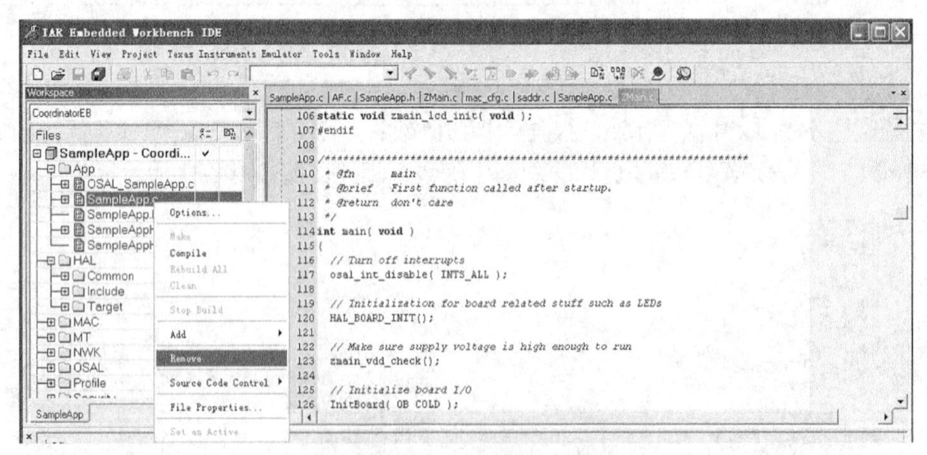

图 2.84　移除文件操作示意图

单击“File”，在弹出的下拉菜单中选择“New”，再选择“File”，并文件，并将文件保存为“Coordnator.c”，然后以同样的方法建立一个“Coordnator.h”文件。

最后，将 Coordnator.c 和 Coordnator.h 添加到工程中，方法是右键单击 App，在弹出的下拉菜单中选择“Add”，然后选择“Add Files”，添加完这个文件后，SampleApp 工程文件布局如图 2.85 所示。

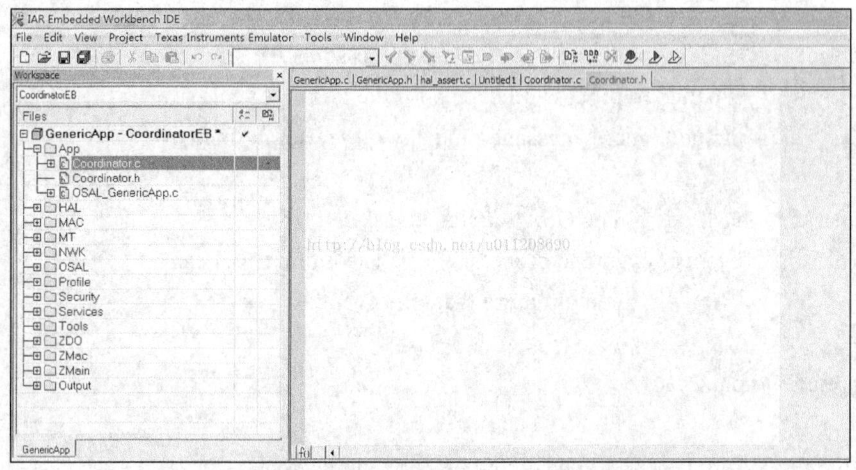

图 2.85 添加完文件的 SampleApp 工程文件布局示意图

可见，Coordinator.c 和 Coordinator.h 还是空白的。

2.4.4 协议栈的基本操作

（1）查看函数或者宏定义

我们知道，Z-Stack 是 TI 公司提供的半开放的 ZigBee 协议栈，而这个协议栈对于我们开发使用者来说一般只要关心 APP 文件夹下的文件即可。我们自己写的驱动等文件也是挂载到这个文件目录下的，APP 文件下的主执行文件，需要关注的就是 SampleApp.c 或者 Enddevice.c 文件及 ZMain.c 文件，ZMain.c 就是初始化功能了。而 SampleApp.c 或者 Enddevice.c 文件里面就包含了我们用户要做的事情。

打开 OSALSampleApp.c 文件找到 SampleApp_ProcessEvent 定义的宏，它规定了 SampleApp 事件。我们要查找一个函数或者宏定义的出处时，可以先选择要查找的内容，弹出如图 2.86 所示的内容，选择“Go to definition of ...”就可以直接找到定义之处了。

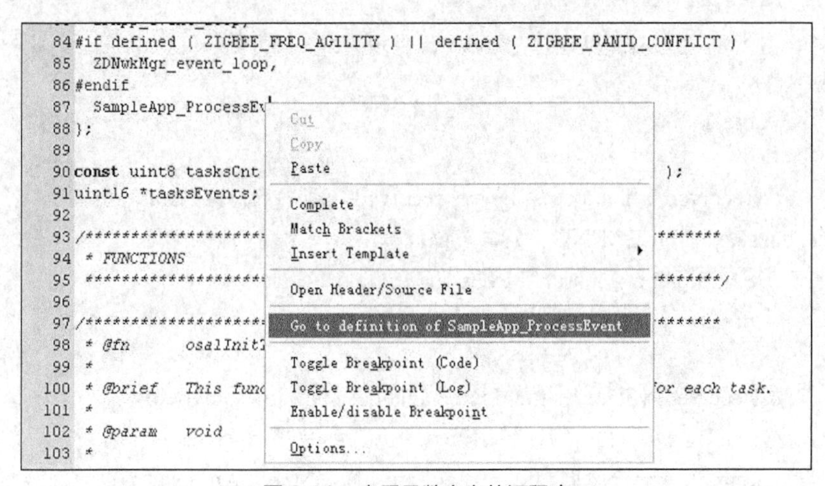

图 2.86 查看函数定义的源程序

函数定义代码具体如下。

```
/*********************************************************************
 * @fn          SampleApp_ProcessEvent
 *
 * @brief    Generic Application Task event processor.   This function
 *              is called to process all events for the task.   Events
 *              include timers, messages and any other user defined events.
 *
 * @param     task_id    - The OSAL assigned task ID.
 * @param     events - events to process.    This is a bit map and can
 *                              contain more than one event.
 *
 * @return    none
 */
uint16 SampleApp_ProcessEvent(uint8 task_id, uint16 events)
{
  afIncomingMSGPacket_t *MSGpkt;
  (void)task_id;   // Intentionally unreferenced parameter

  if (events & SYS_EVENT_MSG)
  {
    MSGpkt = (afIncomingMSGPacket_t *)osal_msg_receive(SampleApp_TaskID);
    while (MSGpkt)
    {
      switch (MSGpkt->hdr.event)
      {
        // Received when a key is pressed
        case KEY_CHANGE:
          SampleApp_HandleKeys(((keyChange_t    *)MSGpkt)->state,     ((keyChange_t
*)MSGpkt)->keys);
          break;

        // Received when a messages is received (OTA) for this endpoint
        case AF_INCOMING_MSG_CMD:
          SampleApp_MessageMSGCB(MSGpkt);
          break;

        // Received whenever the device changes state in the network
        case ZDO_STATE_CHANGE:
          SampleApp_NwkState = (devStates_t)(MSGpkt->hdr.status);
          if ((SampleApp_NwkState == DEV_ZB_COORD)
               || (SampleApp_NwkState == DEV_ROUTER)
```

```
                || (SampleApp_NwkState == DEV_END_DEVICE))
          {
            // Start sending the periodic message in a regular interval.
            osal_start_timerEx(SampleApp_TaskID,
                                SAMPLEAPP_SEND_PERIODIC_MSG_EVT,
                                SAMPLEAPP_SEND_PERIODIC_MSG_TIMEOUT);
          }
          else
          {
            // Device is no longer in the network
          }
          break;

        default:
          break;
      }
```

（2）信道选择和修改网络 ID 号

展开工程目录下面的 Tools 目录，如图 2.87 所示。

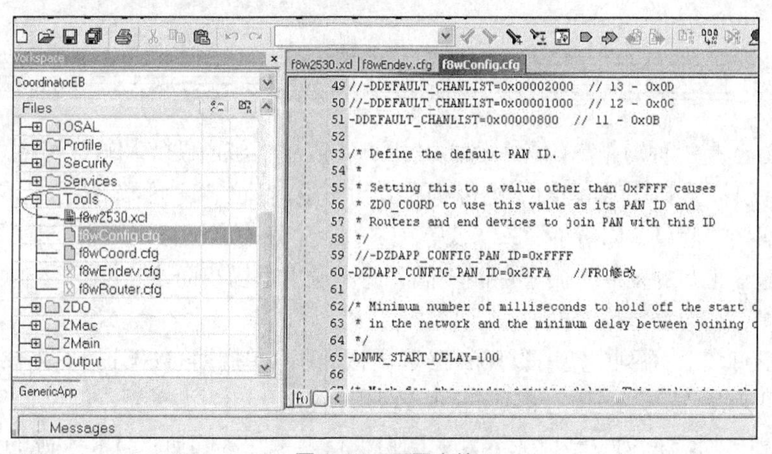

图 2.87 配置文件

f8w2530.cxl：该文件包含了 CC2530 单片机的链接控制指令，包括堆栈的大小、内存分配等，一般情况下我们不需要修改。

f8wConfig.cfg：该文件包含了信道选择、网络 ID 号等有关的链接命令。例如，我们的信道默认为-DDEFAULT_CHANLIST=0x00000800 // 11 - 0x0B，建立网络 ID 的默认 ID 为-DZDAPP_CONFIG_PAN_ID=0xFFFF，所以我们要建立不同的网络信道及网络 ID 的时候就可以在这里修改。

f8wCoord.cfg：配置无线网络中的协调器设备类型及 CPU 的运行频率。例如，下面的代码就定义了该设备具有协调器和路由器的功能。

```
/* Coordinator Settings */
-DZDO_COORDINATOR                    // Coordinator Functions
-DRTR_NWK                            // Router Functions
```

注意：协调器是建立网络的设备，在网络建立好以后，其实它在上位机与终端节点之间也是起到路由的作用了。

f8wEndev.cfg：配置无线网络中的终端节点 CPU 的运行频率及 MAC 设定。

f8wRouter.cfg：配置无线网络中的路由设备的 CPU 运行频率、MAC 设定、路由设定等。

（3）设置 ZigBee 网络的拓扑结构

在 ZigBee 协议栈的 NWK 目录中的 nwk_globals.h 文件中，找到 NWK_MODE 的设置模式，如图 2.88 所示。

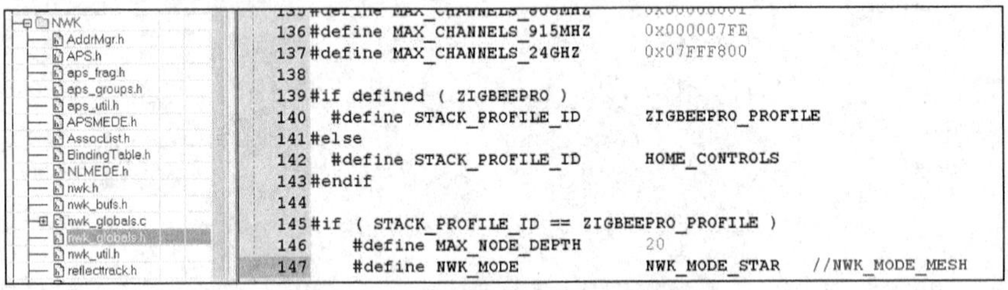

```
NWK
  AddrMgr.h
  APS.h
  aps_frag.h
  aps_groups.h
  aps_util.h
  APSMEDE.h
  AssocList.h
  BindingTable.h
  NLMEDE.h
  nwk.h
  nwk_bufs.h
  nwk_globals.c
  nwk_globals.h
  nwk_util.h
  reflecttrack.h

136 #define MAX_CHANNELS_915MHZ      0x000007FE
137 #define MAX_CHANNELS_24GHZ       0x07FFF800
138
139 #if defined ( ZIGBEEPRO )
140   #define STACK_PROFILE_ID       ZIGBEEPRO_PROFILE
141 #else
142   #define STACK_PROFILE_ID       HOME_CONTROLS
143 #endif
144
145 #if ( STACK_PROFILE_ID == ZIGBEEPRO_PROFILE )
146     #define MAX_NODE_DEPTH       20
147     #define NWK_MODE             NWK_MODE_STAR   //NWK_MODE_MESH
```

图 2.88　设置网络的拓扑结构示意图

将 NWK_MODE_MESH 改成 NWK_MODE_STAR（NWK_MODE_MESH 为网状网、NWK_MODE_STAR 为星型网、NWK_MODE_TREE 为树状网，这里设置为最简单、最稳定的星型网）。

项目小结

（1）ZigBee 是一种短距离的无线通信技术，其应用系统由硬件和软件组成。

（2）单片机按照 CPU 处理数据的位宽可分为 4 位、8 位、16 位和 32 位机。其中，8 位单片机由于内部构造简单、体格小、成本低等优势，应用最为广泛；4 位单片机主要应用于工业控制领域，随着工艺的发展，由于性能较低，逐步退出市场；而 16 位和 32 位单片机主要应用于视频采集、图形处理等方面。

（3）CC2530 芯片系列中使用的 8051CPU 内核是一个单周期的 8051 兼容内核。它有 3 种不同的内存访问总线：特殊功能寄存器（SFR）、数据（DATA）和代码/外部数据（CODE/XDATA）。

（4）常见的 ZigBee 协议栈分为非开源的协议栈、半开源的协议栈和开源的协议栈 3 种。

主要概念

片上系统、CC2530、半开源的协议栈、中断。

实训项目

任务　无线点灯网络部署

[任务目标]

（1）熟悉 IAR Embedded Workbench IDE 开发环境的使用。

（2）熟悉 ZigBee 射频板的硬件设备以及相应的封装函数。

（3）熟悉基于 IEEE 802.15.4 协议的 Basic RF 网络部署，实现点对点传输功能。

[内容与要求]

（1）熟悉 ZigBee 射频板的硬件设备以及相应的封装函数。

（2）熟悉基于 IEEE 802.15.4 协议的 Basic RF 网络部署，实现点对点传输功能。

实训考核

任务　组网成功点灯实验

考核要素	评价标准	分值（分）	评分（分）				
			自评（10%）	小组（10%）	教师（80%）	专家（0%）	小计（100%）
熟悉 ZigBee 射频板的硬件设备以及相应的封装函数	① 熟悉 ZigBee 射频板的硬件设备以及相应的封装函数，实现点灯	40					
Basic RF 网络部署	② Basic RF 网络部署，理解协议栈	30					
分析总结		30					
合计							
评语（主要是建议）							

实训参考

任务　无线点灯部署

一、实验设备

实 验 设 备	数量	备　　注
ZigBee Debugger 仿真器	1	下载和调试程序
CC2530 节点	2	调试程序
USB 线	2	连接 PC 机、网关板、调试器
RS232 串口连接线	1	调试程序
SmartRF Flash Programmer 软件	1	烧写物理地址软件
电源	5	供电
Z-Stack-CC2530-2.3.0-1.4.0	1	协议栈软件
LCD 显示屏模块	2	可选
CC2530 BasicRF.rar	1	BasicRF 源代码

二、实验基础

注意：本次实验是脱离 Z-Stack 协议栈，而实现简单的点对点传输通信的。本次实验不区分协调器、路由器、终端节点，只是将设备简单地视为“开关”Switch 与“灯”Light。

1．IEEE 802.15.4 与 ZigBee 的关系

ZigBee 是建立在 802.15.4 标准之上，它确定了可以在不同制造商之间共享的应用纲要。IEEE802.15.4 是美国电子电机工程师学会（Institute of Electrical and Electronics Engineers，IEEE）确定的低速率、无线个域网标准。

2．Basic RF

Basic RF 是由 TI 公司提供的，它包含了 IEEE 802.15.4 标准的数据包的收发。这个协议只是用来演示无线设备是如何进行数据传输的，不包含完整功能的协议。但是它采用了与 802.15.4 MAC 兼容的数据包结构及 ACK 包结构，其功能限值如下。

① 不提供“多跳”“设备扫描”及 Beacon。

② 不提供不同种的网络设备，如协调器、路由器等。所有节点同级，只实现点对点传输。

③ 传输时会等待信道空闲，但不按 802.15.4 CSMA-CA 要求进行两次 CCA 检测。

④ 不重传数据。

Basic RF 软件文件夹架构如图 2.89 所示。

docs 文件夹：文件夹里面仅有一个名为 CC2530_Software_Examples 的 PDF 文档，文档的主要内容是介绍 Basic RF 的特点、结构及使用，如果读者有 TI 的开发板的话阅读这个文档就可以做 Basic RF 里面的实验了，从中我们可以知道，里面 Basic RF 包含 3 个实验例程：无线点灯、传输质量检测、谱分析应用。

Ide 文件夹：打开文件夹后会有 3 个文件夹及 1 个 cc2530_sw_examples.eww 工程，其中这个工程是上面提及的 3 个实验例程工程的集合，当然也包含了我们无线点灯的实验工程。在 IAR 环境中打开，在 workspace 看到以下文件夹。

Ide\Settings 文件夹：是在每个基础实验的文件夹里面都会有的，它主要保存有读者自己的 IAR 环境里面的设置。

Ide\srf05_CC2530 文件夹：里面放有 3 个工程，即 light_switch.eww、per_test.eww 和 spectrum_analyzer.eww。如果读者不习惯几个工程集合在一起看，也可以在这里直接打开想要用的实验工程。

source 文件夹：文件夹里有 apps 文件夹和 components 文件夹。

Source\apps 文件夹：存放 BasicRF 3 个实验的应用实现的源代码。

Source\components 文件夹：包含着 Basic RF 的应用程序使用不同组件的源代码。

Basic RF 的软件框架如图 2.90 所示。

Hardware 层：对应物理实体，放在底层，是实现数据传输的基础。

HardwareAbstraction 层：对应 hal_rf.c，它提供了一种接口来访问 TIMER、GPIO、UART、ADC 等，这些接口都通过相应的函数进行实现。

Basic RF 层：对应 basic_rf.c，它为双向无线传输提供一种简单的协议。

Application 层：对应 light_switch.c，是用户应用层，它相当于使用 Basic RF 层和 HAL 的接口，也就是说我们通过 Application 层就可以使用封装好的 Basic RF 层和 HAL 函数了。

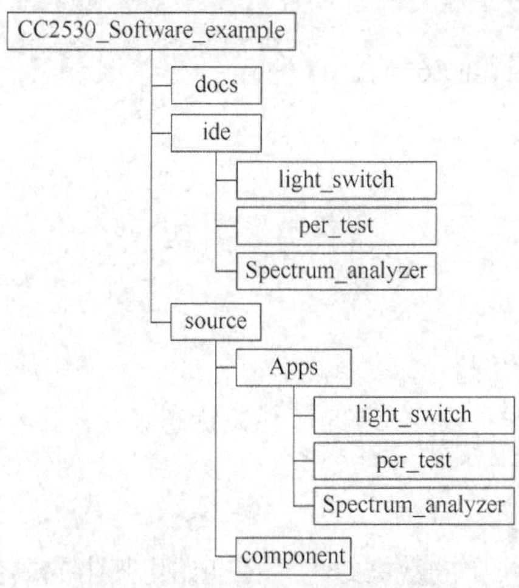

图 2.89　BasicRF 软件文件夹架构

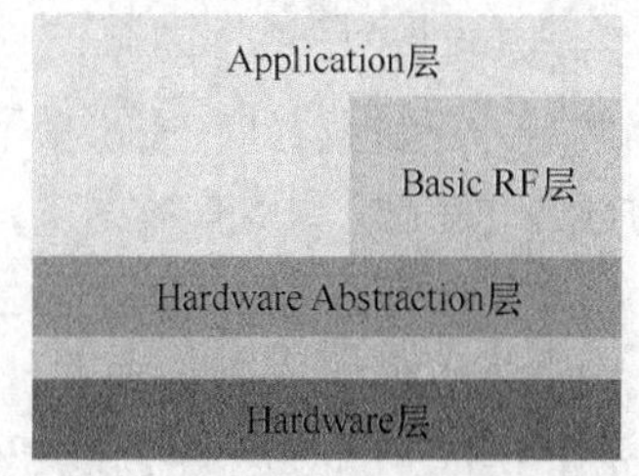

图 2.90　BasicRF 的软件框架示意图

3．实验中的重要函数

（1）无线数据的组网建立

在 basic_rf.h 代码中可以找到 basicRfCfg_t 的数据结构体，该结构体定义如下。

```
typedefstruct {
        uint16 myAddr;                    //16 位的短地址（就是节点的地址）
        uint16 panId;                     //节点的 PANID
        uint8 channel;                    //RF 通道（必须在 11～26）
        uint8 ackRequest;                 //目标确认就置 true
        #ifdef SECURITY_CCM               //是否加密，预定义里取消了加密
          uint8*securityKey;
          uint8*securityNonce;
          #endif
} basicRfCfg_t;
```

想要在两个设备之间建立通信就得使用该结构体创建变量，并对其初始化指定节点自己的地址，以及通信之间的网络标识等（PANID）、通信信道（Communication Channel）和目标确认（Ask in request）。

（2）无线数据的发送

创建一个 buffer，把 payload 放入其中。Payload 最大允许位为 103 个字节。然后调用 basicRfSendPacket()函数发送，其返回值为发送多少字节数，在 basic_rf.c 中可以找到。

```
uint8 basicRfSendPacket(uint16 destAddr, uint8* pPayload, uint8 length)
```

destAddr：目的短地址。

pPayload：指向发送缓冲区的指针。

length：发送数据长度。

（3）无线数据的接收

上层通过 basicRfPacketIsReady()函数来检查是否收到一个新数据包。该函数在 basic_rf.c 中可以找到。

uint8 basicRfPacketIsReady(void)。调用 basicRfReceive()函数，把收到的数据复制到 pRxData

中。代码可以在 basic_rf.c 中可以找到。

```
uint8basicRfReceive(uint8* pRxData, uint8 len, int16* pRssi)
```

pRxData：接收数据存放的缓冲区。

len：收到的数据长度。

pRssi：信号强度。

4．Basic_rf 的工作过程

整个过程的原理如下。

控制端：如果检测到有按钮按下，就发送数据。

受控端：如果检测到有数据来，就接收数据，改变 led 的灯开关状态。

Basic_rf 的工作过程：启动、发射、接收。

（1）启动

首先在 basic_rf.h 文件中创建一个 basicRfCfg_t 的数据结构，并初始化其中的成员。接着调用 basicRfInit()进行协议的初始化，在 basic_rf.c 代码中可以找到。

Uint8 basicRfInit(basicRfCfg_t*pRfConfig)。

函数功能：对 basicRf 的数据结构初始化，设置模块的传输通道、短地址和 PAD ID。

（2）发送

创建一个 buffer，把 payload 放入其中。Payload 最大为 103 个字节。调用 basicRfSendPacket()函数发送，并查看其返回值在 basic_rf.c 中可以找到。

```
uint8 basicRfSendPackeet(uint16 destAddr,uint8 *pPayload,uint8 length)
```

destAddr：表示目的地址。

pPayload：指向发送缓冲区的指针。

length：发送数据长度。

函数功能：给目的短地址发送指定长度的数据，发送成功则返回 Success；失败则返回 Failed。

（3）接收

上层通过 basicRfPacketIsReady()函数来检查是否收到一个新数据包，在 basic_rf.c 中可以找到。

```
uint8 basicRfPacketIsReady(void)
```

函数功能：检查模块是否已经可以接收下一个数据，如果准备好则返回 True。

调用 basicRfReceive()函数，把收到的数据复制到 buffer 中。代码可以在 basic_rf.c 中可以找到。

```
uint8 basicRfReceive(uint8*pRxData,uint8 len,int16*pRssi)
```

函数功能：接收来自 Basic RF 层的数据包，并为所接收的数据和 RSSI 值配缓冲区。

Basic_rf 的主要特点如下。

不会自动加入协议，也不会自动扫描其他节点，同时没有组网指示灯。

② 没有协议栈里面所说的协调器、路由器或者终端节点的区分，节点的地位都是相等的。

③ 没有自动重发的功能。

三、实验步骤

1．操作具体步骤

（1）创建 BasicRF 文件夹保存在\Texas Instruments\ZStack-CC2530-2.5.0\Projects\zstack\

GEC 文件夹下。

（2）在 BasicRF 文件夹下创建 CC2530DB 与 Source 文件夹，如图 2.91 所示。其中 CC2530DB 用来存放工程信息，Source 用来存放本次实验的源码。

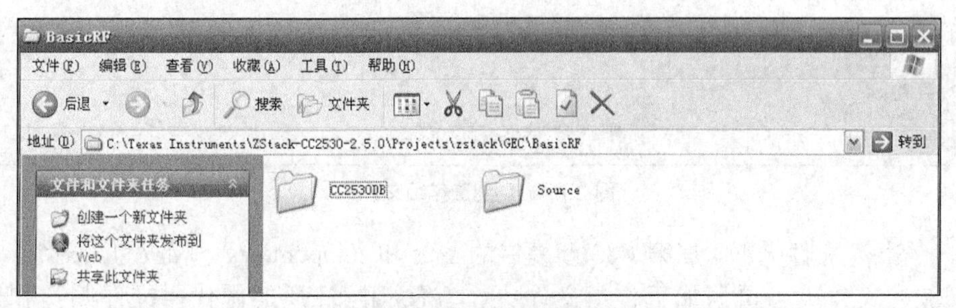

图 2.91 创建本实验相关文件夹

（3）将 apps 和 components 文件夹复制到上一步建立的 Source 文件夹下，如图 2.92 所示。

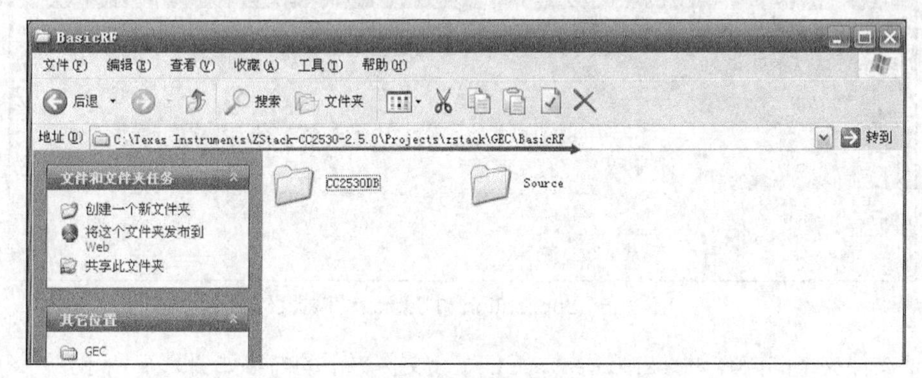

图 2.92 复制源文件

（4）使用 IAR Embeded Workbench IDE 创建新工程 BasicRF 并保存于第（2）步创建的 CC2530DB 目录下，如图 2.93 所示。

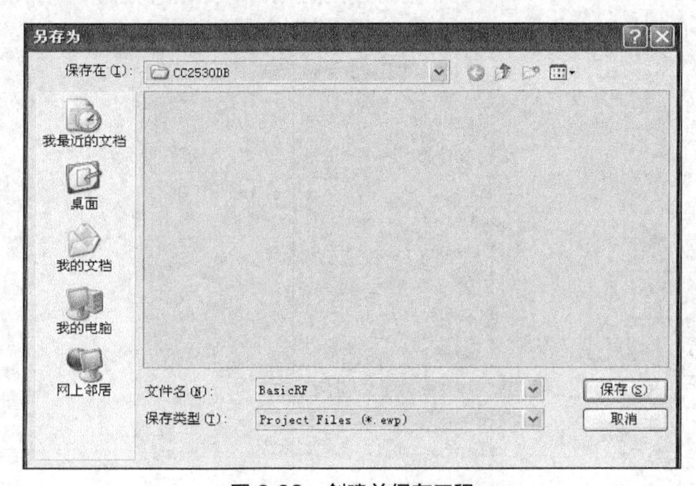

图 2.93 创建并保存工程

（5）选择创建的工程 BasicRF，使用鼠标右键菜单选择 Add 中的 Add Group 选项，输入想要添加的工作组文件夹名 application，依次添加如图 2.94 所示的工作组文件夹。

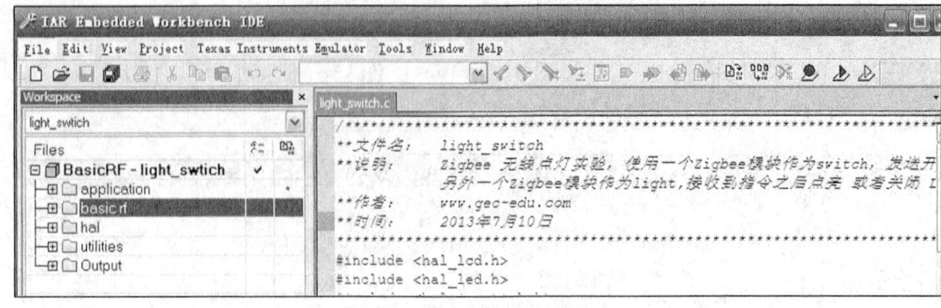

图 2.94　创建工作组文件夹

（6）在每个文件夹下添加第（3）步复制的 apps 和 compoments 下相应的源文件。有的需要在相应的文件夹下再添加工作组文件夹，方便相同性质的源代码文件归类和查看。application 和 basic rf 下文件如图 2.95 所示。

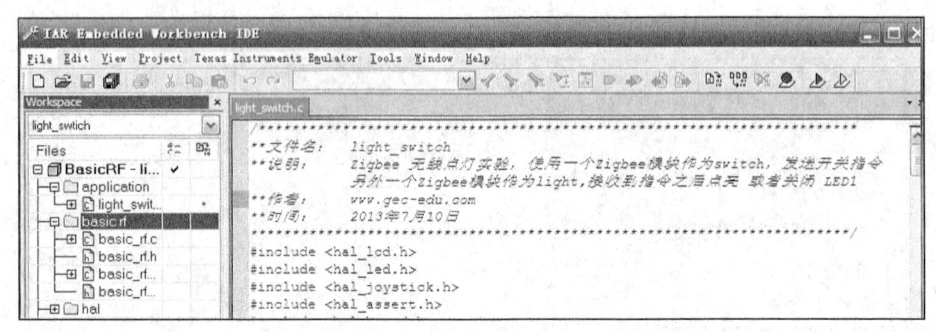

图 2.95　application 和 basic rf 下的文件

Hal 文件夹下的内容如图 2.96 所示，CC2530 文件夹下的内容如图 2.97 所示。

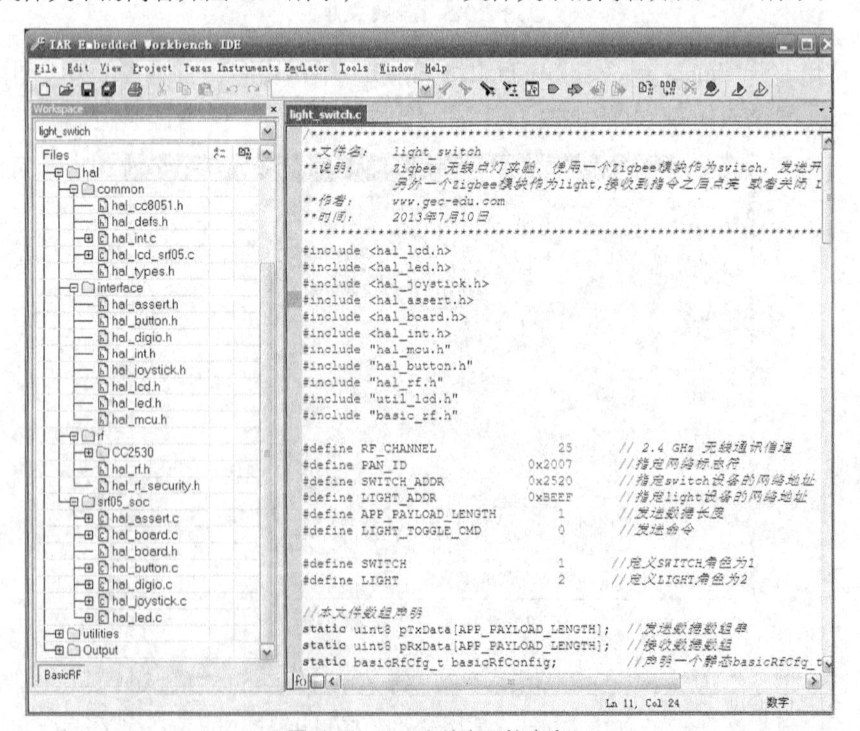

图 2.96　hal 文件夹下的内容

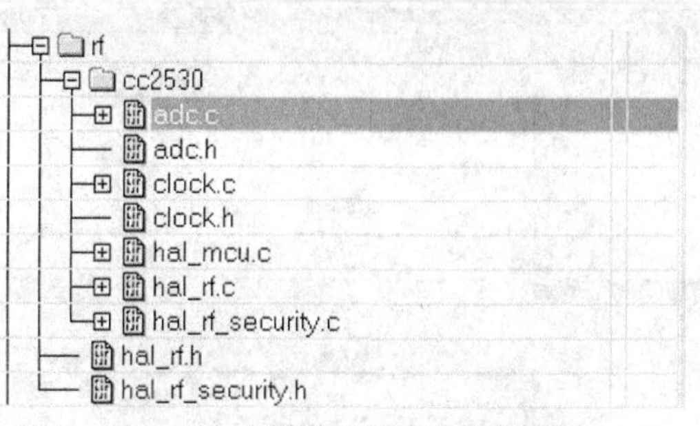

图 2.97　CC2530 文件夹下的内容

Utilities 文件夹下的内容如图 2.98 所示。

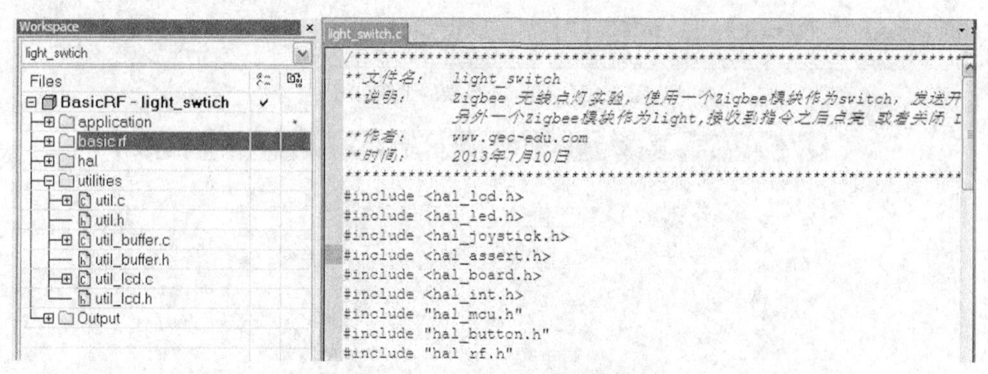

图 2.98　utilities 文件夹下的内容

（7）配置工程的工作空间。在 Project 菜单中选择 Edit Configuration，新建一个文并将其件命名为 light_swtich，如图 2.99 和图 2.100 所示。

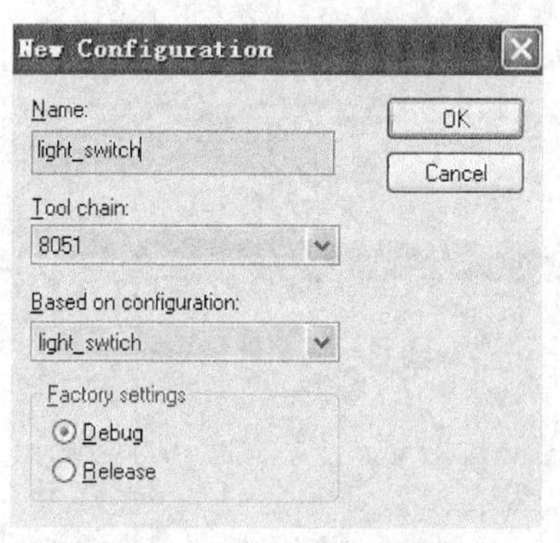

图 2.99　修改工作空间的名字 1

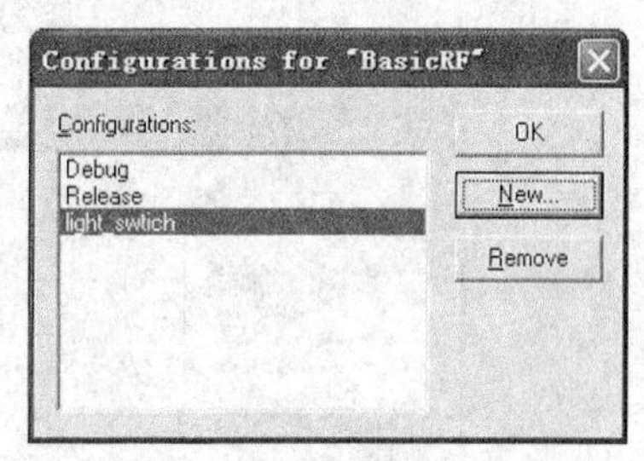

图 2.100　修改工作空间的名字 2

（8）移除不需要的工作空间 Debug 和 Release，如图 2.101 所示。

注意：不能移除当前的工作空间。例如，当前选择的是 light_switch 工作空间，能移除 Debug 和 Release，但是不能移除 light_swtich 工作空间。

（9）保存当前空间于 CC2530 目录之下，并将其命名为 light_swtich，如图 2.102 所示。

（10）配置工程参数。选择 BasicRF 中的 light_switch 文件，然后单击鼠标右键选中 option 选项，出现如图 2.103 所示的界面。

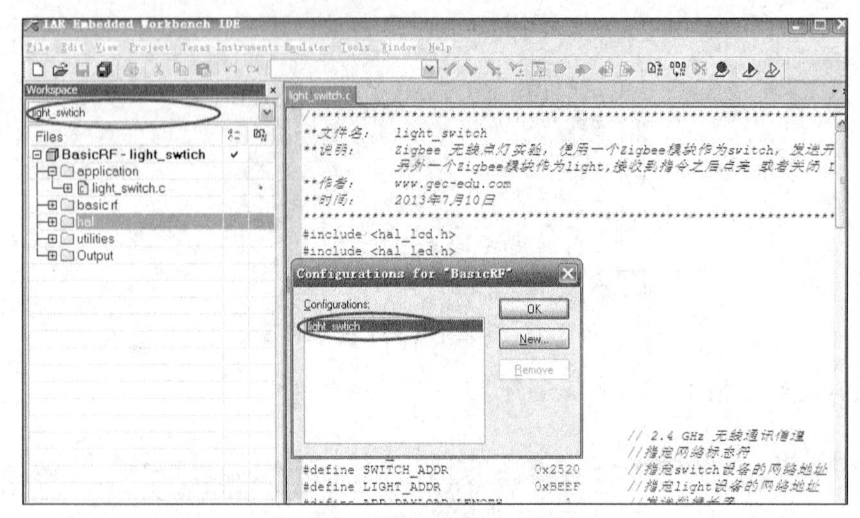

图 2.101 移除不需要的工作空间

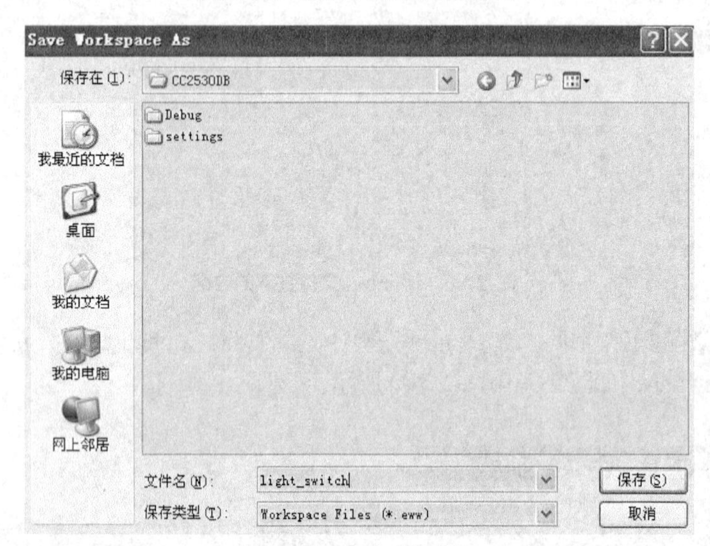

图 2.102 保存工作空间

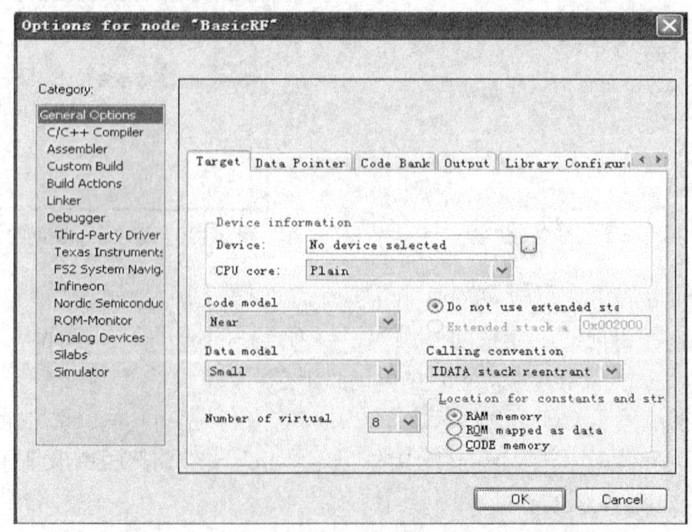

图 2.103 工程参数配置界面

（11）在左边的选项卡中选择“General Option”，在右边的选项卡中选择“Target” 。其中，在“Device”选项中选择 Texas Instruments 文件夹下的 CC2531F256.i51，选择之后效果如图 2.104 所示。其目录为 C:\Program Files\IAR Systems\Embedded Workbench 6.0 Evaluation\8051\config\devices\Texas Instruments。

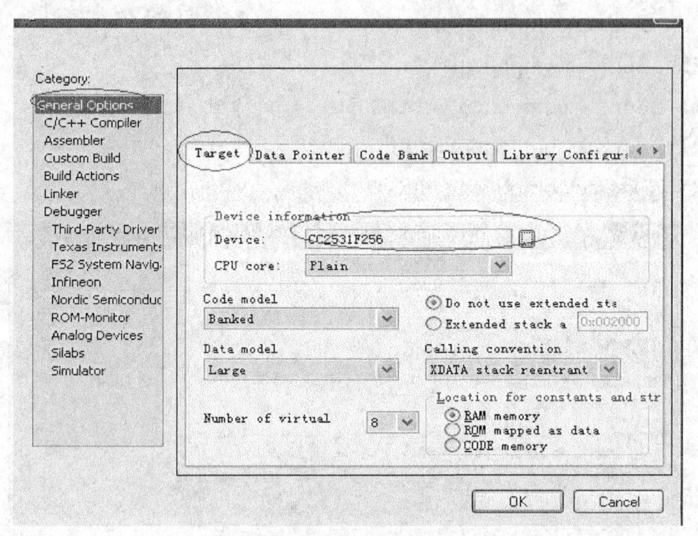

图 2.104 配置芯片

（12）在左边的选项卡中选择“General Option”，在右边的选项卡中选择“Stack/Heap”。其中的“XDATA：”设置为 1FF，如图 2.105 所示。

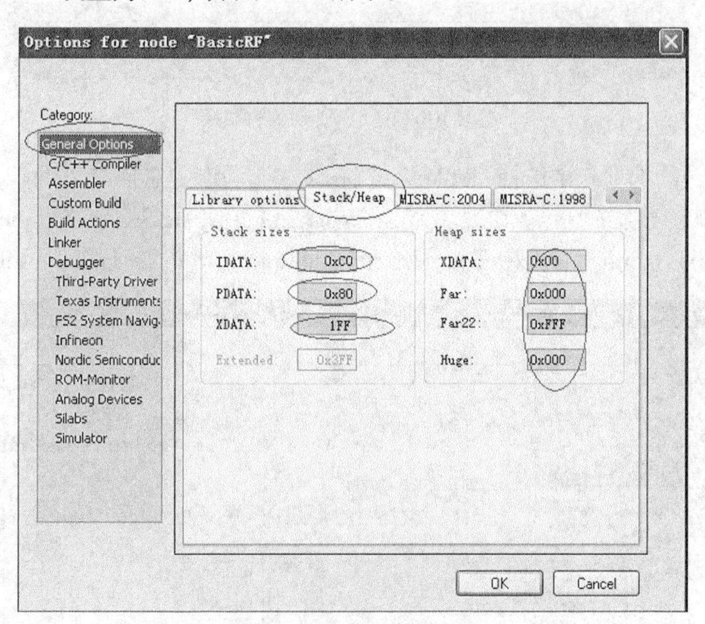

图 2.105 配置 XDATA 的大小

（13）在左边的选项卡中选择“C/C++Compiler”，在右边的选项卡中选择“Preprocessor”。指定编译时各文件所在的目录，如图 2.106 所示，其内容如下。

```
$PROJ_DIR$
$PROJ_DIR$\..\Source
```

```
$PROJ_DIR$\..\Source\apps
$PROJ_DIR$\..\Source\components\basicrf
$PROJ_DIR$\..\Source\components\common
$PROJ_DIR$\..\Source\components\common\cc8051
$PROJ_DIR$\..\Source\components\interface
$PROJ_DIR$\..\Source\components\rf
$PROJ_DIR$\..\Source\components\rf\cc2530
$PROJ_DIR$\..\Source\components\srf05_soc
$PROJ_DIR$\..\Source\components\utils
```

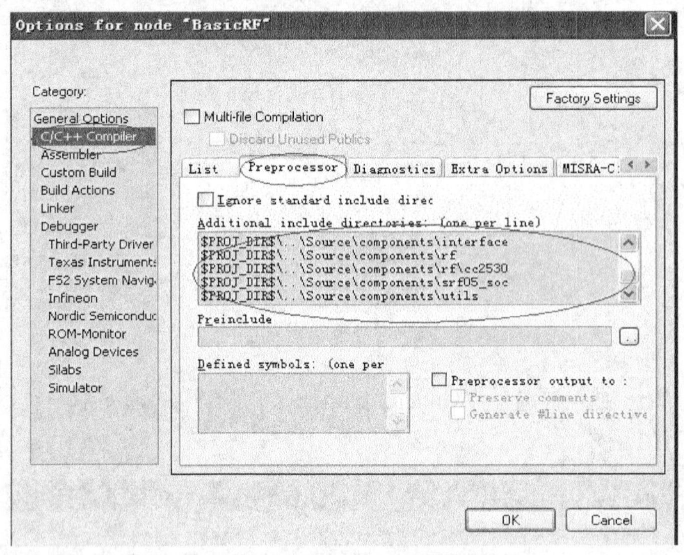

图 2.106　指定预处理文件路径

（14）在左边的选项卡中选择“Linker”，在右边的选项卡中选择“Config”。勾选“Override default”选项，如图 2.107 所示。其目录为 C:\Program Files\IAR Systems\Embedded Workbench 6.0 Evaluation\8051\config\devices\Texas Instruments\lnk51ew_cc2531F256_banked.xcl。

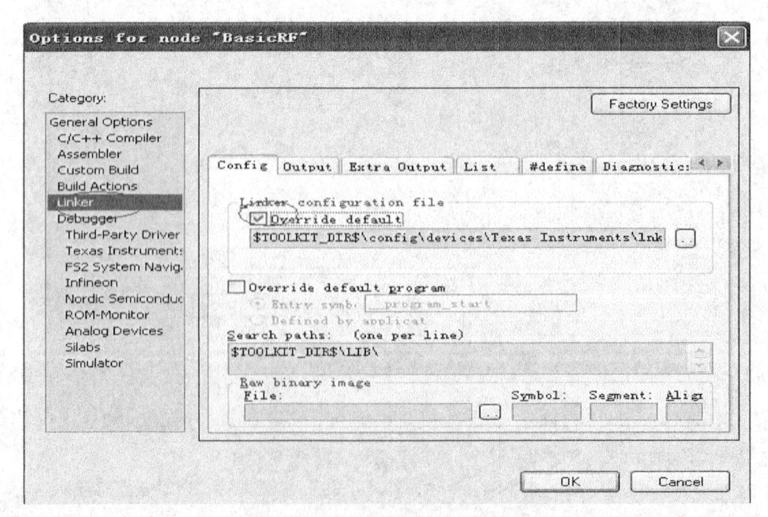

图 2.107　配置链接中的芯片

（15）在左边的选项卡中选择“Linker”，在右边的选项卡中选择“Output”。勾选“Override default”选项,并修改生成文件为 BasicRF.hex，如图 2.108 所示。

注意：若需要生成 SmartRF Flash Programmer 能够下载的文件则勾选“Other”选项。

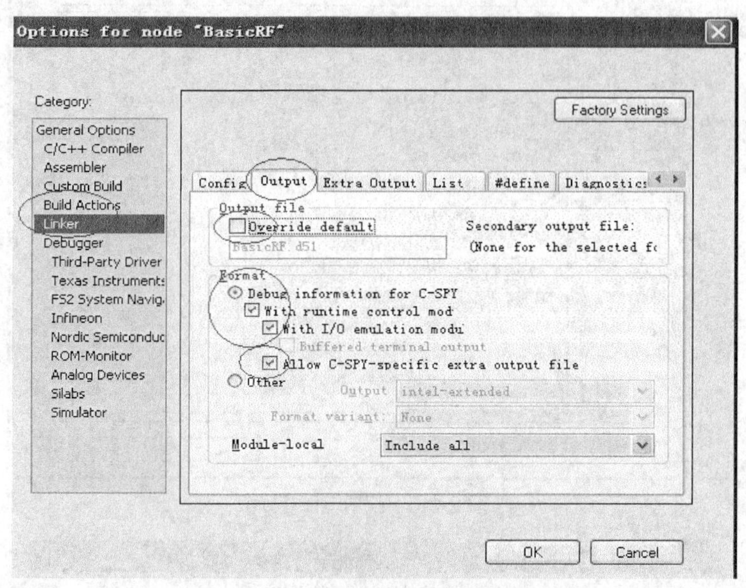

图 2.108　配置编译生成文件

（16）在左边的选项卡中选择“Linker”，在右边的选项卡中选择“Extra Output”。勾选相应选项，如图 2.109 所示。

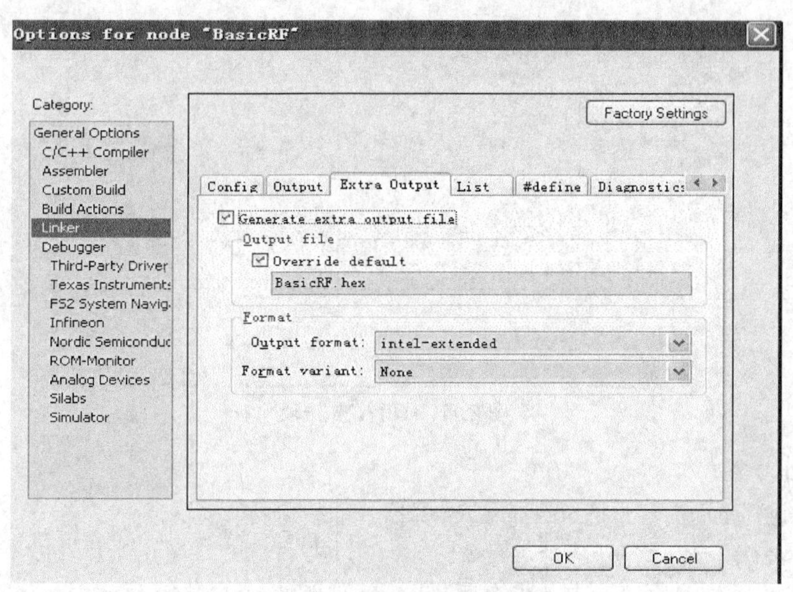

图 2.109　配置额外输出文件

（17）在左边的选项卡中选择“Linker”，在右边的选项卡中选择“List”。勾选相应选项，如图 2.110 所示。

（18）在左边的选项卡中选择“Debugger”，在右边的选项卡中选择“Steup”。选择“Texas Instruments”，勾选“Override default”选项，如图 2.111 所示。其目录为 C:\Program Files\IAR

Systems\Embedded Workbench 6.0 Evaluation\8051\config\devices\Texas Instruments\ioCC2531F256.ddf。

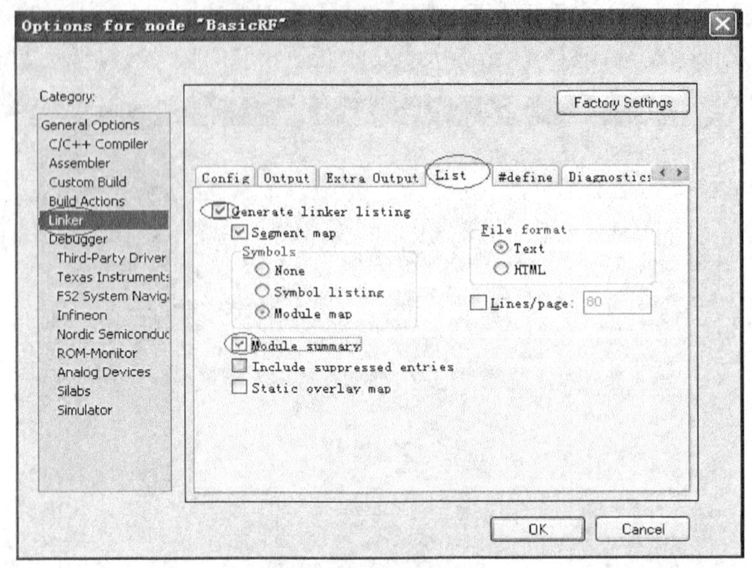

图 2.110　配置链接规则

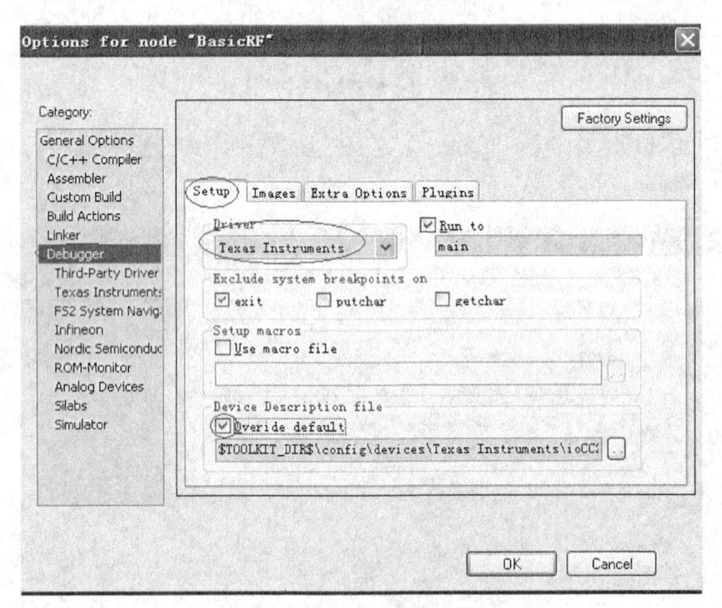

图 2.111　配置调试选项

2．操作步骤

第一步找到下面内容，把 appLight();注释掉，下载到发射模块。

```
appSwitch();            //节点为按键 S1            P1_2
// appLight();          //节点为指示灯 LED1        P1_0
```

第二步找到相同位置，把 appSwitch();注释掉，下载到接收模块。

```
// appSwitch();         //节点为按键 S1            P0_4
appLight();             //节点为指示灯 LED1        P1_0
```

完成烧写后上电，按下发射模块的 S1 按键，可以看到接收模块的 LED1 被点亮。

3．实验运行效果

（1）将 Light 程序下载到 ZigBee 协调器的位置，作为“灯”重启，出现如图 2.112 所示的界面。

（2）在程序 light_swtich.c 中将 appMode=LIGHT 修改为 appMode=SWTICH；编译下载到另外一个 ZigBee 协调器的位置，作为“开关”重启，出现如图 2.113 所示的界面。

图 2.112 启动“灯”

图 2.113 启动“开关”

（3）当出现如图 4.113 所示的界面时表示设备就绪，按下开关的 S1 键，这时“灯”的底板上 LED2 闪烁一下，LED1 点亮，同时 LCD 上显示为“Light ON”，如图 2.114 所示。

（4）当打开灯时，再按下 S1 键，这时“灯”的底板 LED2 闪烁一下，LED1 熄灭，同时 LCD 显示“Light Off”，如图 2.115 所示。

图 2.114 点亮 LED1

图 2.115 关闭 LED1

注意：在做以上实验时最好一组一组地打开 ZigBee 设备，不然自己的“灯”会被别人的“开关”控制。

用户不需要 LCD 显示数据，则可以选择 C/C++ Compiler 标签，在窗口右边选择 Preprocessor 标签，然后在 Defined symbols 下拉列表框中输入“HAL_LCD=FALSE”，这样在编译时就不编译与 LCD 相关的程序。因为单片机的存储器资源十分有限，所以才使用条件编译来控制不同的模块是否参与编译。

课后练习

一、选择题

（1）ZigBee 无线传感器网络节点之间的无线通信一般不受（　　）因素的影响。

A. 节点能量　　B. 障碍物　　C. 天气　　D. 时间

（2）（　　）不是物联网系统。

A．传感器模块　　B．处理器模块　　C．总线　　D．无线通信模块

（3）对于 ZigBee 无线传感器网络与现有的无线自组织网络而言，（　　）是错误的。

A．传感器网络的节点数目更加庞大

B．传感器网络的节点更加容易出错

C．传感器网络的节点处理能力更强

D．传感器网络的节点的存储能力有限

（4）ZigBee 传感器网络的频带，（　　）传输速率为 20kb/s，适用于欧洲。

A．868MHz　　B．915MHz　　C．2.4GHz　　D．2.5GHz

（5）ZigBee 传感器网络的频带，（　　）传输速率为 40kb/s，适用于美国。

A．868MHz　　B．915MHz　　C．2.4GHz　　D．2.5GHz

（6）ZigBee 传感器网络的频带，（　　）传输速率为 40kb/s，适用于全球。

A．868MHz　　B．915MHz　　C．2.4GHz　　D．2.5GHz

（7）ZigBee 网络设备（　　）发送网络信标、建立一个网络、管理网络节点、存储网络节点信息、寻找一对节点间的路由信息、不断地接收信息。

A．网络协调器　　B．全功能设备（FFD）

C．精简功能设备（RFD）　　D．路由器

二、简答题

（1）简述 ZigBee 无线传感器网络拓扑结构有哪几种，各有什么优缺点。

（2）简述全功能设备和精简功能设备的区别，哪些设备属于全功能设备，哪些设备属于精简功能设备。

PART 3

项目三 了解 ZigBee 无线传感器网络协议栈

本章目标

知识目标

- 掌握 ZigBee 无线传感器网络的协议栈和协议的区别等知识。
- 掌握 Z-Stack 协议栈的 OSAL 分配机制。
- 了解 Z-Stack 协议栈的 OSAL 运行机制。
- 掌握 Z-Stack 协议栈的 OSAL 常用函数。

技能目标

- 掌握 Z-Stack 协议栈的运行机制。
- 掌握 Z-Stack 协议栈中 OSAL 的添加新任务的方法。

在实际 ZigBee 无线传感器网络工程的开发过程中，首先借助 TI 提供的协议栈中例程 SampleApp，接着根据需要完成的功能，查看支持 Z-Stack 协议栈的硬件电路图，再查阅数据手册（CC2530 的数据手册、Z-Stack 协议栈说明、Z-Stack 协议栈 API 函数使用说明等）文件，然后再进行协议栈的修改。最后，还需要烧录器下载到相应的硬件，实现 ZigBee 无线传感器网络的组建和开发。

3.1 Z-Stack 协议栈

3.1.1 协议与协议栈

协议定义的是一系列的通信标准，通信双方需要共同按照这一标准进行正常的数据收发；协议栈是协议的具体实现形式，可通俗地理解为代码实现的函数库，以便于开发人员调用。

ZigBee 的协议分为两部分，IEEE 802.15.4 定义了物理层和数据链路层技术规范，ZigBee 联盟定义了网络层、安全层和应用层技术规范，ZigBee 协议栈就是将各层定义的协议都集合在一起，以函数的形式实现，并提供一些应用层 API 供用户调用，如图 3.1 所示。

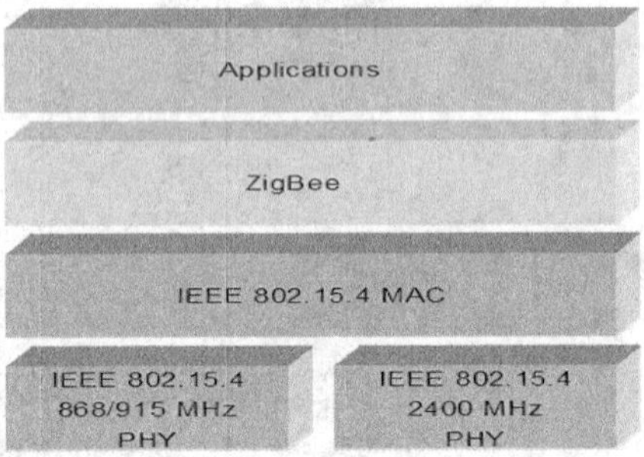

Applications
ZigBee
IEEE 802.15.4 MAC
IEEE 802.15.4 868/915 MHz PHY
IEEE 802.15.4 2400 MHz PHY

图 3.1　ZigBee 协议栈示意图

协议栈是指网络中各层协议的总和，一套协议的规范。其形象地反映了一个网络中文件传输的过程：由上层协议到底层协议，再由底层协议到上层协议。

使用最广泛的是因特网协议栈，由上到下的协议分别是：应用层（Http、Telnet、DNS、E-mail 等），运输层（TCP、UDP），网络层（IP），链路层（WI-FI、以太网、令牌环、FDDI 等）。

ZigBee 协议栈开发的基本思路如下。

（1）借助 TI 提供的协议栈中例程 SampleApp 进行二次开发，用户不需要深入研究复杂的 ZigBee 协议栈，这样可以减轻开发者的工作量。

（2）ZigBee 无线传感器网络中数据采集，只需要用户在应用层加入传感器的读取函数和添加头文件即可实现。

（3）如果考虑节能，可以根据数据采集周期（ZigBee 协议栈例程中已开发了定时程序）进行定时，时间到就唤醒 ZigBee 终端节点，终端节点被唤醒后，自动采集传感器数据，然后将数据发送给路由器或者直接发给协调器，即监测节点定时汇报监测数据。

（4）协调器（网关）根据下发的控制命令，将控制信息转发到具体的节点即控制节点，等待控制命令下发。

3.1.2 使用 Z-Stack 协议栈传输

ZigBee 协议栈已经实现了 ZigBee 协议，用户可以使用协议栈提供的 API 进行应用程序的开发。开发过程中不必关心协议具体的实现，只需要关心应用程序的数据来源和去向即可。

SampleApp.c 中定义了发送函数 static void SampleApp_SendTheMessage（void）。该函数通过调用 AF_DataRequest 来发送数据。该函数定义在 Profile 目录下的 AF.c 文件中，如图 3.2 所示。

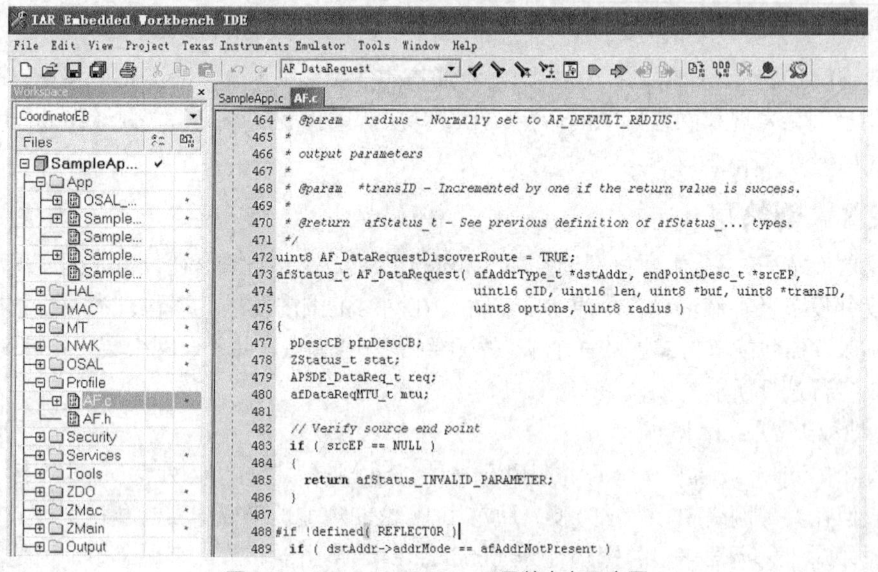

图 3.2 AF_DataRequest 函数定义示意图

```
afStatus_t AF_DataRequest（ afAddrType_t *dstAddr, endPointDesc_t *srcEP,
                            uint16 cID, uint16 len, uint8 *buf, uint8 *transID,
                            uint8 options, uint8 radius ）
```

用户调用该函数即可实现数据的无线发送。该函数中有 8 个参数，参数具体含义如下。

*dstAddr：发送目的地址 + 端点地址（端点号）和传送模式。

*srcEP：源（答复或确认）终端的描述（如操作系统中任务 ID 等）源 EP。

cID：被 Profile 指定的有效的集群号。

len：发送数据长度。

*buf：指向存放发送数据的缓冲区的指针。

*transID：任务 ID 号。

options: 有效位掩码的发送选项。

Radius：发送跳数，通常设置为 AF_DEFAULT_RADIUS。

其中，最核心的两个参数是 uint16 len（发送数据的长度）和 uint8 *buf（指向存放发送数据的缓冲区的指针）。使用 ZigBee 协议栈只需调用相应的数据发送、接收函数即可。

3.2 ZigBee 无线传感器网络功能层简介

3.2.1 物理层

物理层（PHY 层）定义了无线信道和 MAC 子层之间的接口，提供物理层数据服务和物理层管理服务，主要是在驱动程序的基础上，实现数据传输和管理。物理层数据服务从无线物理信道上收发数据，管理服务包括信道能量监测（ED）、链接质量指示（LQI）、载波检测（CS）和空闲信道评估（CCA）等，维护一个由物理层相关数据组成的数据库。

物理层是整个协议栈最底层的部分，该层主要完成基带数据处理、物理信号的接收和发送以及无线电规格参数（包括功率谱密度、符号速率、接收机灵敏度、接收机干扰抑制、转换时间和调制误差等）设置等基本功能。

3.2.2 介质访问控制层

介质访问控制层（MAC 层）提供点对点通信的数据确认（Per-hop Acknowledgments）以及一些用于网络发现和网络形成的命令，但是介质访问控制层不支持多跳（Multi-hop）、网型网络（Mesh）等概念。

3.2.3 网络层

网络层（NWK 层）主要负责设备加入和退出网络、路由管理、在设备之间发现和维护路由、发现邻设备及存储邻设备信息等。例如，在网络范围内发送广播包，为单播数据包选择路由，确保数据包能够可靠地从一个节点发送到另一个节点，此外，网络层还具有安全特性，用户可以自行选择所需的安全策略。

1．地址类型

每一个 ZigBee 设备有一个 64 位 IEEE 地址，即 MAC 地址，跟网卡 MAC 一样，是全球唯一的。但在实际网络中，为了方便，通常用 16 位的短地址来标识自身和识别对方，也称为网络地址。对于协调器来说，短地址为 0000H；对于路由器和节点来说，短地址是由它们所在网络中的协调器分配的。

2．网络地址分配

网络地址分配由网络中的协调器来完成，为了让网络中的每一个设备都有唯一的网络地址（短地址），它要按照事先配置的参数，并遵循一定的算法来分配。这些参数是 MAX-_DEPTH、MAX_ROUTERS 和 MAX_CHILDREN。

MAX_DEPTH 决定了网络的最大深度。协调器位于深度为 0，其子节点位于深度为 1，子节点的子节点位于深度为 2，以此类推。MAX_DEPTH 参数限制了网络在物理上的长度。

MAX_CHILDREN 决定了一个路由器或者一个协调器节点可以连接的子节点的最大个数。MAX_ROUTERS 决定了一个路由器或者一个协调器可以处理的具有路由功能的子节点的最大个数，它是 MAX_CHILDREN 的一个子集。

ZigBee 2007 协议栈已经规定了这些参数的值：MAX_DEPTH=5，MAX_ROUTERS=6 和 MAX_CHILDREN=20。

3．Z-Stack 寻址

向 ZigBee 节点发送数据时，通常使用 AF_DataRequest()函数。该函数需要一个 afAssr-Type_t 类型的目标地址作为参数。

```
typedef struct
{
union
{
uint16 shortAddr;
}addr;
afAddrMode_t addrMode;
byte endpoint;
}afAddrType_t;
```

这里，除了网络地址（短地址）和端点外，还要指定地址模式参数。地址模式参数可以设置为以下几个值。

```
typedef enum
{
afAddrNotPresent = AddrNotPresent;
afAddr16Bit =   Addr16Bit;
afAddrGroup = AddrGroup;
afAddrBroadcast =   AddrBroadcast
}afAddrMode_t;
```

这是因为在 ZigBee 协议栈中，数据包可以单点传送（unicast）、多点传送（multicast）或者广播传送，所以必须有地址模式参数。一个单点传送数据包只发送给一个设备，多点传送数据包则要传送给一组设备，而广播数据包则要发送给整个网络中的所有节点。

（1）单点传送

单点传送是标准寻址模式，它将数据包发送给一个已经知道网络地址的网络设备。将 afAddrMode 设置为 Addr16Bit，并且在数据包中携带目标设备地址。

（2）多点传送

当应用程序不知道数据包的目标设备在哪里时，将模式设置为 AddrNotPresent。Z-Stack 底层将自动从栈的绑定表中查找目标设备的具体网络地址，这种特点称为源绑定。如果在绑定表中找到多个设备，则向每个设备都发送一个数据包的复制。

（3）广播传送

当应用程序需要将数据包发送给网络的每一个设备时，将使用广播模式，此时将模式设置为 AddrBroadcast。目标 shortAddr 可以设置为下面广播地址中的一种。

NWK_BROADCAST_SHORTADDR_DEVALL（0xFFFF）：数据包将被传送到网络上的所有设备，包括睡眠中的设备。对于睡眠中的设备，数据包将被保留在其父节点，直到苏醒后主动到父节点查询，或者直到消息超时。

NWK_BROADCAST_SHORTADDR_DEVRXON（0xFFFD）：数据包将被传送到网络上的所有空闲时打开接收的设备（RXONWHENIDELE），即除了睡眠中的所有设备。

NWK_BROADCAST_SHORTADDR_DEVZCZR（0xFFFC）：数据发送给所有的路由器（包括协调器，它是一种特殊的路由器）。

（4）组寻址

当应用程序需要将数据包发送给网络上的一组设备时，使用该模式。地址模式设置为 afAddrGroup 并且 shortAddr 设置为组 ID。在使用这个功能之前，必须在网络中定义组（详见 Z-Stack API 文档中的 aps_AddGroup()函数）。

4．路由

ZigBee 设备主要工作在 2.4GHz 频段上，这一基本特性限制了 ZigBee 设备的数据传输距离，那么 ZigBee 通过什么办法来解决这个问题呢？答案是路由器。

路由器的工作是为经过路由器的每个数据帧寻找一条最佳传输路径，并将该数据有效地传送到目的节点，称为“路由”。选择通畅快捷的近路，能大大提高通信速度、减轻网络系统通信负荷、节约网络系统资源、提高网络系统畅通率，从而让网络系统发挥出更大的效益。而在 ZigBee 无线网络中，路由器是非常重要的节点设备，它不仅完成路由的功能，更重要的是，它在数据传输过程中起到了“接力棒”的作用，大大拓展了数据传输的距离，是 ZigBee 网络中的“交通枢纽”。

选择最佳的策略即路由算法是路由器的关键所在。Z-Stack 提供了比较完善、高效的路由算法。路由对于应用层来说是完全透明的。应用程序只需将数据下发到协议栈中，协议栈会负责寻找路径，通过多跳的方式将数据传送到目的地址。

ZigBee 网络路由故障能够自愈，如果某个无线连接断开了，路由功能又能自动寻找一条新的路径避开那个断开的网络连接。这就极大地提高了网络的可靠性，这也是 ZigBee 网络的一个关键特性。

（1）路由协议

ZigBee 路由协议是基于 AODV 专用网络路由协议来实现的。ZigBee 将 AODV 路由协议优化，使其能够适应于各种环境，支持移动节点、连接失败和数据包丢失等复杂环境。

当路由器从它自身的应用程序或者别的设备那里收到一个单点发送的数据包后，网络层会遵循以下流程将它继续传递下去：如果目标节点是它的相邻节点或子节点，则数据包会被直接传送给目标设备。否则，路由器将要检索它的路由表中与所要传送的数据包的目标地址相符合的记录。如果存在与目标地址相符合的有效路由记录，数据包将被发送到记录中的下一跳地址中去，如果没有发现任何相关的路由记录，则路由器开始进行路径寻找，将数据包暂时存储在缓冲区中，直到路径寻找结束为止。

ZigBee 终端节点不执行任何路由功能。如果终端节点想要向其他设备传送数据包，只需要将数据向上发送给其父节点，由其父节点代表它来执行路由。同样，任何一个设备要给终端节点发送数据，开始进行路径寻找，终端节点的父节点都将代表它作出响应。

在 Z-Stack 中，在执行路由功能的过程中就实现了路由表记录的优化。通常，每一个目标设备都需要一条路由表记录。通过将父节点的路由表记录和其所有子节点的路由表记录相结合，可以在保证不丧失任何功能的基础上优化路径。

ZigBee 路由器（含协调器）将完成路径寻找与选择、路径保持与维护及路径期满处理功能。

① 路径的寻找与选择。路径寻找是网络设备之间相互协作去寻找和建立路径的一个过程。任意一个路由设备都可以发起路径寻找，去寻找某个特定的目标设备。路径寻找机制是指寻找源地址和目标地址之间的所有可能路径，并且选择其中最好的路径。路径选择尽可能选择成本最小的路径。每一个节点通常保持它的所有邻节点的"连接成本（Link Costs）"。连接成本最典型的表示方法是一个关于接收信号强度的函数。沿着路径，求出所有连接的连接成本总和，便可以得到整个路径的"路径成本"。路由算法将寻找到拥有最小路径成本的路径。

路由器通过一系列的请求和回复数据包来寻找路径。源设备向它的所有邻节点广播一个路由请求数据包（RREQ），来请求一个目标地址的路径。在一个节点收到 RREQ 数据包后，会依次转发 RREQ 数据包。在转发之前，要加上最新的连接成本，然后更新 RREQ 数据包中的成本值。这样，RREQ 数据包携带着连接成本的总和通过所有的连接最终到达目标设备。由于 RREQ 经过不同的路径，目标设备将收到许多 RREQ 副本。目标设备选择最好的 RREQ 数据包，然后沿着相反的路径将路径答复数据包（RREP）发给源设备。

一旦一条路径被创建，数据包就可以发送了。当一个节点与它的下一级相邻节点失去连接时（即当它发送数据时，没有收到 MAC ACK），该节点就会向所有等待接收它的 RREQ 数据包的节点发送一个 RERR 数据包，将它的路径设为无效。各个节点根据收到的数据包（RREQ、RREP 或 RERR）来更新它的路由表。

② 路径保持与维护。无线网状网（Mesh）提供路径维护和网络自愈功能。一个路径上的中间节点一直跟踪着数年传送过程，如果一个连接失败，那么上游节点将对所有使用这条连接的路径启动路径修复功能。当下一闪数据包到达该节点时，节点将重新寻找路径。如果不

能够启动路径寻找或者由于某种原因使路径寻找失败，节点会向数据包的源节点发送一个路径错误包（RERR），它将负责启动新的路径寻找。这两种方法都实现了路径的自动重建。

③ 路径期满处理。路由表为已经建立连接路径的节点维护路径记录。如果在一定的时间周期内没有数据通过这条路径发送，则这条路径被表示为期满。期满的路径一直保留到它所占用的空间要被使用为止。在配置文件 f8wConfig.cfg 中配置自动路径期满时间。设置 ROUTE_EXPI_TIME 为期满时间，单位为秒。如果设备为 0，则表示关闭自动期满功能。

（2）表存储

要实现路由功能，需要路由器建立一些表格去保持和维护路由信息。

① 路由表。每一个路由表包括协调器都包含一个路由表。设备在路由表中保存了数据包参与路由所需的信息。每一条路由表记录都包含目的地址、下一级节点和连接状态等信息。所有数据包都通过相邻的一级节点发送到目的地址。同样，为了回收路由表空间，可以终止路由表中的那些已经无用的路径记录。在文件 f8wConfig.cfg 中配置路由表的大小，将 MAX_RTG_ENTRIES 设置为表的大小（不能小于 4）。

② 路径寻找表。路径寻找表用来保存寻找过程中的临时信息。这些记录只是在路径寻找操作期间存在，一旦某个记录到期，它就可以被另一个路径寻找所使用。记录的个数决定了在一个网络中可以同时并发执行的路径寻找的最大个数。这个值 MAX-RREQ-ENTRIES 可以通过在 f8wConfig.cfg 文件中配置。

5．安全

为了保证一个 ZigBee 网络通信的保密性，防止重要数据被窃取，ZigBee 协议还可以采用 AEC/CCM 安全算法，提供可选的安全功能。在一个安全的网络中，协调器可以允许或者不允许节点加入网络，也可以只允许一个设备在很短的时间窗口加入网络。例如，协调器上有一个“push”按键，在这个很短的时间窗口中，它允许任何设备加入网络，否则，所有的加入请求都被拒绝。

3.2.4 应用层

应用层主要包括应用支持子层（APS 层）和 ZigBee 设备对象（ZDO）。其中，APS 负责维护和绑定表、在绑定设备之间传送消息；而 ZDO 定义设备在网络中的角色，发起和响应绑定请求，在网络设备之间建立安全机制。

1．绑定

绑定指的是两个节点在应用层上建立起来的一条逻辑链路。在同一个节点上可以建立多个绑定服务，分别对应不同种类的数据包。此外，绑定也允许有多个目标节点（一对多绑定）。

一旦在源节点上建立了绑定，其应用服务即可向目标节点发送数据，而不需指定目标地址（调用 zb_SendDataRequest()，目标地址可用一个无效值 0xFFFE 代替）。这样，协议栈将会根据数据包的命令标识符，通过自身的绑定表查找到所对应的目标设备地址。

在绑定表的条目中，有时会有多个目标端点，这使得协议栈自动地重复发送数据包到绑定表指定的各个目标地址。同时，如果在编译目标文件时，编译选项 NV_RESTORE 被打开，协议栈将会把绑定条目保存在非易失性存储器里。因此，当意外重启（或者节点电池耗尽需要更换）等突发情况发生时，节点能自动恢复到掉电前的工作状态，而不需要用户重新设置绑定服务。

2．配置文件

配置文件（Profile）就是应用程序框架，它是由 ZigBee 技术开发商提供的，应用于特定的应用场合，是用户进行 ZigBee 技术开发的基础。当然，用户也可以使用专用工具建立自己的 Profile。Profile 是这样一种规范，它规定不同设备对消息帧的处理行为，使不同的设备之间可以通过发送命令、数据请求来实现互操作。

3．端点

端点（EndPoint）是一种网络通信中的数据通信，它是无线通信节点的一个通信部件，如果选择“绑定”方式实现节点间的通信，那么可以直接面对端点操作，而不需要知道绑定的两个节点的地址信息。每个 ZigBee 设备支持 240 个这样的端点。端点的值和 IEEE 长地址、16 位短地址一样，是唯一确定的网络地址，通常结合绑定功能一起使用。它是 ZigBee 无线通信的一个重要参数。

4．簇

间接通信是指各个节点通过端点的绑定建立通信关系，这种通信方式不需要知道目标节点的地址信息，包括 IEEE 地址或网络短地址，Z-Stack 底层将自动从栈的绑定表中查找目标设备的具体网络地址并将其发送出去。

直接通信不需要节点之间通过绑定建立联系，它使用网络短地址作为参数调用适当的 API 来实现通信。直接通信部分关键点在于节点网络短地址的获得。在发送信息帧之前，必须知道要发送的目标短地址。由于网络协调器的短地址是固定的 0X0000，因此可容易地把消息帧发送到协调器。其他网络节点的网络短地址是它们在加入到网络中时由协调器动态分配的，与网络深度、最大路由数、最大节点数等参数有关，没有一个固定值。所以，要想知道目标节点的网络短地址还需要通过其他手段，可以采用通过目标节点的 IEEE 地址来查询短地址的方法。通常，ZigBee 节点的 IEEE 地址是固定的，它被写在节点的 EEPROM 中，这个作为 ZigBee 节点参数一般会被标示在节点上。所以，有了 IEEE 地址以后，可以通过部分网络 API 的调用，得到与之对应的网络短地址。

簇(Cluster)就是人们在着手建立 Profile 时遇到的这个概念，它是一簇网络变量(Attributes)的集合。在同一个 Profile 中，ClusterID 是唯一的。在直接寻址方式和间接寻址方式中都会用到这个概念。在间接寻址方式中，建立绑定表时需要搞清楚它的含义与属性。对于可以建立绑定关系的两个节点，它们的 Cluster 的属性必须一个选择“输入”，另一个选择“输出”，而且 ClusterID 值相等，只有这样，它们才能建立绑定。而在直接寻址方式中，常用 ClusterID 作为参数来将数据或命令发送到对应地址的 Cluster（簇）上。

3.3 OSAL 多任务分配机制

操作系统抽象层(Operating System Abstraction Layer，OSAL)表面上看是作为操作系统存在的，可是为什么又加上“抽象层”呢？它的本质是什么？在 Z-stack 协议栈中，它又扮演了什么角色呢？要解答这些问题必须先从宏观入手，渐渐深入浅出，最后答案自然会浮出水面。

3.3.1 OSAL 基础知识

这里，先介绍与 OSAL 有关的基础知识。

1．资源（Resource）

任何任务所占用的实体都可以称为资源，如一个变量、数组、结构体等。

2．共享资源（Shared Resource）

至少可以被两个任务使用的资源称为共享资源。为了防止共享资源被破坏，每个任务在操作共享资源时，必须保证是独占该资源。

3．任务（Task）

一个任务又称为一个线程，是一个简单程序的执行过程。单个任务中 CPU 完全是被该任务独占的。在任务设计时，需要将问题尽可能地分为多个任务，每个任务独立完成某种功能，同时被赋予一定的优先级，拥有自己的 CPU 寄存器和堆栈空间。一般将任务设计为一个无限循环。

线程是程序中一个单一的顺序控制流程。在单个程序中同时运行多个线程完成不同的工作，称为多线程。线程和进程的区别在于子进程和父进程有不同的代码和数据空间，而多个线程则共享数据空间，每个线程有自己的执行堆栈和程序计数器为其执行上下文。多线程主要是为了节约 CPU 时间，发挥利用，根据具体情况而定。

4．多任务运行（Muti-Task Running）

多任务运行就是一个线程组，其实质只有一个任务在运行，但是 CPU 可以使用任务调度策略将多个任务进行调度，每个任务执行特定的时间，时间片到了以后，就进行任务切换，由于每个任务执行时间都很短，因此，任务切换比较频繁，这就造成了多任务同时运行“假象”。

5．内核（Kernel）

在多任务系统中，内核负责管理各个任务，主要包括为每个任务分配 CPU 时间，任务调度，负责任务间的通信。内核提供的基本的内核服务就是任务切换。使用内核可以大大简化应用系统的程序设计方法。借助内核提供的任务切换功能，可以将应用程序分为不同的任务来实现。

6．互斥（Mutual Exclusion）

多任务通信最简单、最常用的方法是使用共享数据结构。对于嵌入式系统而言，所有任务都在单一的地址空间下，使用共享的数据结构包括全局变量、指针、缓冲区等。虽然共享数据结构的方法简单，但是必须保证对共享数据结构的写操作具有唯一性，以避免晶振和数据不同步。

保护共享资源最常用的方法具体如下。

① 关中断。

② 使用测试并置位指令（T&S 指令）。

③ 禁止任务切换。

④ 使用信号量。

其中，在 ZigBee 协议栈中，OSAL 中经常使用的方法是关中断。

7．消息队列（Message Queue）

消息队列用于任务间传递消息，通常包含任务间同步的信息。通过内核提供的服务、任务或者中断服务程序将一条消息放入消息队列，然后，其他任务可以使用内核提供的服务从消息队列中获取属于自己的消息。为了降低传递消息的开支，通常传递指向消息的指针。

在 ZigBee 协议栈中，OSAL 主要提供如下功能。

① 任务注册、初始化和启动。

② 任务间的同步、互斥。

③ 中断处理。

④ 存储器的分配和管理。

3.3.2 OSAL 简介

Z-Stack 是 TI 公司开发的 ZigBee 协议栈，并经过 ZigBee 联盟认可而被全球众多开发商所广泛采用。Z-Stack 的采用基于一个轮转查询式操作系统，可帮助程序员方便地开发一套 ZigBee 系统。

TI 的 Z-Stack 协议栈就是基于一个最基本的轮转查询式操作系统，这个操作系统就是操作系统抽象层。在 ZigBee 协议中，协议本身已经定义了大部分内容。在基于 ZigBee 协议的应用开发中，用户只需要实现应用程序框架即可。从图 3.3 中可以看出应用程序框架中包含了最多 240 个应用程序对象。如果将一个应用程序对象视为一个任务的话，那么应用框架将包含一个支持多任务的资源分配机制。于是 OSAL 便有了存在的必要性，它正是 Z-Stack 为了实现这样一个机制而存在的。

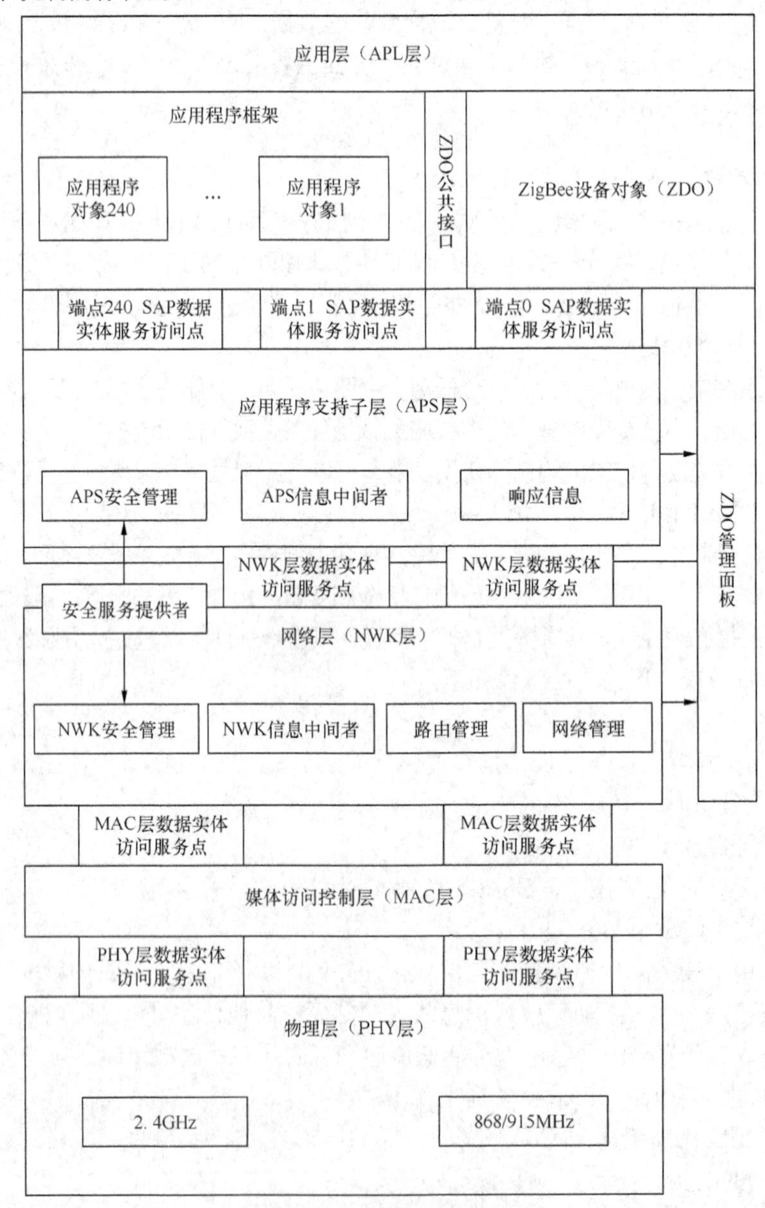

图 3.3 ZigBee 协议的结构图

OSAL 就是以实现多任务为核心的系统资源管理机制，所以 OSAL 与标准的操作系统还是有很大的区别的。简单而言，OSAL 实现了类似操作系统的某些功能，但不能称之为真正意义上的操作系统。

一般情况下，用户只需额外添加 3 个文件就可以完成一个项目，一个是主控文件，存放具体的任务事件处理函数（如 SampleApp_ProcessEvent 或 GenericApp_ProcessEvent）；一个是这个主控文件的头文件（如 SampleApp.h）；还有一个是操作系统接口文件（如 OSAL_SampleApp.c），主要存放任务数组 tasksArr[]，任务数组的具体内容为每个任务的相应的处理函数指针。

通过这种方式，Z-Stack 就实现了绝大部分代码公用，用户只需要添加这几个文件，编写自己的任务处理函数就可以了，无需改动 Z-Stack 核心代码，大大增加了项目的通用性和易移植性。

从图 3.3 中可以看到，应用程序框架中包含了最多 240 个应用程序对象，每个应用程序对象运行在不同的端口上。因此，端口的作用就是区分不同的应用对象。可以把一个应用程序对象看成一个任务。因此，需要一个机制来实现任务的切换、同步和互斥，这就是 OSAL 产生的根源。

OSAL 实现了类似操作系统的某些功能（如任务切换、内存管理等），但它并不能称为真正意义上的操作系统，其实质就是一种支持多任务运行的系统资源分配机制。

图 3.3 中的“SAP”是某一特定层提供的服务与上层之间的接口。大多数层有数据实体接口和管理实体接口两个接口。

数据实体接口的目标是向上层提供所需的常规数据服务；管理实体接口的目标是向上层提供访问内部层的参数、配置和管理数据服务。

物理层和媒体接入控制子层均属于 IEEE 802.15.4 标准，而 IEEE 802.15.4 标准与网络/安全层、应用层一起，构成了 ZigBee 协议栈。

3.3.3　协议栈软件架构

Z-Stack 采用事件轮询机制来设计操作系统，当各层初始化之后，系统进入低功耗模式，当事件发生时，唤醒系统，开始进入中断处理事件，处理结束后继续进入低功耗模式。如果同时有几个事件发生，则判断优先级，逐次处理事件。这种软件构架可以极大地降级系统的功耗。

整个 Z-Stack 的主要工作流程如图 3.4 所示，大致分为系统启动、驱动初始化、OSAL 初始化和启动、进入任务轮询几个阶段。

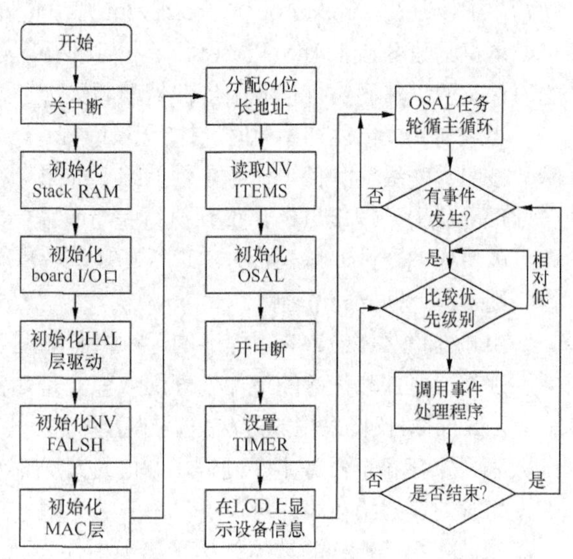

图 3.4　Z-Stack 系统运行流程图

1. 系统初始化

系统上电后，通过执行 ZMain 文件夹中 ZMain.c 的 main()函数来实现硬件的初始化。

关总中断 osal_int_disable(INTS_ALL);

初始化板上硬件设置 HAL_BOARD_INIT();

检查工作电压状态 zmain_vdd_check();

初始化 I/O 口 InitBoard(OB_COLD);

初始化 HAL 层驱动 HalDriverInit();

初始化非易失性存储器 sal_nv_init（NULL）;

初始化 MAC 层 ZMacInit()；

分配 64 位地址 zmain_ext_addr()；

初始化 Zstack 的全局变量并初始化必要的 NV 项目 zgInit()；

初始化操作系统 osal_init_system()；

使能全局中断 osal_int_enable (INTS_ALL)；

初始化后续硬件 InitBoard (OB_READY)；

显示必要的硬件信息 zmain_dev_info()；

最后进入操作系统调度 osal_start_system()。

硬件初始化需要根据 HAL 文件夹中的 hal_board_cfg.h 文件配置寄存器 8051 的寄存器。TI 官方发布 Z-Stack 的配置针对的是 TI 官方的开发板 CC2530DB 等，如采用其他开发板，则需根据原理图设计改变 hal_board_cfg.h 文件的配置。例如，本方案制作的实验板与 TI 官方的 I/O 口配置略有不同，需要重新设置控制引脚口、通用 I/O 口方向和控制函数定义等。

3.4 OSAL 的运行机制

弄明白了 OSAL 是何方神圣，接下来深入 Z-Stack，进一步研究 OSAL。为了方便，使用 Z-Stack 所提供的 SampleApp 例程来进行分析。在此例程的默认路径 C:\Texas Instruments\ZStack-CC2530-2.3.0-1.4.0\Projects\zstack\Samples\SampleApp\CC2530DB 下找到 SampleApp.eww。

在右侧工作空间窗口中打开 App 文件夹，我们可以看到 5 个文件，分别是 “SampleApp.c” “SampleApp.h” “OSAL_ SampleApp.c” “SampleAppHw.c” 和 “SampleAppHw.h”。整个程序所实现的功能都在这 5 个文件当中。

打开文件 SampleApp.c，我们首先看到的是两个比较重要的函数 SampleApp_Init 和 SampleApp_ProcessEvent。从函数名称上我们很容易得到的信息便是 SampleApp_Init 是任务的初始化函数，而 SampleApp_ProcessEvent 则负责处理传递给此任务的事件。

浏览函数 SampleApp_ProcessEvent，我们可以发现，此函数的主要功能是判断由参数传递的事件类型，然后执行相应的事件处理函数。

当顺利完成上述初始化时，执行 osal_start_system()函数开始运行 OSAL 系统。该任务调度函数按照优先级检测各个任务是否就绪。如果存在就绪的任务则调用 tasksArr[]中相对应的任务处理函数去处理该事件，直到执行完所有就绪的任务。如果任务列表中没有就绪的任务，则可以使处理器进入睡眠状态实现低功耗。程序流程如图 3.5 所示。osal_start_system()一旦执行，则不再返回 main()函数。

由此推断 Z-Stack 应用程序的运行机制如图 3.6 所示。

那么，事件和任务的事件处理函数究竟是如何联系的呢？

ZigBee 协议栈采用的方法是，建立一个事件表，保存各个任务对应的事件，建立另一个函数表，保存各个任务事件处理函数的地址，然后将这两张表建立某种对应关系，当某一事件发生时则查找函数表即可。

OSAL 用什么样的数据结构来实现事件表和函数表呢？如何将事件表和函数表建立对应关系呢？

OSAL 通过 tasksEvents 指针访问事件表的每一项，如果有事件发生，则查找函数表找到事件处理函数进行处理，处理完后，继续访问事件表，查看是否有事件发生，无限循环。

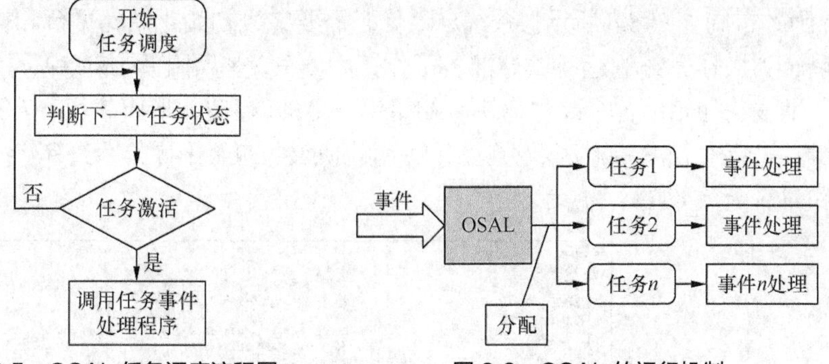

图 3.5 OSAL 任务调度流程图　　图 3.6 OSAL 的运行机制

在 ZigBee 协议栈中，3 个关键变量其数据结构具体如下。

① tasksCnt。该变量保存了任务数，其声明为 const uint8 tasksCnt，其中 uint8 的定义为 typedef unsigned char uint8。tasksCnt 变量的定义在 OSAL SampleApp.c 文件中。

② tasksEvents。该变量是一个指针，指向了事件表的首地址，其声明为 uint16 *tasksEvents，其中 uint16 的定义为 typedef unsigned short uint16。tasksEvents[]是一个指针数组，只是在 OSAL_SampleApp.c 文件中进行定义。

③ tasksArr。该变量是一个数组，该数组的每一项都是一个函数指针，指向了事件的处理函数，其声明为 pTaskEventHandlerFn tasksArr[]，其中 pTaskEventHandlerFn 的定义为 typedef unsigned short (*pTaskEventHandlerFn) (unsigned char task_id,unsigned short event)。变量 pTaskEventHandlerFn 的定义在 OSAL_Tasks.h 文件中。

知识链接

OSAL 中最大任务数量为 9，最大事件数量为 16。

const uint8 tasksCnt = sizeof(tasksArr) / sizeof(tasksArr[0]); //最大任务数量为 9

uint16 *tasksEvents; //最大事件数量为 16

OSAL 是一种基于事件驱动的轮询式操作系统，事件驱动是指发生事件后采取相应的事件处理方法，轮询指的是不断地查看是否有事件发生。OSAL 调度机制如下。

① 入口程序为 Zmain.c。

② 执行 main()主程序。

③ 任务调度初始化 osal_init_system()。

④ 默认启动了 osalInitTasks()，最多 9 个任务，添加到队列，序号为 0~8。

⑤ 最后通过调用 SampleApp_Init()实现用户自定义任务的初始化（用户根据项目需要修改该函数）。

3.4.1 OSAL 任务启动和初始化

OSAL 是协议栈的核心，Z-Stack 的任何一个子系统都作为 OSAL 的一个任务，因此在开发应用层的时候，必须通过创建 OSAL 任务来运行应用程序。通过 osalInitTasks()函数来创建 OSAL 任务，其中 TaskID 为每个任务的唯一标识号。任何 OSAL 任务的工作必须分为两步：一是进行任务初始化；二是处理任务事件。

Z-Stack 的 main 函数在 Zmain.c 中，总体上来说，它主要完成两项工作，一是系统初始化，即由启动代码来初始化硬件系统和软件架构需要的各个模块，二是开始执行操作系统实体，如图 3.7 所示。

ZMain.c 函数布局如图 3.8 所示。系统启动代码需要完成初始化硬件平台和软件架构所需要的各个模块，为操作系统的运行做好准备工作，主要分为初始化系统时钟、检测芯片工作电压、初始化堆栈、初始化各个硬件模块、初始化 FLASH 存储、形成芯片 MAC 地址、初始化非易失变量、初始化 MAC 层协议、初始化应用帧协议、初始化操作系统等十多个部分，其具体流程图和对应函数如图 3.9 所示。

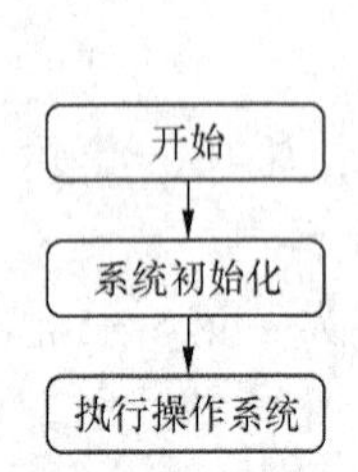

图 3.7　协议栈主流程

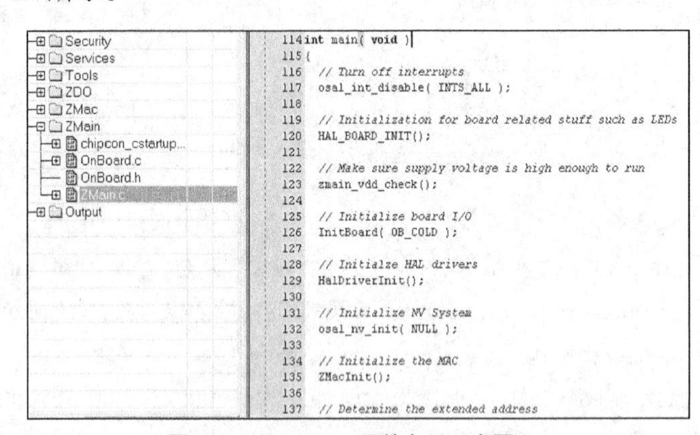

图 3.8　ZMain. c 函数布局示意图

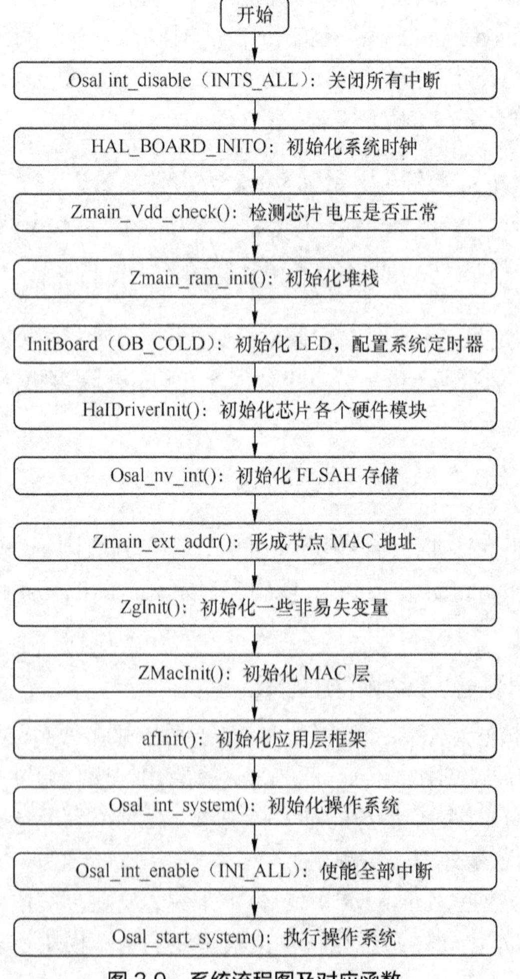

图 3.9　系统流程图及对应函数

其代码如下。

```
int main( void )
{
  // Turn off interrupts 关闭中断
  osal_int_disable( INTS_ALL );
  // Initialization for board related stuff such as LEDs
  HAL_BOARD_INIT();
  // Make sure supply voltage is high enough to run 电压检测，最好保证芯片能正常工作的电压。
zmain_vdd_check();
  // Initialize board I/O 初始化板载 IO
  InitBoard（ OB_COLD ）;
  // Initialze HAL drivers 初始化 HAL
  HalDriverInit();
  // Initialize NV System 初始化 NV 系统
  osal_nv_init（NULL）;
  // Initialize the MAC
  ZMacInit();
  // Determine the extended address
  zmain_ext_addr();
  // Initialize basic NV items
  zgInit();
#ifndef NONWK
  // Since the AF isn't a task, call it's initialization routine
  afInit();
#endif
  // Initialize the operating system
  osal_init_system();
  // Allow interrupts
  osal_int_enable（INTS_ALL）;
  // Final board initialization
  InitBoard（OB_READY）;
  // Display information about this device
  zmain_dev_info();
  /* Display the device info on the LCD */
#ifdef LCD_SUPPORTED
  zmain_lcd_init();
#endif
#ifdef WDT_IN_PM1
  /* If WDT is used, this is a good place to enable it. */
  WatchDogEnable（WDTIMX）;
#endif
  osal_start_system(); // No Return from here
```

```
    return 0;    // Shouldn't get here
} // main()
```

总之，任务初始化的主要步骤如下。

① 初始化应用服务变量。const pTaskEventHandlerFn tasksArr[]数组定义系统提供的应用服务和用户服务变量，如 MAC 层服务 macEventLoop、用户服务 SampleApp_ProcessEvent 等。

② 分配任务 ID 和分配堆栈内存。void osalInitTasks（void）的主要功能是通过调用 osal_mem_alloc()函数给各个任务分配内存空间和给各个已定义任务指定唯一的标识号。

③ 在 AF 层注册应用对象。 通过填入 endPointDesc_t 数据格式的 EndPoint 变量，调用 afRegister()在 AF 层注册 EndPoint 应用对象。

通过在 AF 层注册应用对象的信息，告知系统 afAddrType_t 地址类型数据包的路由端点，例如用于发送周期信息的 SampleApp_Periodic_DstAddr 和发送 LED 闪烁指令的 SampleApp_ Flash_DstAddr。

④ 注册相应的 OSAL 或者 HAL 系统服务。在协议栈中，Z-Stack 提供键盘响应和串口活动响应两种系统服务，但是任何 Z-Stask 任务均不自行注册系统服务，两者均需要由用户应用程序注册。值得注意的是，有且仅有一个 OSAL Task 可以注册服务。例如，注册键盘活动响应可调用 RegisterForKeys()函数。

⑤ 处理任务事件。处理任务事件通过创建"ApplicationName"_ProcessEvent()函数处理。一个 OSAL 任务可以响应 16 个事件，除了协议栈默认的强制事件（Mandatory Events）之外还可以再定义 15 个事件。

SYS_EVENT_MSG（0x8000）是强制事件。该事件主要用来发送全局的系统信息，包括以下信息。

AF_DATA_CONFIRM_CMD：该信息用来指示通过唤醒 AF DataRequest()函数发送的数据请求信息的情况。ZSuccess 确认数据请求成功的发送。如果数据请求是通过 AF_ACK_REQUEST 置位实现的，那么 ZSussess 可以确认数据正确地到达目的地。否则，ZSucess 仅仅能确认数据成功地传输到了下一个路由。

AF_INCOMING_MSG_CMD：用来指示接收到的 AF 信息。

KEY_CHANGE：用来确认按键动作。

ZDO_NEW_DSTADDR：用来指示自动匹配请求。

ZDO_STATE_CHANGE：用来指示网络状态的变化。

3.4.2 OSAL 任务的执行

启动代码为操作系统的执行做好准备工作后，就开始执行操作系统入口程序，并由此彻底将控制权移交给操作系统，完成新老更替。

其实，操作系统实体只有一行代码。

```
Osal_start_system();//运行系统[OSAL.c]，进入系统调度，无返回
```

可以看到这句代码的注释，本函数不会返回，也就是说它是一个死循环，永远不可能执行完，即操作系统从启动代码接到程序的控制权之后，就不会将权力释放。这个函数就是轮转查询式操作系统的主体部分，它所做的工作就是不断地查询每个任务中是否有事件发生，如果发生，就执行相应的函数；如果没有发生，就查询下一个任务。

osal_start_system(); //此函数是任务系统的主循环函数，它将轮询所有任务事件然后调用相关的任务处理函数，没有任务时将进入休眠状态。

函数的主体部分代码：

void osal_start_system（void）//此函数是任务系统的主循环函数，它将轮询所有任务事件然后调用相关的任务处理函数，没有任务时将进入休眠状态。

```
{
#if !defined （ ZBIT ) && !defined ( UBIT ）
  For（;;）  // Forever Loop
#endif
  {
    uint8 idx = 0;

    osalTimeUpdate();
    Hal_ProcessPoll();  // This replaces MT_SerialPoll() and osal_check_timer().OSAL 调用此函数来推送 UART、TIMER
[hal_drivers.c],

   do {
      if （tasksEvents[idx]）  // Task is highest priority that is ready
      {
        break;
      }
    } while （++idx < tasksCnt）;
    if （idx < tasksCnt）
    {
      uint16 events;
      halIntState_t intState;

      HAL_ENTER_CRITICAL_SECTION（intState）;
      events = tasksEvents[idx];
      tasksEvents[idx] = 0;  // Clear the Events for this task
      HAL_EXIT_CRITICAL_SECTION（intState）;
      events = （tasksArr[idx]）( idx, events ）;
      HAL_ENTER_CRITICAL_SECTION（intState）;
      tasksEvents[idx] |= events;  // Add back unprocessed events to the current task
      HAL_EXIT_CRITICAL_SECTION(intState);
    }
#if defined（ POWER_SAVING ）
    else  // Complete pass through all task events with no activity
    {
      osal_pwrmgr_powerconserve();Put the processor/system into sleep
    }
#endif
  }
}
```

操作系统专门分配了存放所有任务事件的 tasksEvents[]数组，每一单元对应存放着每一个任务的所有事件。在这个函数中，首先通过一个 do-while 循环来遍历 tasksEvents[]，找到第一个具有事件的任务（即具有待处理事件的优先级最高的任务，因为序号低的任务优先级高），然后跳出循环，此时，就得到了有事件待处理的最高优先级的任务的序号 idx，然后通过 events-tasksEvents[idx]语句，将这个当前具有最高优先级的任务的事件取出，接着就调用（taskeArr[idx](idx,events）函数来执行具体的处理函数。taskArr[]是一个函数指针的数组，根据不同的 idx 就可以执行不同的函数。

事件表和函数表的关系如图 3.10 所示。

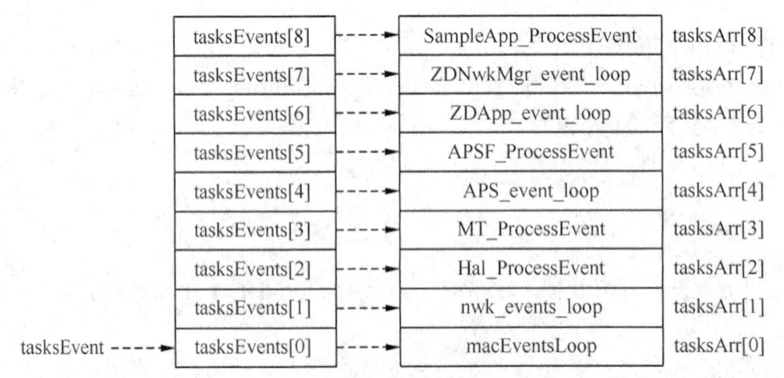

图 3.10　事件表和函数表的关系示意图

首先介绍一下 tasksArr 、tasksEvents（在 OSAL_SampleApp.c 文件中）。

```
const pTaskEventHandlerFn tasksArr[] = {
  macEventLoop,

  nwk_event_loop,

  Hal_ProcessEvent,
#if defined（ MT_TASK）
  MT_ProcessEvent,
#endif
  APS_event_loop,

#if defined（ ZIGBEE_FRAGMENTATION ）
  APSF_ProcessEvent,

#endif
  ZDApp_event_loop,
#if defined （ ZIGBEE_FREQ_AGILITY ） || defined （ ZIGBEE_PANID_CONFLICT ）
  ZDNwkMgr_event_loop,
#endif
   SampleApp_ProcessEvent,
};
const uint8 tasksCnt = sizeof（ tasksArr ） / sizeof（ tasksArr[0] ）;
uint16 *tasksEvents;
```

TaskArr 这个数组里存放了所有任务的事件处理函数的地址，在这里事件处理函数就代表了任务本身，也就是说事件处理函数标识了与其对应的任务。tasksCnt 这个变量保存了当前的任务个数，最大任务数量为 9。

tasksEvents 是一个指向数组的指针，此数组保存了当前任务的状态。OSAL 每个任务可以有 16 个事件，其中 SYS_EVENT_MSG 定义为 0x8000，为系统事件，用户可以定义剩余的 15 个事件。

SYS_EVENT_MSG 是由协议栈定义的系统强制事件（Mandatory Events），SYS_EVENT_MSG 是一个事件集合，主要包括以下几个事件（其中前两个事件较为常用）。

① AF_INCOMING_MSG_CMD 表示收到了一个新的无线数据。

② ZDO_STATE_CHANGE 当网络状态发生变化时，会产生该事件，如协调器建立网络；终端节点加入网络时，就可以通过判断该事件来决定何时向协调器发送数据包；终端节点退出网络等。

③ ZDO_CB_MSG 表示每一个注册的 ZDO 响应消息。

④ AF_DATA_CONFIRM_CMD 调用 AF_DATARequest()发送数据时，有时需要确认信息，该事件与此有关。

tasksEvents 和 tasksArr[]里的顺序是一一对应的，tasksArr[]中的第 i 个事件处理函数对应于 tasksEvents 中的第 i 个任务的事件。只有这样才能保证每个任务的事件处理函数能够接收到正确的任务 ID（在 osalInitTasks 函数中分配）。

为了保存 osalInitTasks 函数中所分配的任务 ID，需要给每一个任务定义一个全局变量。

其中，任务处理函数具体如下。

```
macEventLoop, //MAC 层任务处理函数
nwk_event_loop, //网络层任务处理函数
Hal_ProcessEvent, //硬件抽象层任务处理函数
MT_ProcessEvent, //监控任务处理函数可选（透过编译选项 MT_TASK 来决定是否编译该任务处理函数，一般情况下该功能通过串行端口通信来交换实现）
APS_event_loop, //应用支持子层任务处理函数，用户不用修改
APSF_ProcessEvent, //应用支持子层消息分割任务处理函数（用户编译选项 ZIGBEE_FRAGMENTATION 来决定是否启动 ZigBee 消息分割功能）
ZDApp_event_loop, //设备应用层任务处理函数，用户可以根据需要修改
ZDNwkMgr_event_loop, //网络管理层任务处理函数（用户可透过编译选项 ZIGBEE_FREQ_AGILITY 或 ZIGBEE_PANID_CONFIG 来实现该功能）
SampleApp_ProcessEvent, //用户应用层任务处理函数，用户自己编写
```

如果不算调试任务，操作系统一共要处理 6 项任务，分别为 MAC 层，网络层、硬件抽象层、应用层、ZigBee 设备应用层以及完全由用户处理的应用层，其优先级由高到低。MAC 层任务具有最高优先级，用户层具有最低的优先级。Z-Stack 已经编写了对从 MAC 层到 ZigBee 设备应用层这 5 层任务的事件处理函数，一般情况下不需要修改这些函数，只需要按照自己的需求编写应用层的任务及事件处理函数即可。

Z-Stack 已经编写了对 MAC 层（macEventLoop）到 ZigBee 设备应用层（ZDApp_event_loop）这 5 层任务的事件处理函数，一般情况下无需要修改这些函数，只需要按照自己的需求编写应用层的任务及事件处理函数即可。

Z-Stack 的协议栈架构及操作系统实体如图 3.11 所示。

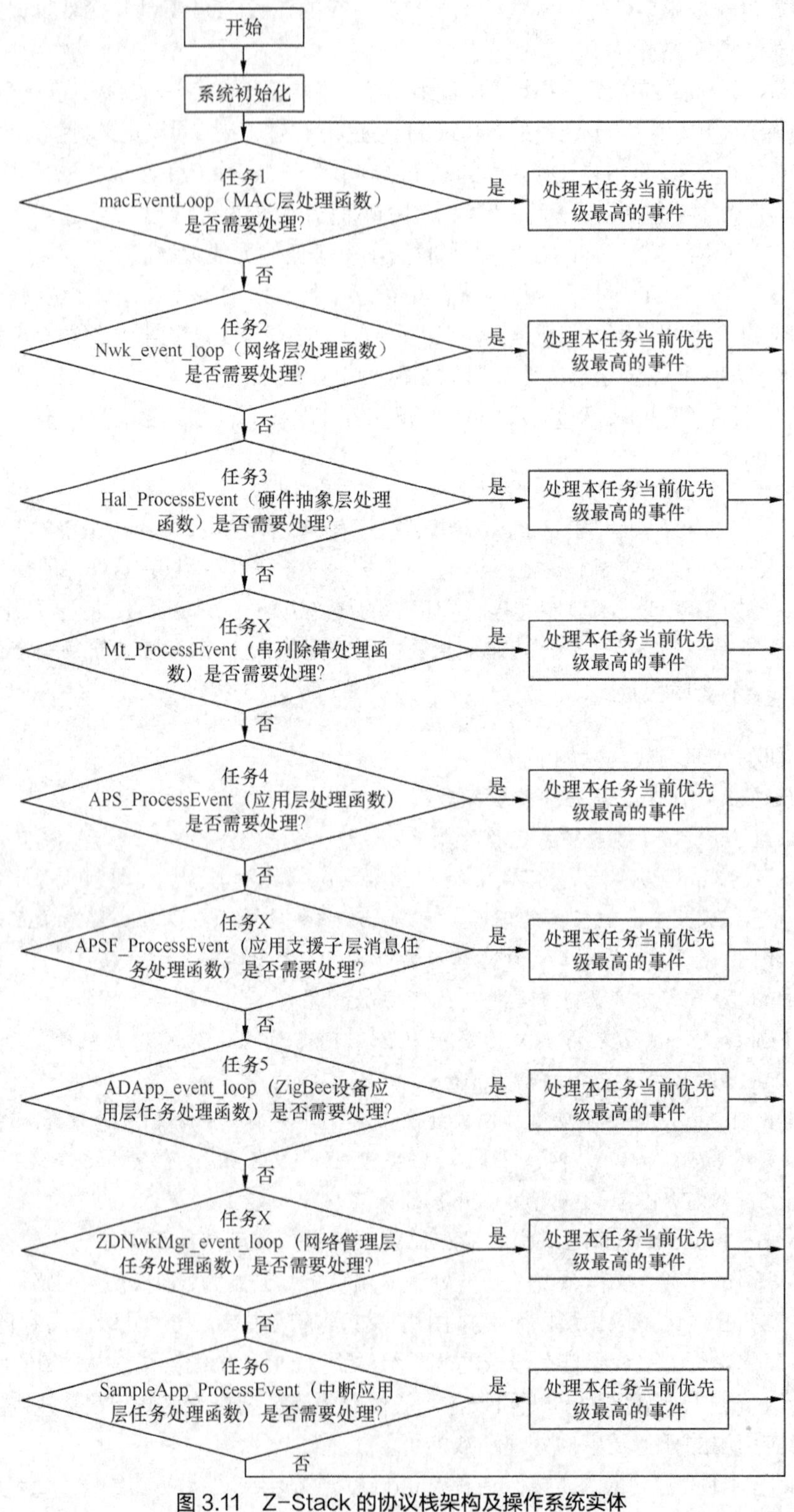

图 3.11　Z-Stack 的协议栈架构及操作系统实体

TI 的 Z-Stack 中给出了几个例子来演示 Z-Stack 协议栈，每个例子对应一个项目。对于不同的项目来说，大部分代码都是相同的，只是在用户应用层，添加不同的任务及事件处理函数。

明白了这个问题，新的问题又摆在了我们面前：OSAL 是如何传递事件给任务的呢？

3.4.3 OSAL 的事件传递机制

在试图弄清楚这个问题之前，我们需要弄清楚另外一个十分基础而重要的问题。消息、事件、任务之间到底存在什么样的关系呢？如何实现事件传递机制呢？

事件是驱动任务去执行某些操作的条件，当系统中产生了一个事件，OSAL 将这个事件传递给相应的任务后，任务才能执行一个相应的操作（调用事件处理函数去处理）。

通常某些事件发生后，又伴随着一些附加信息的产生。例如，从天线接收到数据后，会产生 AF_INCOMING_MSG_CMD 消息，但是任务的事件处理函数在处理这个事件的时候，还需要得到所接收到的数据。

因此，这就需要将事件和数据封装成一个消息，将消息发送到消息队列，然后在事件处理函数中就可以使用 osal_msg_receive，从消息队列中得到该消息，即：

```
MSGpkt = (afIncomingMSGPacket_t *) osal_msg_receive(SampleicApp_TaskID);
```

OSAL 维护了一个消息队列，每一个消息都会被放到这个消息队列中去，当任务接收到事件后，可以从消息队列中获取属于自己的消息，然后再调用消息处理函数进行相应的处理。

OSAL 中的消息队列如图 3.12 所示。

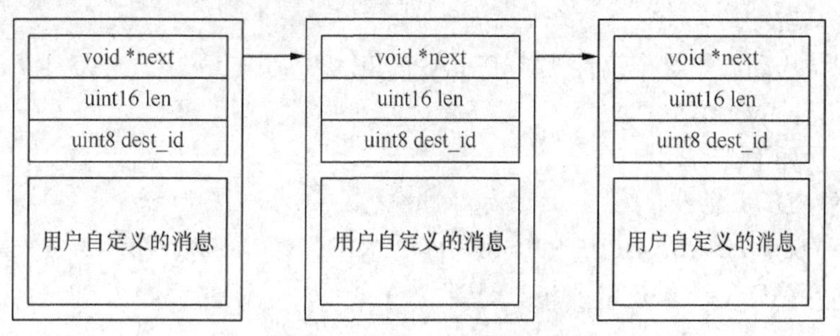

图 3.12　OSAL 中的消息队列

每个消息都包含一个消息头 osal_msg_hdr_t 和用户自定义的消息，osal_msg_hdr_t 结构体的定义如下。

```
typedef struct
{
void       *next;
uint16   len;
uint8      dest_id;
}osal_msg_hdr_t;
```

进入事件轮询后的第一个事件是网络状态变化事件，其处理函数为 SampleApp_ProcessEvent()。网络状态变化事件与节点功能（根据节点功能分为协调器、路由/节点）有一定关联。

（1）协调器

从没有网络到组建起网络，触发网络状态变更事件 ZDO_STATE_CHANGE。

（2）路由/节点

从没有接入网络到接入网络，触发网络状态变更事件 ZDO_STATE_CHANGE。

其处理方法如下。

```
case ZDO_STATE_CHANGE:
SampleApp_NwkState = (devStates_t)(MSGpkt->hdr.status);
if ( (SampleApp_NwkState == DEV_ZB_COORD)
   || (SampleApp_NwkState == DEV_ROUTER)
   || (SampleApp_NwkState == DEV_END_DEVICE)
      {

       // Start sending the periodic message in a regular interval
```

这个表示默认启动第 2 个事件 SAMPLEAPP_SEND_PERIODIC_MSG_EVT。

```
      osal_start_timerEx（ SampleApp_TaskID,
      SAMPLEAPP_SEND_PERIODIC_MSG_EVT,
      SAMPLEAPP_SEND_PERIODIC_MSG_TIMEOUT ）;    //5s 定时事件
       }
       else
        {
         // Device is no longer in the network
              }
              break;
```

协议栈默认启动了第 2 个事件 SAMPLEAPP_SEND_PERIODIC_MSG_EVT，其处理函数 SampleApp_ProcessEvent()。

其处理方法如下。

```
//定时事件处理功能
if （   events  &  SAMPLEAPP_SEND_PERIODIC_MSG_EVT  ）     //匹配成功
SAMPLEAPP_SEND_PERIODIC_MSG_EVT   事件
   {

      // Send the periodic message
      SampleApp_SendPeriodicMessage();//定时事件具体处理函数
      // Setup to send message again in normal period （+ a little jitter） 默认启动下一个事
件 SAMPLEAPP_SEND_PERIODIC_MSG_EVT
      osal_start_timerEx(SampleApp_TaskID, SAMPLEAPP_SEND_PERIODIC_MSG_EVT,
        （SAMPLEAPP_SEND_PERIODIC_MSG_TIMEOUT + （osal_rand() & 0x00FF）;
      // return unprocessed events
      return （events ^ SAMPLEAPP_SEND_PERIODIC_MSG_EVT）;
   }
```

3.4.4 OSAL 添加新任务

在使用 ZigBee 协议栈进行程序开发时，OSAL 如何在应用程序中添加一个新任务呢？

在 Z-Stack 中，对于每个用户自己新建立的任务通常需要两个相关的处理函数，具体如下。

（1）新任务的初始化函数

例如，SampleApp_Init()，这个函数是在 osalInitTasks()这个 OSAL（Z-Stack 中自带的小操作系统）中去调用的，其目的就是把一些用户自己写的任务中的一些变量、网络模式、网络终端类型等进行初始化，并且自动给每个任务分配一个 ID。

（2）新任务的事件处理函数

例如，SampleApp_ProcessEvent()，这个函数是首先在 const TaskEventHandlerFntasksArr[ ] 中进行设置，然后在 osalInitTasks()中如果发生事件进行调用绑定的事件处理函数。

下面分 3 个部分进行分析。

1．用户自己设计的任务代码在 Z-Stack 中的调用过程

① 首先，执行 main() (在 ZMain.c 文件中)主程序，接着执行 osal_init_system()。

② 接着，在 osal_init_system()中调用 osalInitTasks()（在 OSAL.c 文件中）。

③ 最后，在 osalInitTasks()中调用 SampleApp_Init()（在 OSAL_SampleApp.c 文件中）。

在 osalInitTasks()中实现了多个任务初始化的设置，其中 macTaskInit（taskID++）到 ZDApp_Init（taskID++）的几行代码表示对于几个系统运行初始化任务的调用，而用户自己实现的 SampleApp_Init()在最后，这里 taskID 随着任务的增加也随之递增。所以，用户自己实现的任务初始化操作应该在 osalInitTasks()中增加。

```
void osalInitTasks( void )
{
  uint8 taskID = 0;

  tasksEvents = (uint16 *)osal_mem_alloc( sizeof( uint16 ) * tasksCnt);
  osal_memset( tasksEvents, 0, (sizeof( uint16 ) * tasksCnt));

  macTaskInit( taskID++ );
  nwk_init( taskID++ );
  Hal_Init( taskID++ );
#if defined( MT_TASK )
  MT_TaskInit( taskID++ );
#endif
  APS_Init( taskID++ );
#if defined ( ZIGBEE_FRAGMENTATION )
  APSF_Init( taskID++ );
#endif
  ZDApp_Init( taskID++ );
#if defined ( ZIGBEE_FREQ_AGILITY ) || defined ( ZIGBEE_PANID_CONFLICT )
  ZDNwkMgr_Init( taskID++ );
#endif
  SampleApp_Init( taskID++ );//用户自己需要增加的任务在 SampleApp_Init()添加
  NewProcessApp_Init( taskID++ ); //新增加的用户任务 1 的初始化函数
  NewProcess2App_Init( taskID );  //新增加的用户任务 2 的初始化函数
}
```

2．任务处理调用的重要数据结构

这里要解释一下，在 Z-Stack 里，对于同一个任务可能有多种事件发生，那么需要执行不同的事件处理，为了方便，对于每个任务的事件处理函数都统一在一个处理函数中实现，然后根据任务的 ID 号（task_id）和该任务的具体事件（events）调用某个任务的总事件处理函数，进入了该任务的总事件处理函数之后，再根据 events 来判别是该任务的哪一种事件发生，进而执行相应的事件处理。pTaskEventHandlerFn 是一个指向函数（事件处理函数）的指针，这里实现的每一个数组元素各对应于一个任务的事件处理函数，比如 SampleApp_ProcessEvent 对应于用户自行实现的事件处理函数 uint16 SampleApp_ProcessEvent(uint8 task_id, uint16 events)，所以这里如果我们实现了一个任务，还需要把实现的该任务的事件处理函数在这里添加。

```
const pTaskEventHandlerFn tasksArr[] = {
  macEventLoop,
  nwk_event_loop,
  Hal_ProcessEvent,
#if defined( MT_TASK )
  MT_ProcessEvent,
#endif
  APS_event_loop,
#if defined ( ZIGBEE_FRAGMENTATION )
  APSF_ProcessEvent,
#endif
  ZDApp_event_loop,
#if defined ( ZIGBEE_FREQ_AGILITY ) || defined ( ZIGBEE_PANID_CONFLICT )
  ZDNwkMgr_event_loop,
#endif
  SampleApp_ProcessEvent,
  NewProcessApp_ProcessEvent,   //新增第 1 个任务处理函数
  NewProcess2App_ProcessEvent, // 新增第 2 个任务处理函数
};
```

注意：tasksEvents 和 tasksArr[]里的顺序是一一对应的，tasksArr[]中的第 i 个事件处理函数对应于 tasksEvents 中的第 i 个任务的事件。

```
//计算出任务的数量

const uint8 tasksCnt = sizeof( tasksArr ) / sizeof( tasksArr[0] );

uint16 *tasksEvents;
```

3．对于不同事件发生后的任务处理函数的调用

osal_start_system() 很重要，决定了当某个任务的事件发生后调用对应的事件处理函数。

对应调用第 idx 个任务的事件处理函数，用 events 说明是什么事件。

```
events = (tasksArr[idx])( idx, events );
```

用户自定义功能在 NewProcess App.c 文件中利用 NewProcessApp_ProcessEvent ()函数实现，其程序代码如下。

```
uint16 NewProcessApp_ProcessEvent( uint8 task_id, uint16 events )
{
  afIncomingMSGPacket_t *MSGpkt;
```

```
  (void)task_id;   // Intentionally unreferenced parameter

  if ( events & SYS_EVENT_MSG )
  {
    MSGpkt = (afIncomingMSGPacket_t *)osal_msg_receive( NewProcessApp_TaskID );
    while ( MSGpkt )
    {
      switch ( MSGpkt->hdr.event )
      {
        // Received when a key is pressed
        case KEY_CHANGE:
          NewProcessApp_HandleKeys( ((keyChange_t *)MSGpkt)->state, ((keyChange_t
*)MSGpkt)->keys );
          break;

        // Received when a messages is received (OTA) for this endpoint
        case AF_INCOMING_MSG_CMD:
          NewProcessApp_MessageMSGCB( MSGpkt );
          break;

        // Received whenever the device changes state in the network
        case ZDO_STATE_CHANGE:
          NewProcessApp_NwkState = (devStates_t)(MSGpkt->hdr.status);
          if ( (NewProcessApp_NwkState == DEV_ZB_COORD)
              || (NewProcessApp_NwkState == DEV_ROUTER)
              || (NewProcessApp_NwkState == DEV_END_DEVICE) )
          {
            // Start sending the periodic message in a regular interval.
            osal_start_timerEx( NewProcessApp_TaskID,
                                NEWAPP_SEND_PERIODIC_MSG_EVT,
                                NEWAPP_SEND_PERIODIC_MSG_TIMEOUT );
          }
          else
          {
            // Device is no longer in the network
          }
          break;

        default:
          break;
      }
```

```
        // Release the memory
        osal_msg_deallocate( (uint8 *)MSGpkt );

        // Next - if one is available
        MSGpkt = (afIncomingMSGPacket_t *)osal_msg_receive( NewProcessApp_TaskID );
      }

    // return unprocessed events
    return (events ^ SYS_EVENT_MSG);
  }

  // Send a message out - This event is generated by a timer
  //   (setup in NewProcessApp_Init()).
  if ( events & NEWAPP_SEND_PERIODIC_MSG_EVT )
  {
    // Send the periodic message
    NewProcessApp_SendPeriodicMessage();
    HalLedSet(HAL_LED_1,HAL_LED_MODE_TOGGLE);

   // HalLedBlink( HAL_LED_1, 4, 50, 100 );

    // Setup to send message again in normal period (+ a little jitter)
    osal_start_timerEx( NewProcessApp_TaskID, NEWAPP_SEND_PERIODIC_MSG_EVT,
        (NEWAPP_SEND_PERIODIC_MSG_TIMEOUT + (osal_rand() & 0x00FF)) );

    // return unprocessed events
    return (events ^ NEWAPP_SEND_PERIODIC_MSG_EVT);
  }

  // Discard unknown events
  return 0;
}
```

用户自定义功能在利用 NewProcess2App_ProcessEvent ()函数实现程序代码类似。

注意：需要在 NewProcess App.h 文件中添加新增函数声明：

```
extern void NewProcessApp_Init( uint8 task_id );
extern UINT16 NewProcessApp_ProcessEvent( uint8 task_id, uint16 events );
```

注意：需要在 OSAL_SampleApp.c 文件中添加新增函数声明：

```
#include "NewProcessApp.h"
#include "NewProcess2App.h"
```

在 NEW Process APP.C 文件中 void NewApp_Init(uint8 task_id)函数未尾添加以下 Led 灯初始化代码：

```
    HalLedInit();
    HalLedSet(HAL_LED_1,HAL_LED_MODE_ON);
    osal_start_timerEx( NewApp_TaskID,NEWAPP_SEND_PERIODIC_MSG_EVT,NEWAPP_S
END_PERIODIC_MSG_TIMEOUT );
```

3.4.5 事件的捕获

接下来，就有了更加深入的问题——事件是如何被捕获的？直观地讲，tasksEvents 这个数组里的元素是什么时候被设定为非零数来表示有事件需要处理的？为了详细地说明这个过程，我们将以 SampleApp 这个例程中响应按键的过程来进行说明。其他的事件虽然稍有差别，却大同小异。

按键在我们的应用里应该属于硬件资源，所以 OSAL 理应为我们提供使用和管理这些硬件的服务。稍微留意一下我们之前说过的 taskArr 这样一个数组，它保存了所有任务的事件处理函数。我们从中发现了一个很重要的信息：Hal_ProcessEvent。HAL（Hardware Abstraction Layer）翻译为“硬件抽象层”。许多人在这里经常把 Z-Stack 的硬件抽象层与 ZigBee 的物理层混为一谈。在这里，我们应该将其区分开来。硬件抽象层所包含的范围是我们当前硬件电路上面所有对于系统可用的设备资源，而 ZigBee 的物理层则是针对无线通信而言的，它所包含的仅限于无线通信的硬件设备。

通过这个重要的信息，我们可以得到这样一个结论：OSAL 将硬件的管理也作为一个任务来处理。那么，我们很自然地去寻找 Hal_ProcessEvent 这个事件处理函数，看看它究竟是如何管理硬件资源的。

在“HAL\Commen\hal_drivers.c”这个文件中，我们找到了这个函数，直接分析与按键有关的一部分。

```
    {
       If（events & HAL_KEY_EVENT）
    {
     #if（defined HAL_KEY）&&（HAL_KEY==TRUE）
    /*Check for keys*/
    HalKeyPoll();
    /* if interrupt disabled, do next polling*/
    If （!Hal_KeyIntEnable）
    {
    Osal_start_timerEx（Hal_TaskID,HAL_KEY_EVENT,100）;
     }
    #endif //HAL_Key
    Return events ^HAL_KEY_EVENT;
    }
    }
```

在事件处理函数接收到 HAL_KEY_EVENT 这样一个事件后，首先执行 HalKeyPoll()函数。由于这个例程采用查询的方法获取，所以是禁止中断的，于是表达式（!Hal_KeyIntEnable）的值为真。那么 Osal_start_timerEx(Hal_TaskID,HAL_KEY_EVENT,100)得以执行。Osal_start_timerEx 是一个很常用的函数，它在这里的功能是经过 100ms 后，向 Hal_TaskID 这个 ID 所标示的任务（也就是其本身）发送一个 HAL_KEY_EVENT 事件。这样一来，每经过 100ms，

HAL_ProcessEvent 这个事件处理函数都会至少执行一次来处理 HAL_KEY_EVENT 事件，也就是说每隔 100ms 都会执行 HalKeyPoll()函数。

那么，我们来看看 HalKeyPoll()完成什么功能？

代码中给出的注释如下。

```
/*Check for keys*/
HalKeyPoll();
```

于是，我们推断这个函数的作用是检查当前的按键情况。进入函数一看，果不其然。虽然这个函数很长很复杂，但经过一系列的 if 语句和赋值语句，在接近函数末尾的地方，keys 变量（在函数起始位置定义的）获得了当前按键的状态。最后，有一个十分重要的函数调用。

```
(pHalKeyProcessFunction)(keys,HAL_KEY_STATE_NORMAL);
```

虽然不清楚 pHalKeyProcessFunction 这个函数指针指向哪个函数，但是我们知道这里调用的是 void OnBoard _KeyCallback(uinte keys,uint8 state)函数。

此函数在“ZMain\OnBoard.c”文件中可以找到。在此函数中，又调用了 void OnBoard_sendKeys(uint8 keys,uint8 state)，按键的状态信息被封装到了一个消息结构体中。最后有一个极其重要的函数被调用了。

```
Osal_msg_send(registeredKeysTaskID,(uint8 *)mstPtr);
```

registeredKeysTaskID 所指示的任务正是我们需要响应按键的 SampleApp。

也就是说，我们向 SampleApp 发送了一个附带按键信息的消息，在 osal_msg_send 函数中，osal_set_event(destination_task,SYS_EVENT_MSG);被调用，它在这里的作用是设置 destination_task 任务的事件为 SYS_EVENT_MSG。而 destination_task 任务的事件由 osal_msg_send 函数通过参数传递而来。它也指示的是 SampleApp 这个任务。在 osal_set_event 函数中，有这样一个语句：

```
{
tasksEvents[task_id]|=event_flag;
}
```

至此，刚才所提到的问题得到了解决。我们再将这个过程整理一下。

首先，OSAL 专门建立了一个任务来对硬件资源进行管理，这个任务的事件处理函数是 Hal_ProcessEvent。

在这个函数中通过调用 Osal_start_timerEx（Hal_TaskID,HAL_KEY_EVENT,100）函数使得每隔 100ms 就会执行一次 HalKeyPoll()函数。HalKeyPoll()函数获取当前按键的状态，并且通过调用 void OnBoard _KeyCallback（uinte keys,uint8 state）函数向 SampleApp 任务发送一个按键消息，并且设置 tasksEvents 中 GenericApp 所对应的值为非零。此时，main 函数里有如下一段代码。

```
{
do
 {
   If(tasksEvents[ids])
 {
  break;
 }
 } while （++idx < tasksCnt）;
 }
```

执行了此段代码以后，SampleApp 任务就会被挑选出来，然后通过执行以下代码，这个函数调用其事件处理函数，完成事件的响应。

```
{
events = （tasksArr[idx]）( idx, events );
}
```

3.5 OSAL 应用编程接口

OSAL 提供了 8 个方面的应用编程接口（Application Programming Interface，API）解决多任务间同步和互斥，具体包括消息管理、任务同步、时间管理、中断管理、任务管理、内存管理、电源管理和非易失性闪存管理。

1．消息管理 API

消息管理 API 主要用于处理任务间消息的交换，主要包括任务分配消息缓存、释放消息缓存、接收消息和收送消息等 API 函数。

① osal_msg_allocate()

函数原型：uint8 *osal _msg_allocate(uint16 len)。

功能描述：为消息分配缓存空间。

② osal_msg_deallocate()

函数原型：uint8 *osal _msg_allocate(uint8 *msg_ptr)。

功能描述：释放消息的缓存空间。

③ osal_msg_send()

函数原型：uint8 osal_msg_send(uint8 destination_task,uint8 *msg_ptr)。

功能描述：一个任务发送消息到消息队列。

④ osal_msg_receive()

函数原型：uint8 *osal_msg_receive(uint8 task_id)。

功能描述：一个任务从消息队列接收属于自己的消息。

2．任务同步 API

任务同步 API 主要用于任务间的同步，允许一个任务等待某个事件的发生。

```
osal_set_event()
```

函数原型：uint8 osal _set_event(uint8 task_id,uint16 event_flag)。

功能描述：运行一个任务时设置某一事件同时发生。

3．时间管理 API

时间管理 API 用于开启和关闭定时器，定时时间一般为毫秒级定时，使用该 API，用户不必关心底层定时器是如何初始化的，只需要调用即可，在 ZigBee 协议栈物理层已经将定时器初始化了。

① osal_start_timerEx()

函数原型：uint8 osal _start_timerEx(uint8 task_id,uint16 event_id,uint16 timeout_value)。

功能描述：设置一个定时器时间，定时时间到后，相应的事件被设置。

② osal_stop_timerEx()

函数原型：uint8 osal _stop_timerEx(uint8 task_id,uint16 event_id)。

功能描述：停止已经启动的定时器。

4．中断管理 API

中断管理 API 主要用于控制中断的开启与关闭，一般很少使用。

5．任务管理 API

任务管理 API 主要是对 OSAL 进行初始化和启动。

① osal_init_system()

函数原型：uint8 osal _start_system(void)。

功能描述：初始化 OSAL，该函数是第一个被调用的 OSAL 函数。

② osal_start_system()

函数原型：uint8 osal _start_system(void)。

功能描述：该函数包含一个无限函数，它将查询所有的任务事件，如果有事件发生，则调用相应的事件处理函数，处理完该事件后，返回主循环继续检测是否有事件发生，如果开启了节能模式，则没有事件发生时，该函数将使处理器进入休眠模式，以降低系统功耗。

6．内存管理 API

内存管理 API 用于在堆栈上分配缓冲区。注意以下两个 API 函数必须成对使用，防止产生内存泄漏。

① osal_mem_alloc()

函数原型：uint8 osal _mem_alloc(uint16 size)。

功能描述：在堆栈上分配指定大小的缓冲区。

② osal_mem_free()

函数原型：uint8 osal _mem_free(void *ptr)。

功能描述：释放使用 osal_mem_alloc()分配的缓冲区。

7．电源管理 API

电源管理 API 主要用于电池供电的 ZigBee 网络节点，在此不作讨论。

8．非易失性闪存管理 API

非易失性闪存（Non-Volatile Memory，NV）管理 API 主要添加了对非易失性闪存的管理函数，一般这里的非易失性闪存指的是系统 Flash 存储器（也可以是 E2PROM），每个 NV 条目分配唯一的 ID 号。

① osal_nv_item_init()

函数原型：byte osal _nv_item_init(uint16 id,uint16 len,void *buf)。

功能描述：初始化 NV 条目，该函数检查是否存在 NV 条目，如果不存在，它将创建并初始化该条目；如果该条目存在，每次调用 osal_nv_read()osal_nv_write()。

② osal_nv_read()

函数原型：byte osal _nv_read(uint16 id,uint16 offset,void *buf)。

功能描述：从 NV 条目中读取数据；可以读取整个条目的数据，也可以读取部分数据。

③ osal_nv_write()

函数原型：uint8 osal_nv_write(uint16 id,uint16 offset,uint16 len,void *buf)。

功能描述：写数据到 NV 条目。

3.6 OSAL 应用编程

1．组网成功测试点灯

利用 ZDO_STATE_CHANGE 实现组网成功点灯功能，程序代码如下。

```
int16 SampleApp_ProcessEvent( uint8 task_id, uint16 events )
{
  afIncomingMSGPacket_t *MSGpkt;
  (void)task_id;   // Intentionally unreferenced parameter

  if ( events & SYS_EVENT_MSG )
  {
    MSGpkt = (afIncomingMSGPacket_t *)osal_msg_receive( SampleApp_TaskID );
    while ( MSGpkt )
    {
      switch ( MSGpkt->hdr.event )
      {

        // Received when a messages is received (OTA) for this endpoint
        case AF_INCOMING_MSG_CMD:
          SampleApp_MessageMSGCB( MSGpkt );
          break;

        // Received whenever the device changes state in the network
        case ZDO_STATE_CHANGE:
          SampleApp_NwkState = (devStates_t)(MSGpkt->hdr.status);
          if ( (SampleApp_NwkState == DEV_ZB_COORD)
              || (SampleApp_NwkState == DEV_ROUTER)
              || (SampleApp_NwkState == DEV_END_DEVICE) )
          {

            //点灯 ？
            P1SEL &=  ～0x3;
            P1DIR |= 0x3;   // 定义 P10、P11 为输出
            P1_0 = 1;

            // Start sending the periodic message in a regular interval.
            osal_start_timerEx( SampleApp_TaskID,
                                SAMPLEAPP_SEND_PERIODIC_MSG_EVT,
                                SAMPLEAPP_SEND_PERIODIC_MSG_TIMEOUT );
```

```
            }
            else
            {
              // Device is no longer in the network
            }
            break;

          default:
            break;
        }

    ...

  return 0;
}
```

2．定时事件测试

利用 SAMPLEAPP_SEND_PERIODIC_MSG_EVT 实现 LED 灯的定时翻转功能，其程序代码如下。

```
uint16 SampleApp_ProcessEvent( uint8 task_id, uint16 events )
{
  afIncomingMSGPacket_t *MSGpkt;
  (void)task_id;  // Intentionally unreferenced parameter

  if ( events & SYS_EVENT_MSG )
  {
                                                                          ...
          default:
            break;
  }

  if ( events & SAMPLEAPP_SEND_PERIODIC_MSG_EVT )
  {

    P1_0 ^= 1;  //反转灯测试定时事件的到来
    // Send the periodic message
    SampleApp_SendPeriodicMessage();  //定时事件的具体处理函数→协调器与节点需
要区分开

    // Setup to send message again in normal period (+ a little jitter)
    osal_start_timerEx( SampleApp_TaskID, SAMPLEAPP_SEND_PERIODIC_MSG_EVT,
```

```
            (SAMPLEAPP_SEND_PERIODIC_MSG_TIMEOUT + (osal_rand() & 0x00FF)) );
        // return unprocessed events
        return (events ^ SAMPLEAPP_SEND_PERIODIC_MSG_EVT);
    }
    return 0;
}
//默认的定时事件的具体处理函数

void SampleApp_SendPeriodicMessage( void )
{

  //调用 AF_DataRequest 实现数据包发送
  if ( AF_DataRequest( &SampleApp_Periodic_DstAddr,
         &SampleApp_epDesc,
                              SAMPLEAPP_PERIODIC_CLUSTERID,
                              1,
                              (uint8*)&SampleAppPeriodicCounter,
                              &SampleApp_TransID,
                              AF_DISCV_ROUTE,
                              AF_DEFAULT_RADIUS ) == afStatus_SUCCESS )
  {
  }
  else
  {
    // Error occurred in request to send.
  }
}
```

项目小结

（1）协议定义的是一系列的通信标准，通信双方需要共同按照这一标准进行正常的数据收发；协议栈是协议的具体实现形式。

（2）afStatus_t AF_DataRequest(afAddrType_t *dstAddr, endPointDesc_t *srcEP,

```
                              uint16 cID, uint16 len, uint8 *buf, uint8 *transID,
                              uint8 options, uint8 radius )
```

用户调用该函数即可实现数据的无线发送。

（3）TaskArr 数组里存放了所有任务的事件处理函数的地址，在这里事件处理函数就代表了任务本身，也就是说事件处理函数标识了与其对应的任务。变量 tasksCnt 保存了当前的任务个数，最大任务数量为 9。

（4）tasksEvents 是一个指向数组的指针，此数组保存了当前任务的状态。OSAL 每个任务可以有 16 个事件，其中 SYS_EVENT_MSG 定义为 0x8000，为系统事件，用户可以定义剩余的 15 个事件。

（5）在 Z-Stack 中，对于每个用户自己新建立的任务通常需要两个相关的处理函数，包括新任务的初始化函数和新任务的事件处理函数。

主要概念

协议、协议栈、OSAL 运行机制、事件传递机制。

实训项目

任务　在 Z-Stack 协议栈添加新任务

[任务目标]

（1）熟悉 Z-Stack 协议栈的源文件架构。

（2）熟悉 Z-Stack 常见接口函数的调用。

（3）学习 Z-Stack 下 OSAL 增加任务的方法。

[内容与要求]

sampleApp 任务定时改变蓝灯的状态，NewApp 任务定时改变黄灯的状态。

实训考核

任务　在 Z-Stack 协议栈添加新任务

考核要素	评价标准	分值（分）	评分（分）				
			自评（10%）	小组（10%）	教师（80%）	专家（0%）	小计（100%）
进行新任务初始化和事件处理	① 进行新任务初始化和事件处理函数定义	40					
新任务函数的调用	② 新任务函数的调用	30					
分析总结		30					
合计							
评语（主要是建议）							

实训参考

任务 在Z-Stack协议栈添加新任务

一、实验设备

实验设备	数量	备注
ZigBee Debugger 仿真器	1	下载和调试程序
CC2530 节点	1	调试程序
USB 线	1	连接 PC 机、网关板、调试器
RS232 串口连接线	1	调试程序
SmartRF Flash Programmer 软件	1	烧写物理地址软件
电源	5	供电
Z-Stack-CC2530-2.3.0-1.4.0	1	协议栈软件

二、实验基础

1．协议栈介绍

一般情况下，只需要额外添加3个文件就可以完成一个项目。这3个文件具体如下。

① 主控文档taskApp.c。该文件存放具体的任务事件处理函数，如GenericApp_ProcessEvent。

② taskApp.h。该文件为主控文件的头文件。

③ 操作系统接口文件OSALtaskApp.c。该文件存放任务组constpTaskEventHandleFn tasksArr[]。任务数组的具体内容为每个任务的相应的处理函数指针；存放任务初始化函数initTasks()，其功能为初始化系统中的每一个任务。

一般来说，只要增加这三个文件，就可加入自己的应用，而不必更改其他层的代码。

对于本实验，项目任务处理函数如下。

macEventloop：MAC层任务处理函数。

nwk_event_loop：网络层任务处理函数。

Hal_ProcessEvent：硬件抽象层任务处理函数。

MT_ProcessEvent：监控测试任务处理函数（通过编译选项MT_TASK来决定是否编译该任务处理函数，一般情况下该功能通过串行端口通信来实现）。

APS_event_loop：应用支持子层任务处理函数，用户不要更改。

APSF_ProcessEvent：应用支持子层消息分割任务处理函数（用户可通过编译选项ZigBee_FRAGMENTATION来决定是否启动ZigBee消息分割功能）。

ZDApp_event_loop：ZigBee设备应用任务处理函数。

ZDNwkMgr_event_loop：网络管理层任务处理函数（用户可通过编译选项ZigBee_FREQ_AGILITY或者ZigBee_PANID_CONFLICT来实现该功能。

GenericApp_processEvent：用户应用层任务处理函数，由用户自己编写。

2．OSAL常用API函数简介

（1）OSAL中断操作

① 允许中断

```
Byte osal_int_enable(byte interrupt_id)
```

interrupt_id：中断标识符。

② 禁止中断

```
byte osal_int_disable(byte interrupt_id)
```

interrupt_id：中断标识符。

③ 暂停中断

```
HAL_ENTER_CRITICAL_SECTION(x)
```

④ 重新启动中断

```
HAL_EXIT_CRITICAL_SECTION(x)
```

（2）OSAL 内存操作

① 分配内存

```
void *osal_mem_alloc(uint16 size)
```

② 释放内存

```
Void osal_mem_free(void *ptr)
```

（3）OSAL 消息传递

① 分配消息缓冲区

```
byte *osal_msg_allocate(uint16 len)
```

② 发送信息

```
byte osal_msg_send(byte destination_task,byte *msg_ptr)
```

destination_task：接收信息任务的标示符。

msg_ptr：消息指针。

③ 接收信息

```
byte *osal_msg_receive(byte task_id)
```

task_id：接收任务的 ID。

④ 释放消息缓冲区

```
byte osal_msg_deallocate(byte *msg_ptr)
```

msg_ptr：消息指针。

（4）OSAL 任务管理

① 任务初始化

```
byte osal_init_system(void)
```

要创建的任务列表。

② 任务开始

```
Void osal_self(void)
```

系统任务的主循环函数。

③ 获取活动任务

```
IDbyte osal_self(void)
```

中断服务子程序中调用将会发生错误。

（5）OSAL 定时器

① 启动定时器

```
byte osal_start_timerEx(byte taskID,UINT16 event_id,UINT16 timeout_value)
```

taskID：定时器终止时事件任务的任务 ID。

event_id：用户定义的事件，时间终止时通知这个事件。

timeout_value：定时器设置定时参数，单位为毫秒。

② 停止定时器

```
Byte osal_stop_timerEx(byte task_id,UINT16 event_id)
```

task_id：事件任务的任务 ID。

event_id：用户自定义事件。

③ 读取系统时钟

```
Uint32 osal_GetSystemClock(void)
```

用来读取系统时钟（毫秒级）。

三、实现步骤

在 Z-Stack 中，对于每个用户自己新建立的任务通常需要两个相关的处理函数，具体如下。

① 用于初始化的函数，如 NewProcessApp_Init()，将在 osalInitTasks()中调用，其目的就是把用户自定义的任务中的一些变量（如网络模式、网络终端类型等）进行初始化。

② 用于该任务新事件发生后所需要执行的事件处理函数，如 NewProcessApp_

ProcessEvent()，首先在 const pTaskEventHandlerFn tasksArr[]中进行设置（绑定），然后在系统运行期间中如果某任务发生新事件，则进行调用绑定的事件处理函数。

其操作步骤如下。

（1）添加用于新任务初始化的函数

用户自定义的任务代码在 Zstack 中的调用过程具体如下。

① 执行 main() (在 ZMain.c 文件中)主程序，接着执行 osal_init_system()。

② 在 osal_init_system()调用 osalInitTasks()（在 OSAL.c 文件中）。

③ 在 osalInitTasks()中执行 SampleApp_Init()中的 NewProcessApp_Init()语句（在 OSAL_SampleApp.c 文件中）。

在 osalInitTasks()中实现了多个任务初始化的设置，其中 macTaskInit(taskID++)到 ZDApp_Init(taskID++)的几行代码表示对于几个系统运行初始化任务的调用，而用户自定义的 NewProcessApp_Init 可以添加在 SampleApp_Init()后，这里 taskID 随着任务的增加也随之递增。所以，用户自己实现的任务的初始化操作应该在 osalInitTasks()中增加。例如，在 OSAL_SampleApp.c 文件中找到如下代码。

```
void osalInitTasks( void )
{
  uint8 taskID = 0;

  tasksEvents = (uint16 *)osal_mem_alloc( sizeof( uint16 ) * tasksCnt);
  osal_memset( tasksEvents, 0, (sizeof( uint16 ) * tasksCnt));

  macTaskInit( taskID++ );
  nwk_init( taskID++ );
  Hal_Init( taskID++ );
#if defined( MT_TASK )
  MT_TaskInit( taskID++ );
```

```
#endif
  APS_Init( taskID++ );
#if defined ( ZIGBEE_FRAGMENTATION )
  APSF_Init( taskID++ );
#endif
  ZDApp_Init( taskID++ );
#if defined ( ZIGBEE_FREQ_AGILITY ) || defined ( ZIGBEE_PANID_CONFLICT )
  ZDNwkMgr_Init( taskID++ );
#endif
  SampleApp_Init( taskID++ );
  NewApp_Init( taskID )  //新增加的用户任务初始化函数
}
```

（2）添加新任务处理调用的事件处理函数

在 Z-Stack 里，对于同一个任务可能有多种事件发生，那么需要执行不同的事件处理。为了方便，对于每个任务的事件处理函数都统一在一个事件处理函数中实现，然后根据任务的 ID 号（task_id）和该任务的具体事件（events）调用某个任务的事件处理函数。进入了该任务的事件处理函数之后，再根据 events 再来判别是该任务的哪一种事件发生，进而执行相应的事件处理。

pTaskEventHandlerFn 是一个指向函数（事件处理函数）的指针，这里实现的每一个数组元素各对应于一个任务的事件处理函数。例如，SampleApp_ProcessEvent 对应于系统默认的事件处理函数 uint16 SampleApp_ProcessEvent(uint8 task_id,uint16 events)，所以如果我们实现了一个任务，还需要在此把实现的该任务的事件处理函数进行添加。

```
const pTaskEventHandlerFn tasksArr[] = {
  macEventLoop,                      // MAC 层任务处理函数
  nwk_event_loop,                    // 网络层任务处理函数
  Hal_ProcessEvent,                  // 硬件抽象层任务处理函数
#if defined( MT_TASK )
  MT_ProcessEvent,                   // 监控测试任务处理函数
#endif
  APS_event_loop,                    // 应用支持子层任务处理函数
#if defined ( ZIGBEE_FRAGMENTATION )
  APSF_ProcessEvent,                 // APSF 层任务处理函数
#endif
  ZDApp_event_loop,                  // ZigBee 设备应用任务处理函数
#if defined ( ZIGBEE_FREQ_AGILITY ) || defined ( ZIGBEE_PANID_CONFLICT )
  ZDNwkMgr_event_loop,               // 网络管理层任务处理函数
#endif
  //oadAppEvt,
  SampleApp_ProcessEvent,            // Z-Stack 默认应用层任务处理函数
  NewApp_ProcessEvent                //新增加的用户任务处理函数
};
```

注意：tasksEvents 和 tasksArr[]里的顺序是一一对应的，tasksArr[]中的第 i 个事件处理函数对应于 tasksEvents 中的第 i 个任务的事件。

NewApp_ProcessEvent 处理函数的设计可以参考 APP 目录中的系统例程文件 SampleApp.c，参考如下。

```
uint16 NewApp_ProcessEvent( uint8 task_id, uint16 events )
{
  afIncomingMSGPacket_t *MSGpkt;
  (void)task_id;  // Intentionally unreferenced parameter

  if ( events & SYS_EVENT_MSG )
  {
    MSGpkt = (afIncomingMSGPacket_t *)osal_msg_receive( NewApp_TaskID );
    while ( MSGpkt )
    {
      switch ( MSGpkt->hdr.event )
      {
        // Received when a key is pressed
        case KEY_CHANGE:
          NewApp_HandleKeys(     ((keyChange_t*)MSGpkt)->state,     ((keyChange_t
*)MSGpkt)->keys );
          break;

        // Received when a messages is received (OTA) for this endpoint
        case AF_INCOMING_MSG_CMD:
          NewApp_MessageMSGCB( MSGpkt );
          break;

        // Received whenever the device changes state in the network
        case ZDO_STATE_CHANGE:
          NewApp_NwkState = (devStates_t)(MSGpkt->hdr.status);
          if ( (NewApp_NwkState == DEV_ZB_COORD)
              || (NewApp_NwkState == DEV_ROUTER)
              || (NewApp_NwkState == DEV_END_DEVICE) )
          {
            // Start sending the periodic message in a regular interval.
            osal_start_timerEx( NewApp_TaskID,
                              NEWAPP_SEND_PERIODIC_MSG_EVT,
                              NEWAPP_SEND_PERIODIC_MSG_TIMEOUT );
          }
          else
```

```
            {
              // Device is no longer in the network
            }
            break;

          default:
            break;
        }

        // Release the memory
        osal_msg_deallocate( (uint8 *)MSGpkt );

        // Next - if one is available
        MSGpkt = (afIncomingMSGPacket_t *)osal_msg_receive( NewApp_TaskID );
      }

      // return unprocessed events
      return (events ^ SYS_EVENT_MSG);
    }

    // Send a message out - This event is generated by a timer
    //   (setup in NewApp_Init())
    if ( events & NEWAPP_SEND_PERIODIC_MSG_EVT )
    {
      // Send the periodic message
      NewApp_SendPeriodicMessage();
      HalLedSet(HAL_LED_1,HAL_LED_MODE_TOGGLE);

     // HalLedBlink( HAL_LED_1, 4, 50, 100 );

      // Setup to send message again in normal period (+ a little jitter)
      osal_start_timerEx( NewApp_TaskID, NEWAPP_SEND_PERIODIC_MSG_EVT,
          (NEWAPP_SEND_PERIODIC_MSG_TIMEOUT + (osal_rand() & x00FF)) );

      // return unprocessed events
      return (events ^ NEWAPP_SEND_PERIODIC_MSG_EVT);
    }

    // Discard unknown events
    return 0;
  }
```

快速的实现方法是，可以将 App 目录中原有的 SampleApp.c 与 SampleApp.h 复制并重命名为 NewApp.c 和 NewApp.h，并将文件中的关键字 SampleApp 修改为 NewApp，也可以根据实际项目需要来编写这两个文件。实例可参考附录实践例程代码。

（3）对于不同事件发生后的任务处理函数 osal_start_system 的调用分析

```
void osal_start_system(void)
{
#if !defined ( ZBIT ) && !defined ( UBIT )
for(;;)//Forever Loop
#endif
{
uint8 idx = 0;
osalTimeUpdate();
Hal_ProcessPoll();//This replaces MT_SerialPoll() and //osal_check_timer()

//这里是轮训任务队列，并检查是否有某个任务的事件发生
do{
if (tasksEvents[idx])//Task is highest priority that is ready
{
break;
}
}while(++idx<tasksCnt);

if(idx<tasksCnt)
{
uint16 events;
halIntState_t intState;
HAL_ENTER_CRITICAL_SECTION(intState);
events=tasksEvents[idx];//处理该 idx 的任务事件，是第 idx 个任务的事件发生了
tasksEvents[idx] = 0;     // Clear the Events for this task
HAL_EXIT_CRITICAL_SECTION(intState);

//对应调用第 idx 个任务的事件处理函数，用 events 说明是什么事件
events = (tasksArr[idx])( idx, events );
//当没有处理完，把返回的 events 继续放到 tasksEvents[idx]中
HAL_ENTER_CRITICAL_SECTION(intState);
tasksEvents[idx] |= events; // Add back unprocessed events to the current task
HAL_EXIT_CRITICAL_SECTION(intState);
}
#if defined( POWER_SAVING )
else // Complete pass through all task events with no activity?
```

```
{
osal_pwrmgr_powerconserve(); // Put the processor/system into sleep
}
#endif
}
}
```

在 NEWAPP.C 文件中 void NewApp_Init(uint8 task_id)函数末尾添加以下 Led 灯初始化代码：

```
HalLedInit();
HalLedSet(HAL_LED_1,HAL_LED_MODE_ON);
osal_start_timerEx( NewApp_TaskID,NEWAPP_SEND_PERIODIC_MSG_EVT,NEWAPP_SEND_PERIODIC_MSG_TIMEOUT );
```

（4）添加函数声明

在 NewApp.c 中添加函数声明#include "NewApp.h"头文件，注释掉#include "NewAppHw.h"头文件，如//#include "NewAppHw.h"。

添加代码后如图 3.13 所示。

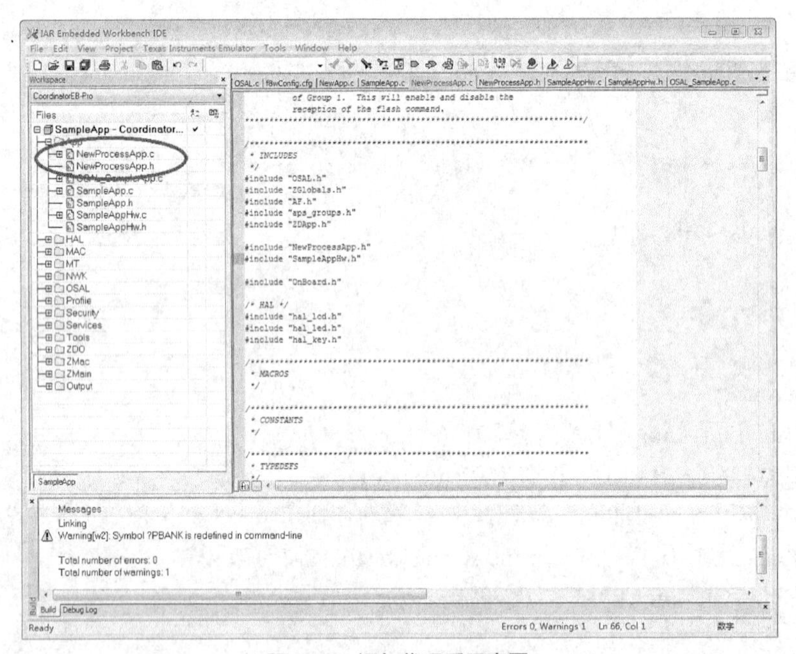

图 3.13 添加代码后示意图

程序运行后，sampleApp 任务定时改变蓝灯的状态，NewApp 任务定时改变黄灯的状态。

课后练习

简答题

（1）简述 ZigBee 无线传感器网络协议和协议栈的关系。

（2）什么是节点？什么是端口？节点和端口之间有什么关系？

（3）IT 公司 ZigBee 协议栈中数据发送函数是哪个？数据接收函数是哪个？

PART 4

项目四 ZigBee 无线传感器网络数据通信

本章目标

知识目标

- 掌握 ZigBee 无线传感器网络的信道、网络号、设备类型、地址分配等知识。
- 了解 ZigBee 无线传感器网络数据包的结构和传输流程。
- 掌握 ZigBee 无线传感器网络收发数据的实现方法。

技能目标

- 掌握 ZigBee 无线传感器网络的组成及组网实现的方法。

4.1 ZigBee 无线数据传输

TI 提供的 Z-Stack 协议栈已经针对 ZigBee 标准网络协议进行了支持及封装，当用户利用 Zstack 协议栈进行数据传输时，只需要考虑以下几个方面。

① 组网。调用 Z-Stack 协议栈提供的网络组建函数及网络加入函数，从而实现网络的建立和节点的加入。

② 发送。当需要进行数据发送时，调用协议栈提供的无线数据发送函数，实现数据的发送。

③ 接收。当有数据包到达时，通过调用协议栈提供的无线数据接收函数，实现数据的接收。

4.1.1 开发基础

1．设备类型

在 ZigBee 无线传感网络中存在 3 种逻辑设备类型：协调器（Coordinator）、路由器（Router）和终端设备（End-Device）。图 4.1 所示就是这3种设备类型组成的一个典型网络的网状网络 Mesh，其中黑色节点为协调器，灰色节点为路由器，白色节点为终端设备。

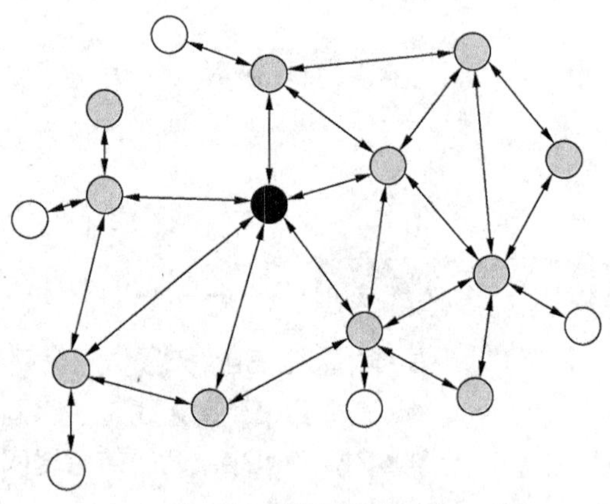

图 4.1 网状网络示意图

（1）协调器

协调器是一个 ZigBee 网络首先开始运行的设备，或称为 ZigBee 网络的启动或网络的建立设备。协调器节点选择一个信道和网络标志符，然后开始建立一个网络。协调器设备在网络中还可以有其他作用，如建立安全机制、网络中绑定的建立等。注意：协调器主要的作用是建立一个网络和配置该网络的性质参数，当完成这些工作后，协调器的网络组建任务就已经完成，继而转为网络的维护者，就如同一个路由器，网络中的其他操作并不是都需要依赖该协调器。

（2）路由节点

路由节点的特点是允许节点加入网络；负责数据的转发功能；一个路由节点可以与若干个路由节点或终端节点通信。ZigBee 星型网络不支持 ZigBee 路由。一般来说，路由器需要一直处于工作状态，功耗较高，所以需要稳定、连续的电源供电（区别于干电池供电）。但是，在某指定的网络结构中可以采用电池供电，如在“串树型”网络模式中，路由器并不是数据传输的必经节点，允许路由器周期的运行操作，所以可以采用干电池供电。

（3）终端节点

终端节点只需要加入已建立的指定网络即可，它不具有网络维护功能。它的存储容量要求最少，所以可以根据自己的功能需要休眠或唤醒，因此作为电池供电设备，其可以实现 ZigBee 低功耗设计。一般来说，该设备需要的内存较少（特别是内部 RAM）。

以上 3 种设备可根据功能完整性分为全功能设备（Full Function Device，FFD）和精简功能设备（Reduce Function Device，RFD）。其中，全功能设备可作为协调器、路由器和终端设备，而精简功能设备只能作为终端设备。一个 FFD 可与多个 RFD 或多个其他的 FFD 通信，而一个 RFD 只能与一个 FFD 通信。

协调节点启动时，根据定义的搜索信道（DDEFAULT_CHANLIST）和PANID（DZDAPP_CONFIG_PAN_ID）建立网络；如果PANID定义为0xFFFF，则随机产生PANID。路由节点和终端节点启动后，搜索指定 PANID（DZDAPP_CONFIG_PAN_ID）网络，并加入网络。如果PANID定义为0xFFFF，则可加入其他网络。在ZigBee无线传感器网络中，每个节点都有指定的配置参数，从而确定其设备类型，不同的设备类型，在网络中有着不一样网络任务。在属于多跳网络的ZigBee网络中，两个节点需要完成数据传输，可能需要通过其他中间节点的协助，所以节点的类型参数配置是非常必要的。

对每个节点有两个任务，具体如下。

① 执行指定的网络功能函数。

② 配置确定的参数到指定的值。

网络功能的设置确定了该节点的类型，参数配置和指定的值确定了堆栈的模式。

2．堆栈模式

需要被配置为指定值的堆栈参数，连同这些值被称为堆栈模式（Stack Profile）。这些堆栈模式参数被ZigBee联盟定义指定。在同一个网络中的设备必须符合同一个堆栈模式（同一个网络中所有设备的堆栈模式配置参数必须一致）。

为了互操作性，ZigBee联盟为07协议栈定义了一个堆栈模式，所有的设备只要遵循该模式的参数配置，即使从不同厂商买的不同设备同样可以形成标准网络。

如果应用开发者改变了这些参数配置，那么他的产品将不能与遵循ZigBee联盟定义模式的产品组成网络，也就是说该开发者开发的产品具有特殊性，我们称之为“关闭的网络”，即它的设备只有在自己的产品中使用，不能与其他产品通信。

该协议模式标志符在设备通信的信标传输中被匹配；如果不匹配，那么该设备将不能加入网络。“关闭的网络”的堆栈模式有一个0ID，而07协议栈模式有一个1ID。该堆栈模式被配置在nwk_globals.h文件中的STACK_PROFILE_ID参数。在nwk_globals.h中修改参数参照以下说明。

星型、树型和网状网络3种模式的修改如下。

```
// Controls the operational mode of network
#define NWK_MODE_STAR           0
#define NWK_MODE_TREE           1
#define NWK_MODE_MESH           2
```

2种安全模式的修改如下。

```
// Controls the security mode of network
#define SECURITY_RESIDENTIAL        0//一般住宅安全模式
#define SECURITY_COMMERCIAL         1//商业安全模式
```

4种协议栈的PROFILE_ID的修改如下。

```
// Controls various stack parameter settings
#define NETWORK_SPECIFIC          0//特定网络
#define HOME_CONTROLS             1//家庭控制
#define ZIGBEEPRO_PROFILE         2//ZigBee 专业版
#define GENERIC_STAR              3//一般星型网络
#define GENERIC_TREE              4//一般树型网络
```

```
    #define STACK_PROFILE_ID          HOME_CONTROLS//STACK_PROFILE_ID的修改可
以改变拓扑类型

    //此状态下默认为网状网络

    #if ( STACK_PROFILE_ID == HOME_CONTROLS )//如果为网状网络
        #define MAX_NODE_DEPTH         5//最大深度 5
        #define NWK_MODE               NWK_MODE_MESH//网络模式 MESH
        #define SECURITY_MODE          SECURITY_RESIDENTIAL//安全模式，一般住宅
模式
    #if    ( SECURE != 0 )
        #define USE_NWK_SECURITY       1// true or false，使用网络安全
        #define SECURITY_LEVEL         5//安全等级
    #else
        #define USE_NWK_SECURITY       0// true or false ，不使用网络安全
        #define SECURITY_LEVEL         0//安全等级
    #endif

    #elif ( STACK_PROFILE_ID == GENERIC_STAR )//如果为一般星型网络
        #define MAX_NODE_DEPTH         5//结点深度 5
        #define NWK_MODE               NWK_MODE_STAR//网络模式，星型
        #define SECURITY_MODE          SECURITY_RESIDENTIAL//安全模式，一般住宅模式
    #if    ( SECURE != 0 )
        #define USE_NWK_SECURITY       1// true or false 使用网络安全
        #define SECURITY_LEVEL         5//安全等级 5
    #else
        #define USE_NWK_SECURITY       0// true or false 不使用网络安全
        #define SECURITY_LEVEL         0//安全等级 0
    #endif

    #elif ( STACK_PROFILE_ID == NETWORK_SPECIFIC )//如果为特定网络
    // define your own stack profile settings
        #define MAX_NODE_DEPTH         5//结点深度 5
        #define NWK_MODE               NWK_MODE_MESH//网络模式，MESH
        #define SECURITY_MODE          SECURITY_RESIDENTIAL      //安全模式，一般
住宅模式
    #if    ( SECURE != 0 )
        #define USE_NWK_SECURITY       1// true or false，  使用网络安全
        #define SECURITY_LEVEL         5//安全等级 5
```

```
#else
    #define USE_NWK_SECURITY        0// true or false ，不使用网络安全
    #define SECURITY_LEVEL          0//安全等级 0
#endif
#endif
```

① 协调器节点（全功能节点）负责建立和管理网络，可与其他节点直接建立通信。协调器具备路由中继功能，可与任何节点直接建立通信。

② 路由器节点（全功能节点）是一种支持关联的设备，能够实现其他节点的消息转发功能。ZigBee 的树型网络可以有多个 ZigBee 路由器设备。

③ 终端节点（精简功能节点）不具备路由中继功能，只能与协调器或路由建立通信，终端节点之间不能直接建立通信。

3．信道 Chanel

在 ZigBee 标准协议中，2.4GHz 的射频频段被分为 16 个独立的信道。每一个设备都有一个-DEFAULT_CHANLIST 的默认信道集（0x0B～0x1A），如表 4.1 所示。协调器扫描自己的默认信道集并选择噪声最小的信道作为自己所建网络的信道。终端节点和路由器也要扫描默认信道集并选择一个信道上已经存在的网络加入。

表 4.1　信道集表

频道	-DEFAULT_CHANLIST 值	频道列表	频率（MHz）
11	0x00000800	0x0B	2 405
12	0x00001000	0x0C	2 410
13	0x00002000	0x0D	2 415
14	0x00004000	0x0E	2 420
15	0x00008000	0x0F	2 425
16	0x00010000	0x10	2 430
17	0x00020000	0x11	2 435
18	0x00040000	0x12	2 440
19	0x00080000	0x13	2 445
20	0x00100000	0x14	2 450
21	0x00200000	0x15	2 455
22	0x00400000	0x16	2 460
23	0x00800000	0x17	2 465
24	0x01000000	0x18	2 470
25	0x02000000	0x19	2 475
26	0x04000000	0x1A	2 480

展开工程目录下面的 Tools 目录，如图 4.2 所示。

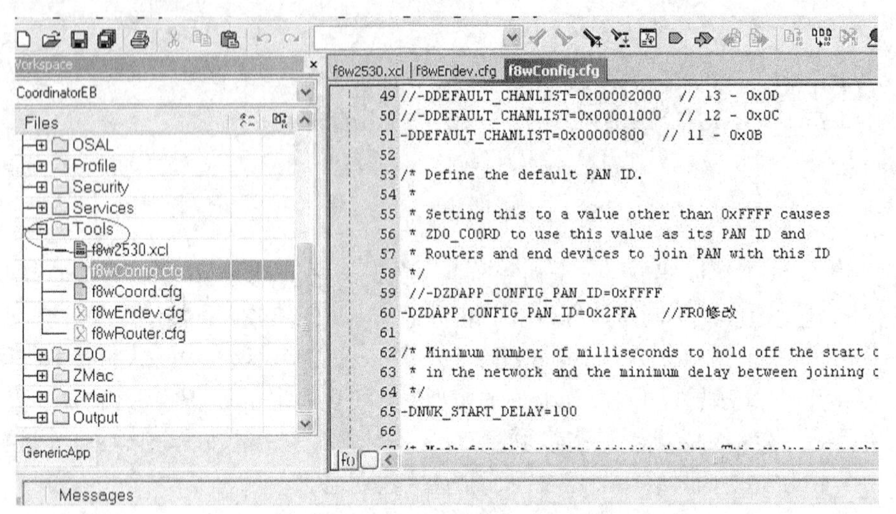

图 4.2 配置文件

f8w2530.cxl：该文件包含了 CC2530 单片机的链接控制指令，包括堆栈的大小、内存分配等，一般情况下不需要修改。

f8wConfig.cfg：该文件包含了信道选择、网络 ID 号等有关的链接命令。每一个设备都有一个 DEFFAULT_CHANLIST 的默认信道集。要选择哪个信道，把前面的“//”注释删除，其余的保留即可。例如，我们的信道默认为-DDEFAULT_CHANLIST=0x00000800 // 11 - 0x0B，只需删除前面“//”注释符即可。

4．PANID

PANID 指网络编号，用于区分不同的 ZigBee 网络。

设备的 PANID 值由 DZDAPP_CONFIG_PAN_ID 来设置，如果 DZDAPP_CONFIG_PAN_ID 设置为 0xFFFF，则协调器将产生一个随机的 PAN_ID。如果路由器和终端节点的 DZDAPP_CONFIG_PAN_ID 设置为 0xFFFF，则路由器和终端节点将会在自己的默认信道上随机选择一个网络加入，网络协调器的 PANID 即为自己的 PANID。

如果协调器的 DZDAPP_CONFIG_PAN_ID 设置为非 0xFFFF，则会以协调器的 DZDAPP_CONFIG_PAN_ID 值作为 PAN_ID，并以这个特定的 PANID 建立网络。如果路由器和终端节点的 DZDAPP_CONFIG_PAN_ID 设置为非 0xFFFF，则会以 DZDAPP_CONFIG_PAN_ID 值作为 PANID，并且只能接入该 PANID 值的网络。自己定义 ID 只能为节点的 PAN ID 为 0x0001～0x3FFF。

例如，建立网络 ID 的默认 ID 为 DZDAPP_CONFIG_PAN_ID=0xFFFF，所以我们要建立不同的网络信道及网络 ID 的时候就可以在这里修改。

f8wCoord.cfg：配置无线网络中的协调器设备类型及 CPU 的运行频率。例如，下面的代码就定义了该设备具有协调器和路由器的功能。

```
/* Coordinator Settings */
-DZDO_COORDINATOR                    // Coordinator Functions
-DRTR_NWK                            // Router Functions
```

注意：协调器是建立网络的设备，在网络建立好以后，其实也在网络中起到路由的作用。

f8wEndev.cfg：配置无线网络中的终端节点 CPU 的运行频率和 MAC 设定。

f8wRouter.cfg：配置无线网络中的路由设备的 CPU 运行频率、MAC 设定、路由设定等。

① ZigBee 无线传感器网络中，文件 f8wConfg.cfg 中的 ZDO_CONFIG_PAN_ID 参数设置为 0xFFFF，协调器将根据自身的 IEEE 地址建立一个随机的 PAN ID 分配，节点的 PAN ID 为 0x0001～0x3FFF。

② ZigBee 无线传感器网络中，文件 f8wConfg.cfg 中的 ZDO_CONFIG_PAN_ID 参数设置不为 0xFFFF，那么网络的 PAN ID 将由 ZDAPP_CONFIG_PAN_ID 确定。

③ ZigBee 无线传感器网络中，文件 f8wConfg.cfg 中的-DDEFAULT_CHANLIST 参数设置为 0x0B（默认值）～0x1A，共 16 个信道。-DDEFAULT_CHANLIST 选择的信道将作为唯一的通信信道。

其实可以这样理解 PAN ID 和 16 位短地址的关系，一个班有一个班级名称（PAN ID），班级里面的每个人都拥有一个唯一的学号（16 位地址）。

④ 对于多组同时进行实验，组别间的信道 Chanel 和 PAN ID 至少要有一个不同。如果组别间的信道 Chanel 和网络 PAN ID 都相同，则会产生相互串扰，影响实验结果。

5．描述符

ZigBee 网络中的所有设备都有一些描述符，用来描述设备类型和应用方式。描述符包含节点描述符、电源描述符和默认用户描述符等。通过改变这些描述符可以定义自己的设备。描述符的定义和创建配置项在文件 ZDOConfig.h 和 ZDOConfig.c 中完成。描述符信息可以被网络中的其他设备读取。

4.1.2 工作流程

当用户应用程序需要进行数据通信时，工作流程如下。

① 调用协议栈提供的组网函数、加入网络函数，实现网络的建立与节点的加入。

② 发送设备调用协议栈提供的无线数据发送函数，实现数据的发送。

③ 接收设备调用协议栈提供的无线数据接收函数，实现数据的接收。

协调器工作流程如图 4.3 所示。协调器上电后，会按照编译时给定的参数，选择合适的信道和网络号，建立 ZigBee 无线网络。

终端节点上电后，会进行硬件电路的初始化，然后搜索是否有 ZigBee 无线网络，如果有 ZigBee 无线网络再自动加入，然后发送数据到协调器，执行相应的操作，工作流程如图 4.4 所示。

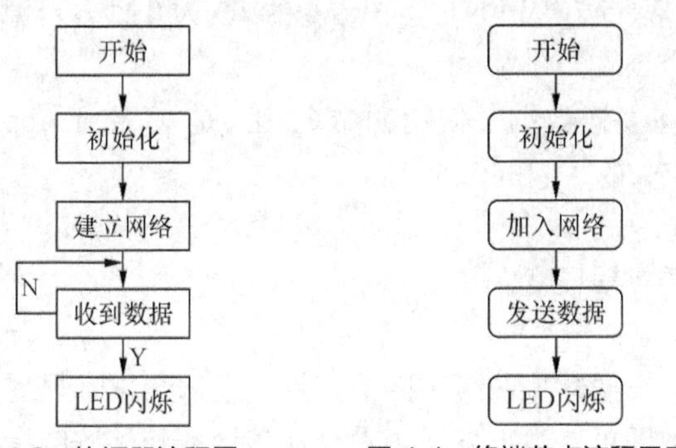

图 4.3 协调器流程图　　图 4.4 终端节点流程示意图

4.1.3 数据发送

在 ZigBee 协议栈中进行数据发送可以调用 AF_DataRequest 函数实现，该函数会调用协议栈里面与硬件相关的函数，最终将数据通过无线发送出去。这里面还涉及射频模块的操作，例如，打开发射机、调整发射机的发送功率等内容，这些内容协议栈已经实现了，用户不需自己编写代码去实现，只需要掌握 AF_DataRequest 函数的使用方法即可。

```
afStatus_t   AF_DataRequest( afAddrType_t *dstAddr, endPointDesc_t *srcEP,
                              uint16 cID,uint16 len, uint8 *buf, uint8 *transID,
                              uint8 options, uint8 radius )
```

用户调用该函数即可实现数据的无线发送。该函数中有 8 个参数，参数具体含义如下。

（1）afAddrType_t *dstAddr

发送目的地址 + 端点地址（端点号）和传送模式，传送模式可以采用广播、单播或多播等。

（2）endPointDesc_t *srcEP

源（答复或确认）终端的描述（如操作系统中任务 ID 等）源 EP。一个 ZigBee 无线传感器网络中，利用网络地址来标识某个具体的节点。某个具体的节点可以有不同的端口（endPoint），每个节点最多支持 240 个端口（endPoint）。端口 0 是默认的 ZDO，端口 0～240 用户可以自己定义，引入端口主要是由于 TI 实现的 ZigBee 协议栈中加入了一个小的操作系统。这样，每个节点上的所有端口共用一个发射/接收天线，不同节点上的端口之间可以进行通信。节点与端口之间关系如图 4.5 所示。节点 1 的端口 1 可以给节点 2 的端口 1 发送数据，也可以给节点 2 的端口 2 发送数据，但是节点 2 上端口 1 和端口 2 的网络地址是相同的，仅仅通过网络地址无法区分。因此，在发送数据时不但要指定网络地址，还要指定端口号。

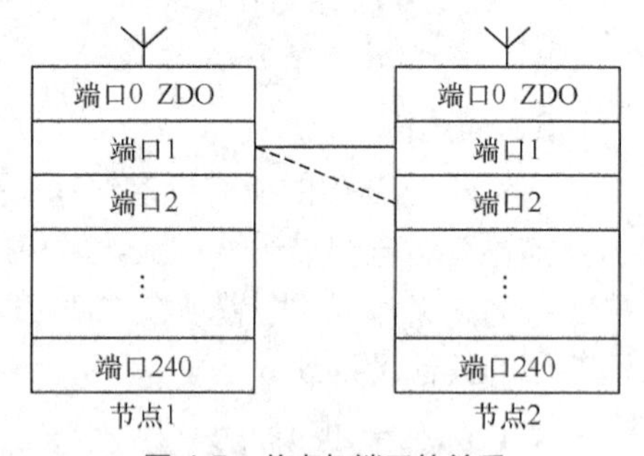

图 4.5　节点与端口的关系

使用网络地址来区分不同的节点，利用端口号来区分同一节点上的端口。

（3）uint16 cID

这个参数描述的是命令号，在 ZigBee 协议里的命令主要用来标识不同的控制操作，不同的命令号代表不同的控制命令。例如，节点 1 的端口 1 可以给节点 2 的端口 1 发送控制命令，当该命令的 ID 为 1 时表示点亮 LED，当该命令的 ID 为 0 时表示熄灭 LED。因此，该参数主要是为了区别不同的命令。

例如，终端节点在发送数据时使用的命令 ID 是 GenericApp_clusterid，该宏定义是在 Coordinator.h 文件中定义的，它的值是 1。

（4）uint16 len

该参数标识了发送数据长度。

（5）uint8 *buf

该参数是指向存放发送数据的缓冲区的指针，发送数据时只需要将所要发送数据的缓冲区的地址传递给该参数即可，数据发送函数会从该地址开始按照指定的数据长度取得发送数据进行发送。

（6）uint8 *transID

该参数是一个指向发送序号的指针，每次发送数据时，发送序号会自动加 1（协议栈里面实现该功能），在接收端可以通过发送序号来判断是否丢包，同时可以计算出丢包率。

例如，发送了 10 个数据包，数据包的序号为 0～9，在接收端发现序号 3 和 8 的数据包没有收到，则丢包率计算公式为丢包率=丢包个数/所发送的数据包的总个数 × 100%=20%。

（7）uint8 options

有效位掩码的发送选项，通常设置为 AF_Discv_Route。

（8）uint8 radiu

传送跳数，通常设置为 AF_Default_Radius。其中最核心的两个参数是 uint16 len（发送数据的长度）和 uint8 *buf（指向存放发送数据的缓冲区的指针）。使用 ZigBee 协议栈只需调用相应的数据发送、接收函数即可。

```
AF_DataRequest( &SampleApp_Periodic_DstAddr,        //目的地址结构（对方）
                &SampleApp_epDesc,                   //端点描述（自己）
                SAMPLEAPP_PERIODIC_CLUSTERID,        //簇信息--> 事件 ID -->（通
                                                      知对方这次的事件 ID）
                1,                  //数据包的大小 （根据实际数据长度填写，字节）
                (uint8*)&SampleAppPeriodicCounter,   //数据包的数据地址
                &SampleApp_TransID,
                AF_DISCV_ROUTE,
                AF_DEFAULT_RADIUS ) == afStatus_SUCCESS;
```

在 ZigBee 协议栈中进行数据发送可以调用[AF.c]的 AF_DataRequest 函数实现，该函数会调用协议栈里面与硬件相关的函数最终将数据通过无线发送出去。这里面还涉及射频模块的操作，例如，打开发射机、调整发射机的发送功率等内容，这些部分内容协议栈已经实现了，用户不需自己编写代码去实现，只需要掌握 AF_DataRequest 函数的使用方法即可。

```
afStatus_t   AF_DataRequest( afAddrType_t *dstAddr, endPointDesc_t *srcEP,
                              uint16 cID,uint16 len, uint8 *buf, uint8 *transID,
                              uint8 options, uint8 radius )
```

在发送函数 void SampleApp_SendPointToPointMessage(void)中发送参数定义举例如下。

```
if ( AF_DataRequest( &SampleApp_Periodic_DstAddr,       //目的地址结构（对方）
                &SampleApp_epDesc,                       //端点描述（自己）
                SAMPLEAPP_PERIODIC_CLUSTERID, //簇信息--> 事件 ID -->（通知
对方这次的事件 ID）
                1,                  //数据包的大小 （根据实际数据长度填写，字节）
                (uint8*)&SampleAppPeriodicCounter,   //数据包的数据地址
                &SampleApp_TransID,
                AF_DISCV_ROUTE,
                AF_DEFAULT_RADIUS ) == afStatus_SUCCESS)
//地址结构体
typedef struct
```

```
{
  union
  {
    uint16        shortAddr;
    ZLongAddr_t extAddr;
  } addr;

  afAddrMode_t addrMode;
  byte endPoint;
  uint16 panId;   // used for the INTER_PAN feature
} afAddrType_t;

  // Broadcast to everyone

  SampleApp_Periodic_DstAddr.addrMode = (afAddrMode_t)AddrBroadcast;   //默认广播
  SampleApp_Periodic_DstAddr.endPoint = SAMPLEAPP_ENDPOINT;
  SampleApp_Periodic_DstAddr.addr.shortAddr = 0xFFFF;   //广播地址 0xFFFF
```

4.1.4 数据接收

终端节点发送数据后，协调器会收到该数据，但是协议栈里面是如何得到通过天线接收到的数据的呢？

当协调器收到数据后，操作系统会将数据封装成一个消息，然后放入消息队列中，每个消息都有自己的消息 ID，标识接收到新数据的消息的 ID 是 AF_INCOMING_MSG_CMD，其中 AF_INCOMING_MSG_CMD 的值是 0x1A，这是在 ZigBee 协议栈中定义好的，用户不可更改。ZigBee 协议栈中 AF_INCOMING_MSG_CMD 宏的定义（在 ZComDef.h 文件中）具体如图 4.6 所示。

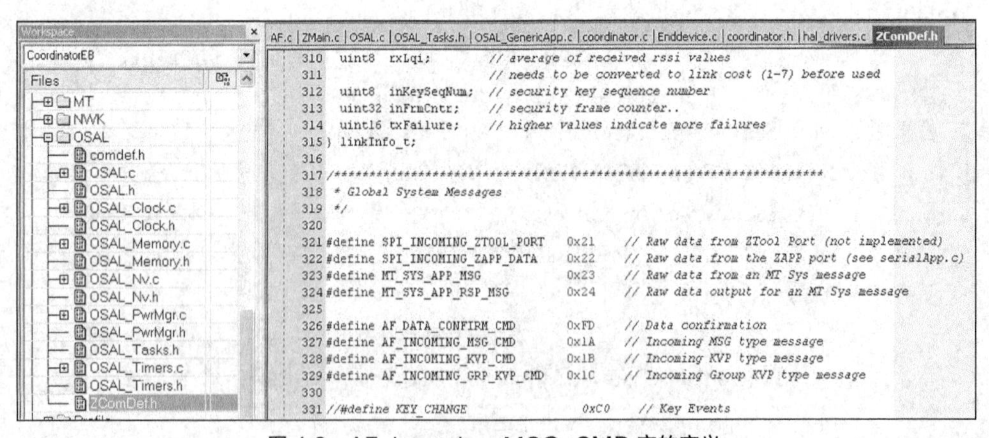

图 4.6　AF_Incoming_MSG_CMD 宏的定义

其中#define　AF_INCOMING_MSG_CMD　0x1A

下面的 SampleApp_ProcessEvent()就是通过上面的顺序对用户添加的应用任务进行事件的轮询。

```
uint16 SampleApp_ProcessEvent( uint8 task_id, uint16 events )
{
afIncomingMSGPacket_t *MSGpkt;   //接收到的消息     /*如果大事件是接收系统消息*/
//则接收系统消息再进行判断
if ( events & SYS_EVENT_MSG )
{
MSGpkt = (afIncomingMSGPacket_t *)osal_msg_receive( SampleApp_TaskID );
//接收属于本应用任务 SampleApp 的消息，根据 SampleApp_TaskID 标记匹配
while ( MSGpkt )   //接收到 MSGpkt 为非空数据
{
switch ( MSGpkt->hdr.event ) //系统消息的进一步判断
{
// Received when a key is pressed
/*小事件：按键事件*/
//如果一个 OSAL 任务已经被登记注册，那么任何键盘事件都将接受一个 KEY_CHANGE 事件信息
case   KEY_CHANGE:
SampleApp_HandleKeys(((keyChange_t*)MSGpkt)->state,((keyChange_t*)MSGpkt)->keys );
break;
//执行具体的按键处理函数，定义在 sampleAPP.c 中
// Received when a messages is received (OTA:over the air) for this endpoint
/*小事件：接收数据事件*/
//接收数据事件，调用函数 AF_DataRequest()接收数据
case AF_INCOMING_MSG_CMD:
SampleApp_MessageMSGCB( MSGpkt );
break;

//调用回调函数对收到的数据进行处理
// Received whenever the device changes state in the network
/*小事件：设备网络状态变化事件*/
//只要网络状态发生改变，就通过 ZDO_STATE_CHANGE 事件通知所有的任务，注意，是所有任务都会收到该消息
case ZDO_STATE_CHANGE:
SampleApp_NwkState = (devStates_t)(MSGpkt->hdr.status);
if((SampleApp_NwkState==DEV_ZB_COORD)||(SampleApp_NwkState== DEV_ROUTER) || (SampleApp_NwkState == DEV_END_DEVICE) )
{
// Start sending the periodic message in a regular interval
/*按一定间隔启动定时器*/
```

到这里产生了 ZDO 状态改变时间，从下面的 if 判断语句可以看出，这个时候已经完成了

对协调器、路由器、终端的确定和设置，这里针对 3 种不同类型的设备进行了发送周期性事件的设置。可以设置自己需要的设备进行周期性事件设置，如针对终端设置一个周期性采集数据的功能。

这个定时器只是为发送周期信息开启的，设备启动初始化后从这里开始触发第一个周期信息的发送，然后周而复始下去

```
osal_start_timerEx( SampleApp_TaskID,
SAMPLEAPP_SEND_PERIODIC_MSG_EVT,
SAMPLEAPP_SEND_PERIODIC_MSG_TIMEOUT );
}
else
{
// Device is no longer in the network
}
break;
default:
break;
}
// Release the memory
//以上把收到系统消息这个大事件处理完了，释放消息占用的内存
osal_msg_deallocate( (uint8 *)MSGpkt );
// Next - if one is available
/*指针指向下一个“已接收到的”[程序在 while ( MSGpkt )内]放在缓冲区的待处理的事件，与 SampleApp_ProcessEvent 处理多个事件相对应，返回 while ( MSGpkt )重新处理事件，直到缓冲区没有等待处理事件为止。*/
MSGpkt = (afIncomingMSGPacket_t *)osal_msg_receive( SampleApp_TaskID );
}
// return unprocessed events
// 两者相异或，返回未处理的事件，return 到 osal_start_system()下的 events = (tasksArr[idx])( idx, events )语句中，重新在 osal_start_system()下轮询再进入此函数进行处理
return (events ^ SYS_EVENT_MSG);
}
// Send a message out - This event is generated by a timer
/*下面是处理周期性事件的代码,利用 SampleApp_SendPeriodicMessage()处理完当前的周期性事件，然后启动定时器开启下一个周期性事情，这样循环下去，也即是上面说的周期性事件，可以作为周期性传感器采集使用。*/
//   (setup in SampleApp_Init()).
if ( events & SAMPLEAPP_SEND_PERIODIC_MSG_EVT )   //周期消息事件
{
// Send the periodic message   发送周期性消息
SampleApp_SendPeriodicMessage();
```

```
// Setup to send message again in normal period (+ a little jitter)
osal_start_timerEx(SampleApp_TaskID,
SAMPLEAPP_SEND_PERIODIC_MSG_EVT,
(SAMPLEAPP_SEND_PERIODIC_MSG_TIMEOUT + (osal_rand() & 0x00FF)) );
// return unprocessed events
return (events ^ SAMPLEAPP_SEND_PERIODIC_MSG_EVT);
}
}
```

上面没有提到 flash 事件如何处理，其实它被放到按键事件去处理了，很简单。

至此为止，当协调器收到数据后，用户只需要从消息队列中接收消息，然后从消息中取得所需要的数据即可，其他工作都由 ZigBee 协议栈自动完成。

接收方接收成功，协议栈将触发数据包接收事件：AF_INCOMING_MSG_CMD------> 处理函数 SampleApp_ProcessEvent()。

其处理方法如下。

```
// Received when a messages is received (OTA) for this endpoint
case AF_INCOMING_MSG_CMD:

SampleApp_MessageMSGCB( MSGpkt );              -----> 收包处理函数

break;
```

1．数据包接收事件测试

```
uint16 SampleApp_ProcessEvent( uint8 task_id, uint16 events )
{
  afIncomingMSGPacket_t *MSGpkt;
  (void)task_id;   // Intentionally unreferenced parameter

  if ( events & SYS_EVENT_MSG )
  {
    MSGpkt = (afIncomingMSGPacket_t *)osal_msg_receive( SampleApp_TaskID );
    while ( MSGpkt )
    {
      switch ( MSGpkt->hdr.event )
      {
        // Received when a key is pressed
        case KEY_CHANGE:
          ...
          break;

        // Received when a messages is received (OTA) for this endpoint
        case AF_INCOMING_MSG_CMD:    // 数据包接收事件到来
```

```
            HalLedSet( HAL_LED_2, HAL_LED_MODE_BLINK); // 协议栈的闪灯函数,LED1
闪烁
              SampleApp_MessageMSGCB( MSGpkt );       //数据包的接收处理
              break;

          // Received whenever the device changes state in the network
          case ZDO_STATE_CHANGE:
          ...
              break;

          default:
              break;
        }

          ...
      }

      // return unprocessed events
      return (events ^ SYS_EVENT_MSG);
    }

    if ( events & SAMPLEAPP_SEND_PERIODIC_MSG_EVT )
    {
      ...
    }

    // Discard unknown events
    return 0;
  }

  //数据包的接收处理----> 节点/路由收到的数据如何处理? 协调器收到的数据如何处理?
  void SampleApp_MessageMSGCB( afIncomingMSGPacket_t *pkt )
  {
    uint16 flashTime;

    switch ( pkt->clusterId )
    {
      case SAMPLEAPP_PERIODIC_CLUSTERID:
        break;
```

```
        case SAMPLEAPP_FLASH_CLUSTERID:
          flashTime = BUILD_UINT16(pkt->cmd.Data[1], pkt->cmd.Data[2] );
          HalLedBlink( HAL_LED_4, 4, 50, (flashTime / 4) );
          break;
    }
}
```

2．协调器接收数据包处理

收到的数据包的格式为 afIncomingMSGPacket_t。

```
typedef struct
{
  osal_event_hdr_t hdr;          /* OSAL Message header */
  uint16 groupId;                /* Message's group ID - 0 if not set */
  uint16 clusterId;              /* Message's cluster ID */
  afAddrType_t srcAddr;          /* Source Address, if endpoint is STUBAPS_INTER_PAN_EP,
                                    it's an InterPAN message */
  uint16 macDestAddr;            /* MAC header destination short address */
  uint8 endPoint;                /* destination endpoint */
  uint8 wasBroadcast;            /* TRUE if network destination was a broadcast address */
  uint8 LinkQuality;             /* The link quality of the received data frame */
  uint8 correlation;             /* The raw correlation value of the received data frame */
  int8    rssi;                  /* The received RF power in units dBm */
  uint8 SecurityUse;             /* deprecated */
  uint32 timestamp;              /* receipt timestamp from MAC */
  afMSGCommandFormat_t cmd; /* Application Data */   收到的数据包的具体内容结构体
} afIncomingMSGPacket_t;



typedef struct
{
  byte      TransSeqNumber;
  uint16 DataLength;                     //收到的数据包的大小
  byte    *Data;                         //收到的数据包的具体内容
} afMSGCommandFormat_t;
```

终端节点或路由节点发送数据给协调器，协调器通过串口利用 PC 串口助手显示接收到的数据。在无线传感器网络数据通信过程中，主要涉及以下两个问题。

① 对方传递上来的是什么类型的数据？数据的事件类型（簇 ID）由 pkt->clusterId 决定。

② 传递上来的数据内容是什么？数据内容由 pkt->cmd.Data 决定。

协调器修改例程如下。

① 先将 SampleApp_ProcessEvent(uint8 task_id, uint16 events) 蓝灯闪烁关闭。

```
case AF_INCOMING_MSG_CMD:    // 数据包接收事件到来
// HalLedSet( HAL_LED_2, HAL_LED_MODE_BLINK);    // 协议栈的闪灯函数，LED2闪烁----->注释掉
SampleApp_MessageMSGCB( MSGpkt );     //数据包的接收处理
break;
```

② 添加数据包分析控灯功能。

```
void SampleApp_MessageMSGCB( afIncomingMSGPacket_t *pkt )
{
  uint16 flashTime;

  switch ( pkt->clusterId )
  {
    case SAMPLEAPP_PERIODIC_CLUSTERID:  //匹配数据包发送的事件类型
//数据包内容分析：当接收的数据包长度不确定时，需要分析 pkt->cmd.DataLength；当接收的数据包长度确定时，直接操作 Data

//协议栈默认发送的是 1 个字节，内容为 SampleAppPeriodicCounter，根据值进行 LED 控制操作
if( pkt->cmd.Data[0] == 0 )
  HalLedSet( HAL_LED_2, HAL_LED_MODE_OFF);    //蓝灯灭
  else
HalLedSet( HAL_LED_2, HAL_LED_MODE_ON);     //蓝灯亮
  break;
  case SAMPLEAPP_FLASH_CLUSTERID:
      flashTime = BUILD_UINT16(pkt->cmd.Data[1], pkt->cmd.Data[2] );
      HalLedBlink( HAL_LED_4, 4, 50, (flashTime / 4) );
      break;
  }
}
```

3．节点/路由设置

通过设置发送的内容，实现对协调器的 LED 控制操作。

修改一下变量的值，SampleApp_SendPeriodicMessage 将其发给协调器。

我们选择“Go to definition of SampleAppPeriodicCounter”就可以直接修改一下变量 SampleAppPeriodicCounter 的值。

```
SampleAppPeriodicCounter = 0;      //让协调器灭蓝灯
//SampleAppPeriodicCounter = 1;    //让协调器亮蓝灯


void SampleApp_SendPeriodicMessage( void )
{
```

```
if ( AF_DataRequest( &SampleApp_Periodic_DstAddr, &SampleApp_epDesc,
                     SAMPLEAPP_PERIODIC_CLUSTERID,
                     1,
                     (uint8*)&SampleAppPeriodicCounter,
                     &SampleApp_TransID,
                     AF_DISCV_ROUTE,
                     AF_DEFAULT_RADIUS ) == afStatus_SUCCESS )
{
}
else
{
  // Error occurred in request to send.
}
}
```

4.2 ZigBee 数据包

4.2.1 ZigBee 数据包的结构

从 Texas Instruments Packet Sniffer 软件中抓取的数据包可以看到每个数据包（每一行表示一个数据包）由很多段组成，这与 ZigBee 协议是对应的。由于 ZigBee 协议栈是采用分层结构实现的，所以数据包显示时也是不同的层使用不同的颜色。下面分析一个数据包，如图 4.7 所示。

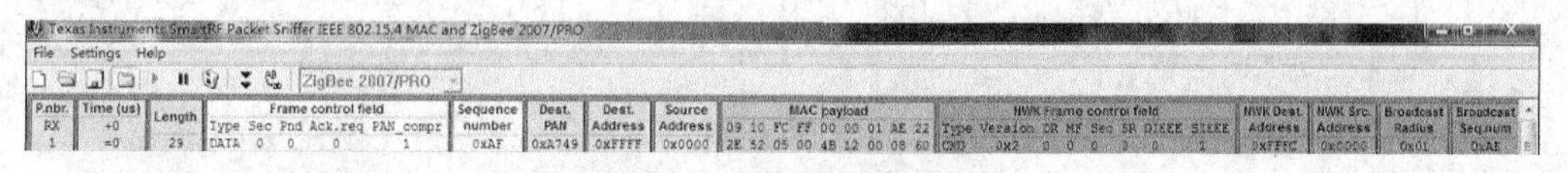

图 4.7 数据包分析实例

由上图可以看到“Frame control field”“Sequence number”“Dest PAN”“Dest Address”等不同的数据段。

ZigBee 协议中介质访问控制层（MAC 层）数据包的构成如表 4.2 所示。

表 4.2 介质访问控制层（MAC 层）数据包结构

长度（字节）	2	1	0/2	0/2/8	0/2	0/2/8
域名	帧控制域	序列号	目的 PAN ID	目的地址	源 PAN ID	源地址

4.2.2 ZigBee 数据传输流程

以 SampleApp 为例程，介绍一下这个例程的主要功能，这个程序由两个模块组成，其中一个是协议器，另一个是路由器。当两个模块都上电后，如果一切正常的话，绿色的灯会点亮，这时按路由器上的“SW1”键就可以从路由器发送一条“Welcom to ZigBee!”。这时，按协调器上的“SW1”键就可以发送给路由器一条“Thank you!”。当接收到数据时，两个模块的红色灯会闪烁。

在 ZigBee 网络中，各个设备都必须在加入网络之后才能完成数据的通信，所以，加入网络是每一个设备首先要做的。

加入网络如图 4.8 所示。

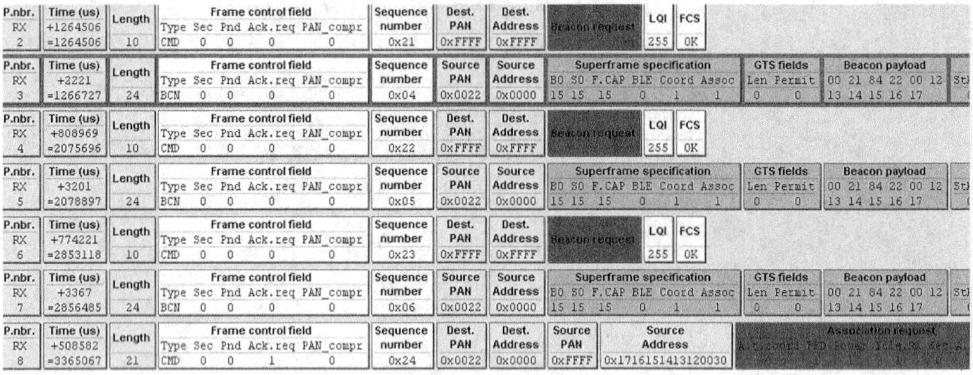

P.nbr.	Time (us)	Length	Frame control field (Type Sec Pnd Ack.req PAN_compr)	Sequence number	Dest. PAN	Dest. Address		LQI	FCS
RX 2	+1264506 =1264506	10	CMD 0 0 0 0	0x21	0xFFFF	0xFFFF	Beacon request	255	OK

P.nbr.	Time (us)	Length	Frame control field (Type Sec Pnd Ack.req PAN_compr)	Sequence number	Source PAN	Source Address	Superframe specification (BO SO F.CAP BLE Coord Assoc)	GTS fields (Len Permit)	Beacon payload
RX 3	+2221 =1266727	24	BCN 0 0 0 0	0x04	0x0022	0x0000	15 15 15 0 1 1	0 0	00 21 84 22 00 12 13 14 15 16 17

P.nbr.	Time (us)	Length	Frame control field (Type Sec Pnd Ack.req PAN_compr)	Sequence number	Dest. PAN	Dest. Address		LQI	FCS
RX 4	+808969 =2075696	10	CMD 0 0 0 0	0x22	0xFFFF	0xFFFF	Beacon request	255	OK

P.nbr.	Time (us)	Length	Frame control field (Type Sec Pnd Ack.req PAN_compr)	Sequence number	Source PAN	Source Address	Superframe specification (BO SO F.CAP BLE Coord Assoc)	GTS fields (Len Permit)	Beacon payload
RX 5	+3201 =2078897	24	BCN 0 0 0 0	0x05	0x0022	0x0000	15 15 15 0 1 1	0 0	00 21 84 22 00 12 13 14 15 16 17

P.nbr.	Time (us)	Length	Frame control field (Type Sec Pnd Ack.req PAN_compr)	Sequence number	Dest. PAN	Dest. Address		LQI	FCS
RX 6	+774221 =2853118	10	CMD 0 0 0 0	0x23	0xFFFF	0xFFFF	Beacon request	255	OK

P.nbr.	Time (us)	Length	Frame control field (Type Sec Pnd Ack.req PAN_compr)	Sequence number	Source PAN	Source Address	Superframe specification (BO SO F.CAP BLE Coord Assoc)	GTS fields (Len Permit)	Beacon payload
RX 7	+3367 =2856485	24	BCN 0 0 0 0	0x06	0x0022	0x0000	15 15 15 0 1 1	0 0	00 21 84 22 00 12 13 14 15 16 17

P.nbr.	Time (us)	Length	Frame control field (Type Sec Pnd Ack.req PAN_compr)	Sequence number	Dest. PAN	Dest. Address	Source PAN	Source Address	Association request
RX 8	+508582 =3365067	21	CMD 0 0 1 0	0x24	0x0022	0x0000	0xFFFF	0x1716151413120030	[illegible]

图 4.8　加入网络

在协议分析仪中显示的数据，第 2 行到第 7 行是建立一个网络的过程，在这里可以看出在网络层管理实体一旦选择了一个 PAN 标识符,就会立刻选择一个 0x0000 的 16 位网络地址，并且设置 MAC 层的 macShortAddress PIB 属性，使其等于所选择的网络地址。

第 8 行中，源地址是路由器的物理地址 0x1716151413120030，它的 PANID 没有确定为 0xFFFF。这时的路由器还没有加入网络，所以还没有网络地址。目的地址为协调器的网络地址 0x0000，它的 PANID 为 0x0022；它的命令是联合方式加入请求。所以，该行表示的意思是向协调器发送联合方式加入请求，发送完成后将得到一个应答，也就是第 9 行。

收到应答以后，路由器开始加入网络，协调器开始为路由器分配网络地址。从第 12 行可以看出，路由器分配到的网络地址为 0x0001。这样，就完成了整个建立、加入网络的过程，并分配了各自的网络地址。

网络层数据包体现了在网络层中的数据以及格式，如图 4.9 所示。网络层中源地址和目的地址与 APS 层基本相同。它们最大的不同是数据中加入了网络层包，附加了网络层数据。

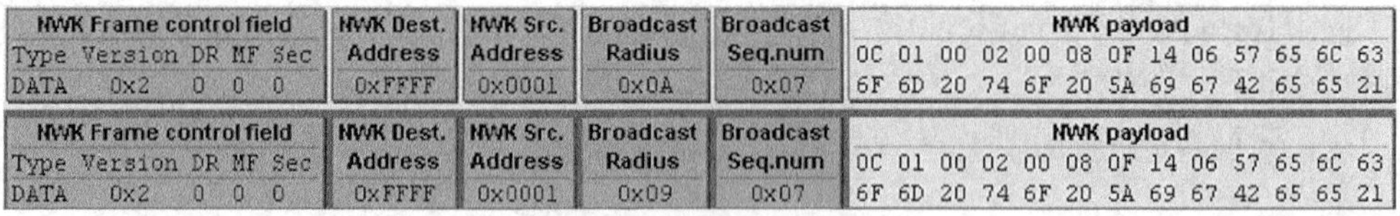

NWK Frame control field (Type Version DR MF Sec)	NWK Dest. Address	NWK Src. Address	Broadcast Radius	Broadcast Seq.num	NWK payload
DATA 0x2 0 0 0	0xFFFF	0x0001	0x0A	0x07	0C 01 00 02 00 08 0F 14 06 57 65 6C 63 6F 6D 20 74 6F 20 5A 69 67 42 65 65 21
DATA 0x2 0 0 0	0xFFFF	0x0001	0x09	0x07	0C 01 00 02 00 08 0F 14 06 57 65 6C 63 6F 6D 20 74 6F 20 5A 69 67 42 65 65 21

图 4.9　网络层数据包

APS 层数据包如图 4.10 所示。

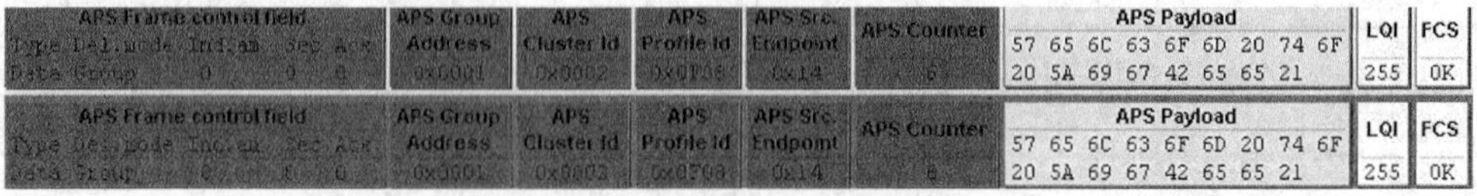

APS Frame control field (Type Del.mode Ind.am Sec Ack)	APS Group Address	APS Cluster Id	APS Profile Id	APS Src. Endpoint	APS Counter	APS Payload	LQI	FCS
Data Group 0 0 0	0x0001	0x0002	0x0F08	0x14	6	57 65 6C 63 6F 6D 20 74 6F 20 5A 69 67 42 65 65 21	255	OK
Data Group 0 0 0	0x0001	0x0002	0x0F08	0x14	6	57 65 6C 63 6F 6D 20 74 6F 20 5A 69 67 42 65 65 21	255	OK

图 4.10　APS 层数据包

数据包第 1 行，路由器的网络地址（0x0001）作为数据源地址发送，目的地址为 0xFFFF，表示路由器是以广播的形式发送数据，可以看出该数据包反映路由器广播发送数据。在 APS 层中详细列举了剖面 ID（APS Profile ID）、串 ID（APS Cluster ID）、广播深度（Broadcast

Radius）等数据。另外发送的数据也在此项显示。第 1 行中的 APS Payload 部分就显示了数据帧头加上路由器发送的广播数据，在这里是以 16 进制数显示的，在数据包的结尾有 RSSI 强度值。

我们可以从 APS Payload 中看到从路由器和协调器发出的数据，这些都是以 16 进制的形式出现的。在 MAC Payload 和 NWK Payload 中可以看到在发送的数据前面，都添加的该层所有数据，如图 4.11 所示。

P.nbr. RX	Time (us)	Length	Frame control field Type Sec Pnd Ack.req PAN_compr	Sequence number	Dest. PAN	Dest. Address	Source Address	MAC payload
40	+20016 =36701398	45	DATA 0 0 0 1	0x33	0x0022	0xFFFF	0x0001	08 00 FF FF 01 00 0A 07 0C 01 00 02 00 08 0F 14 06 57 65 6C 63 6F 6D 20 74 6F 20 5A 69 67 42 65 65 21

P.nbr. RX	Time (us)	Length	Frame control field Type Sec Pnd Ack.req PAN_compr	Sequence number	Dest. PAN	Dest. Address	Source Address	MAC payload
41	+7950 =36709348	45	DATA 0 0 0 1	0x7F	0x0022	0xFFFF	0x0000	08 00 FF FF 01 00 09 07 0C 01 00 02 00 08 0F 14 06 57 65 6C 63 6F 6D 20 74 6F 20 5A 69 67 42 65 65 21

图 4.11　APS Payload 数据

MAC 帧控制域中各个位表示的含义如表 4.3 所示。帧控制域中各个位表示的含义如表 4.4 所示。帧值的描述如表 4.5 所示。

表 4.3　MAC 控制帧格式

<table>
<tr><th>Octets：2</th><th>1</th><th>0/2</th><th>0/2/8</th><th>0/2</th><th>0/2/8</th><th>variable</th><th>2</th></tr>
<tr><td rowspan="2">Frame control</td><td rowspan="2">Sequence number</td><td>Destination PAN identifier</td><td>Destination address</td><td>Source PAN identifier</td><td>Source address</td><td rowspan="2">Frame payload</td><td rowspan="2">FCS</td></tr>
<tr><td colspan="4">Addressing fields</td></tr>
<tr><td colspan="6">MHR</td><td>MAC payload</td><td>MFR</td></tr>
</table>

表 4.4　控制帧字段格式

Bits：0~2	3	4	5	6	7~9	10～11	12～13	14～15
Frame type	Security enabled	Frame pending	Ack. request	Intra-PAN	Reserved	Dest. addressing mode	Reserved	Source Addressing mode

表 4.5　帧值的描述

Frame type value　　$b_2b_1b_0$	Description
000	Beacon
001	Data
010	Acknowledgment
011	MAC command
100～111	Reserved

全部数据包格式如图 4.12 所示。

P.nbr.	Time (us)	Length	Frame control field Type Sec Pnd Ack.req PAN_compr	Sequence number	Dest. PAN	Dest. Address	Source Address	MAC payload
RX 40	+20016 =36701398	45	DATA 0 0 0 1	0x33	0x0022	0xFFFF	0x0001	08 00 FF FF 01 00 0A 07 0C 01 00 02 00 08 0F 14 06 57 65 6C 63 6F 6D 20 74 6F 20 5A 69 67 42 65 65 21
RX 41	+7950 =36709348	45	DATA 0 0 0 1	0x7F	0x0022	0xFFFF	0x0000	08 00 FF FF 01 00 09 07 0C 01 00 02 00 08 0F 14 06 57 65 6C 63 6F 6D 20 74 6F 20 5A 69 67 42 65 65 21
RX 68	+1500210 =72262939	38	DATA 0 0 0 1	0x8D	0x0022	0xFFFF	0x0000	08 00 FF FF 00 00 0A 0E 0C 01 00 02 00 08 0F 14 0D 54 68 61 6E 6B 20 79 6F 75 21
RX 69	+8189 =72271128	38	DATA 0 0 0 1	0x41	0x0022	0xFFFF	0x0001	08 00 FF FF 00 00 09 0E 0C 01 00 02 00 08 0F 14 0D 54 68 61 6E 6B 20 79 6F 75 21

NWK Frame control field Type Version DR MF Sec	NWK Dest. Address	NWK Src. Address	Broadcast Radius	Broadcast Seq.num	NWK payload	APS Frame control field Type Del.mode Ind.am Sec Ack	APS Group Address
DATA 0x2 0 0 0	0xFFFF	0x0001	0x0A	0x07	0C 01 00 02 00 08 0F 14 06 57 65 6C 63 6F 6D 20 74 6F 20 5A 69 67 42 65 65 21	Data Group 0 0 0	
DATA 0x2 0 0 0	0xFFFF	0x0001	0x09	0x07	0C 01 00 02 00 08 0F 14 06 57 65 6C 63 6F 6D 20 74 6F 20 5A 69 67 42 65 65 21	Data Group 0 0 0	
DATA 0x2 0 0 0	0xFFFF	0x0000	0x0A	0x0E	0C 01 00 02 00 08 0F 14 0D 54 68 61 6E 6B 20 79 6F 75 21	Data Group 0 0 0	0x0001
DATA 0x2 0 0 0	0xFFFF	0x0000	0x09	0x0E	0C 01 00 02 00 08 0F 14 0D 54 68 61 6E 6B 20 79 6F 75 21	Data Group 0 0 0	0x0001

APS Group Address	APS Cluster Id	APS Profile Id	APS Src. Endpoint	APS Counter	APS Payload	LQI	FCS
0x0001	0x0002	0x0F08	0x14	6	57 65 6C 63 6F 6D 20 74 6F 20 5A 69 67 42 65 65 21	255	OK
0x0001	0x0002	0x0F08	0x14	6	57 65 6C 63 6F 6D 20 74 6F 20 5A 69 67 42 65 65 21	255	OK
—	—	0x0F08	0x14	13	54 68 61 6E 6B 20 79 6F 75 21	255	OK
—	—	0x0F08	0x14	13	54 68 61 6E 6B 20 79 6F 75 21	255	OK

图 4.12　全部数据包格式

在路由器上按“SW1”键以广播的形式发送一条“Welcom to ZigBee!”。数据包中的第 1 行网络地址为 0x0001 的设备为源地址，即表示发送数据设备的地址。由于是广播发送，所以在发送完成以后，每一个在网络中的设备都能收到数据。在 APS 层中有一个参数是路由深度为 0x0A，所以在协调器收到数据以后，会以路由的方式转发这个数据。数据包显示在第 2 行就是转发的数据的数据格式，这也是为什么会有两个一样的数据包出现的原因。在协调器收到数据并转发了数据以后，在路由器上按“SW1”键将发送一个应答数据“Thank you!”。

ZigBee 无线传感器网络中，IEEE 地址是 64 位的，而节点的网络地址是 16 位的。为什么不使用节点的 IEEE 地址作为源地址进行通信呢？对于无线通信而言，数据长度越长，发送数据所需要的功率就越大，同时由于每个数据包的最大长度是确定的，如果节点地址占据的位数越多，每个数据包携带的有效数据必将减少。因此，一般节点成功加入网络后，数据通信过程中使用节点的网络地址作为源地址。

4.2.3　数据包格式

在 ZigBee 无线网络中，通常是将命令或者数据按照特定的格式组成数据包（Packet），以便于在不同的节点之间进行无线通信。ZigBee 数据包格式如图 4.13 所示。

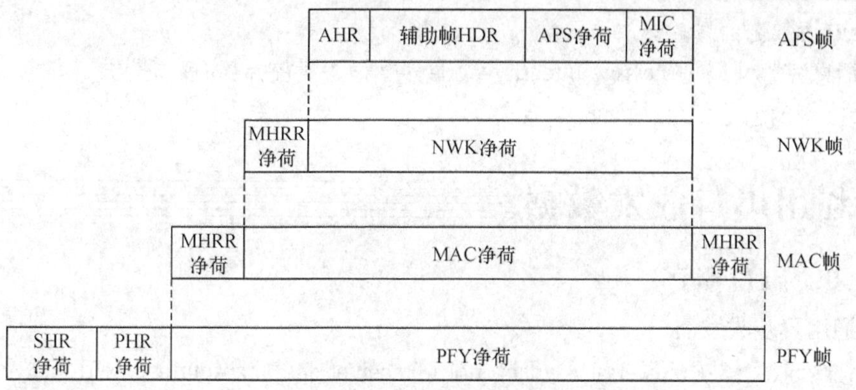

图 4.13 ZigBee 数据包格式

1．物理层帧

物理层（PHY 层）帧主要包括 3 个组成部分。

① 同步头（Synchronization Header，SHR）：同步头主要用于接收端的时钟同步。

② 物理层头（PHY Header，PHR）：物理层头包含数据帧的长度信息。

③ 物理层净荷（PHY Payload）：物理层净荷是由上层提供的，包含接收端所需要的数据或者命令信息。

2．介质访问控制层（MAC 层）帧

介质访问控制层（MAC 层）帧主要包括 3 个组成部分。

① MAC 头（MAC Header，MHR）：AMC 头主要包含地址信息和安全信息。

② MAC 净荷（MAC payload）：MAC 净荷包含数据或者命令。MAC 净荷的数据长度是可变化的，按照具体的数据传输要求来确定 MAC 净荷的数据长度。

③ MAC 尾（MAC Footer，MFR）：MAC 尾包含数据校验信息，通常称为 FCS（Frame Check-Sequence）。数据包中 MAC 帧如图 4.14 所示。在构成数据包时，MAC 帧是作为物理层帧的物理层净荷存在的。

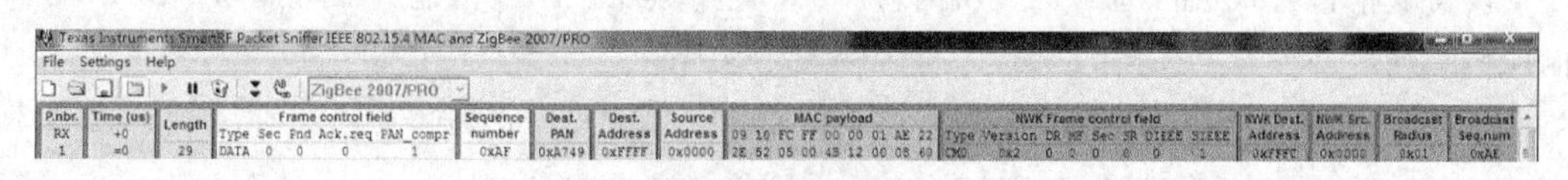

图 4.14 MAC 帧

3．网络层（NWK 层）帧

网络层（NWK 层）主要包括两个组成部分。

① NWK 头（MWK Header，NHR）：NWK 头主要包含一些网络级的地址信息和控制信息。

② NWK 净荷（NWK payload）：NWK 净荷是由 APS 帧提供的。

4．应用程序支持子层（APS 层）帧

应用程序支持子层（APS 层）包括 4 个部分。

① 应用程序支持子层头（APS Header，AHR）：应用程序支持子层头主要包含一些应用层级别的地址信息和控制信息。

② 辅助帧头（Auxiliary Frame Header，AHR）：辅助帧头主要用在向数据帧中添加安全信息以及安全密钥等。

③ 应用程序支持子层净荷（APS Payload）：应用程序支持子层净荷包含应用程序需要发

送的命令或者数据信息。

④ 消息完整性码（Message Integrity Code）：消息完整性码为该帧提供了安全特性支持，主要用于检测消息是否经过认证。

4.3 利用串口收发数据

4.3.1 串口概述

1．通用异步收发器

通用异步收发器（Universal Asynchronous Receiver and Transmitter，UART）是用硬件实现异步串行通信的接口电路。UART 异步串行通信接口是嵌入式系统最常用的接口，可用来与上位机或其他外部设备进行数据通信。

UART 是异步串行通信的总称，它允许在串行链路上进行全双工的通信，输入/输出电平为 TTL 电平。一般来说，全双工 UART 定义了一个串行发送引脚（TxD）和一个串行接收引脚（RxD），可以在同一时刻发送和接收数据。

RS-232 是美国的电子工业协会（Electronic Industries Association，EIA）制定的串行通信标准，又称为 RS-232-C（C 代表公布的版本）。它早期被应用于计算机和调制解调器（Modem）的连接控制，调制解调器再通过电话线进行远距离的数据传输。RS-232 是一个全双工的通信标准，它可以同时进行数据的接收和发送工作。RS-232 标准包括一个主通道和一个辅助通道，在多数情况下主要使用主通道，即 RxD、TxD、GND 等。

严格来讲，RS-232 接口是数据终端设备（Date Terminal Equipment，DTE）和数据通信设备（Date Circuit-terminating Equipment，DCE）之间的一个接口。DTE 包括计算机、终端和串口打印机等设备，DCE 通常只有调制解调器和交换机等。

2．同步串行口 SPI 和 I^2C

（1）串行外设端口（Serial Peripheral Interface，SPI）是一种同步串行外设端口，它与各种外围设备以串行方式进行通信、交换信息。SPI 支持全双工同步传输，可选择以 8 或 16 位传输帧格式进行传输，支持多种模式。

（2）I^2C 总线是一个多主机的总线。这就是说 I^2C 总线可以连接多于一个能控制它的器件。

4.3.2 收发数据的实现方法

串口通信是 ZigBee 模块和 PC 交互的一种重要方式，正确地使用串口对于 ZigBee 无线网络的学习具有较大的促进作用。使用串口的步骤具体如下。

① 初始化串口，包括设置波特率、中断等。

② 向发送缓冲区发送数据或者从接收缓冲区读取数据。

上述方法是使用串口的常用方法，但是由于 ZigBee 协议栈的存在，使得串口的使用略有不同，在 ZigBee 协议栈中已经对串口初始化所需要的函数进行了实现，用户只用根据通信需要配置几个主要参数即可。此外，ZigBee 协议栈还提供了串口的读取函数和写入函数。

因此，用户在使用串口时，只需要掌握 ZigBee 协议栈提供的与串口操作相关的函数即可。ZigBee 协议栈提供的与串口操作有关的 3 个函数如下。

（1）HalUARTOpen()

函数原型：uint8 HalUARTOpen(uint8 port,halUARTCfg_t *config);

功能描述：打开串口，对串口进行初始化。

注：ZigBee 协议栈对串口的配置是通过一个结构体来实现的，该结构体为 halUARTCfg_t，在此不必关心结构体的具体形式，只需要对其功能有所了解即可。该结构体是将与串口初始化有关的参数集合在一起，如波特率、是否打开串口、是否使用流控等，用户只需要将各个参数初始化就可以了。

使用 HalUARTOpen()函数对串口进行初始化，其实质是函数将 halUARTCfg_t 类型的结构体变量作为参数，因为 halUARTCfg_t 类型的结构体变量已经包含了与串口初始化相关的参数。HalUARTOpen()函数原型代码如下。

```
uint8 HalUARTOpen(uint8 port, halUARTCfg_t *config)
{
  (void)port;
  (void)config;

#if (HAL_UART_DMA == 1)
  if (port == HAL_UART_PORT_0)   HalUARTOpenDMA(config);
#endif
#if (HAL_UART_DMA == 2)
  if (port == HAL_UART_PORT_1)   HalUARTOpenDMA(config);
#endif
#if (HAL_UART_ISR == 1)
  if (port == HAL_UART_PORT_0)   HalUARTOpenISR(config);
#endif
#if (HAL_UART_ISR == 2)
  if (port == HAL_UART_PORT_1)   HalUARTOpenISR(config);
#endif
#if (HAL_UART_USB)
  HalUARTOpenUSB(config);
#endif

  return HAL_UART_SUCCESS;
}
```

该函数实际上是调用了 HalUARTOpenDMA 函数，HalUARTOpenDMA 函数原型如下。

```
static void HalUARTOpenDMA(halUARTCfg_t *config)
{
  dmaCfg.uartCB = config->callBackFunc;
  // Only supporting subset of baudrate for code size - other is possible.
  HAL_UART_ASSERT((config->baudRate == HAL_UART_BR_9600) ||
                  (config->baudRate == HAL_UART_BR_19200) ||
                  (config->baudRate == HAL_UART_BR_38400) ||
                  (config->baudRate == HAL_UART_BR_57600) ||
```

```
                                (config->baudRate == HAL_UART_BR_115200));

    if (config->baudRate == HAL_UART_BR_57600 ||
        config->baudRate == HAL_UART_BR_115200)
    {
      UxBAUD = 216;
    }
    else
    {
      UxBAUD = 59;
    }

    switch (config->baudRate)
    {
      case HAL_UART_BR_9600:
        UxGCR = 8;
        dmaCfg.txTick = 35; // (32768Hz / (9600bps / 10 bits))
                                          // 10 bits include start and stop bits.
        break;
      case HAL_UART_BR_19200:
        UxGCR = 9;
        dmaCfg.txTick = 18;
        break;
      case HAL_UART_BR_38400:
        UxGCR = 10;
        dmaCfg.txTick = 9;
        break;
      case HAL_UART_BR_57600:
        UxGCR = 10;
        dmaCfg.txTick = 6;
        break;
      default:
        // HAL_UART_BR_115200
        UxGCR = 11;
        dmaCfg.txTick = 3;
        break;
    }

    // 8 bitsar; no parity; 1 stop bit; stop bit hi.
    if (config->flowControl)
```

```
    {
      UxUCR = UCR_FLOW | UCR_STOP;
      PxSEL |= HAL_UART_Px_CTS;
      // DMA Rx is always on (self-resetting). So flow must be controlled by the S/W polling
the Rx
      // buffer level. Start by allowing flow.
      PxOUT &= ~HAL_UART_Px_RTS;
      PxDIR |=  HAL_UART_Px_RTS;
    }
    else
    {
      UxUCR = UCR_STOP;
    }

    dmaCfg.rxBuf[0] = *(volatile uint8 *)DMA_UDBUF;   // Clear the DMA Rx trigger.
    HAL_DMA_CLEAR_IRQ(HAL_DMA_CH_RX);
    HAL_DMA_ARM_CH(HAL_DMA_CH_RX);
    osal_memset(dmaCfg.rxBuf, (DMA_PAD ^ 0xFF), HAL_UART_DMA_RX_MAX*2);

    UxCSR |= CSR_RE;

    // Initialize that TX DMA is not pending
    dmaCfg.txDMAPending = FALSE;
    dmaCfg.txShdwValid = FALSE;
  }
```

需要注意的是，在 ZigBee 协议栈中，TI 采用的方法是将串口和 DMA 结合起来使用，这样可以降低 CPU 的负担。

该函数有个参数 halUARTCfg_t。halUARTCfg_t 的定义如下。

```
  typedef struct
  {
    bool                    configured;
    uint8                   baudRate;
    bool                    flowControl;
    uint16                  flowControlThreshold;
    uint8                   idleTimeout;
    halUARTBufControl_t rx;
    halUARTBufControl_t tx;
    bool                    intEnable;
    uint32                  rxChRvdTime;
    halUARTCBack_t          callBackFunc;
  }halUARTCfg_t;
```

其中，halUARTCBack_t 为 typedef void(*halUARTCBack_t) (uint8 port, uint8 event) ；这显然是一个函数指针。

halUARTCfg_t 结构体较为复杂，一般不需要使用串口的硬件流控，所以很多与流控相关的参数不需要关注（因为跟早期版本的协议栈保持兼容，所以该结构体保留了很多无关的参数），一般的应用只需要关注加粗部分的 3 个参数即可。

在 HalUARTOpen DMA()函数中对串口的波特率进行了初始化，同时对 DMA 接收缓冲区进行了初始化。

在波特率初始化过程中，UxBAUD 和 UxGCR 的值可以从 CC2530 数据手册中查找对应的初始化值。常用波特率的设置如表 4.6 所示。

表 4.6　常用波特率的设置

波特率（bit/s）	UxBAUD	UxGCR	误差（%）
2 400	59	6	0.14
4 800	59	7	0.14
9 600	59	8	0.14
14 400	216	8	0.03
19 200	59	9	0.14
28 800	216	9	0.03
38 400	59	10	0.14
57 600	216	10	0.03
76 800	59	11	0.14
115 200	216	11	0.03
230 400	216	12	0.03

根据 halUARTCfg_t 结构体中的成员变量 baudRate 在初始化时设定的波特率，参考表 中的 UxBAUD 和 UxGCR 的值，使用 switch-case 语句就可以完成串口波特率的初始化。

（2）HalUARTRead()

函数原型：uint8 HalUARTRead (uint8 port,uint8 *buf ,uint16 len);

功能描述：从串口读取数据，并将其存放在 buf 数组中。

在 ZigBee 协议栈中，开辟了 DMA 发送缓冲区和接收缓冲区。用户通过串口调试助手向串口发送数据时，数据首先存放在 DMA 接收缓冲区。然后，用户调用 HalUARTRead()函数进行读取时，实际上是读取 DMA 缓冲区中的数据。HalUARTRead()函数原型代码如下。

```
uint16 HalUARTRead(uint8 port, uint8 *buf, uint16 len)
{
  (void)port;
  (void)buf;
  (void)len;

#if (HAL_UART_DMA == 1)
  if (port == HAL_UART_PORT_0)    return HalUARTReadDMA(buf, len);
```

```
#endif
#if (HAL_UART_DMA == 2)
  if (port == HAL_UART_PORT_1)    return HalUARTReadDMA(buf, len);
#endif
#if (HAL_UART_ISR == 1)
  if (port == HAL_UART_PORT_0)    return HalUARTReadISR(buf, len);
#endif
#if (HAL_UART_ISR == 2)
  if (port == HAL_UART_PORT_1)    return HalUARTReadISR(buf, len);
#endif

#if HAL_UART_USB
  return HalUARTRx(buf, len);
#else
  return 0;
#endif
}
```

该函数实际上调用了 HalUARTReadDMA()函数。

（3）HalUARTWrite()

函数原型：uint8 HalUARTWrite (uint8 port,uint8 *buf ,uint len);

功能描述：写信息到串口。

当用户调用 HalUARTWrite()函数发送数据时，实际上是将数据写入 DMA 发送缓冲区。然后，DMA 自动将发送缓冲区中的数据通过串口发送给 PC 机。HalUARTWrite()函数原型代码如下。

```
uint16 HalUARTWrite(uint8 port, uint8 *buf, uint16 len)
{
  (void)port;
  (void)buf;
  (void)len;

#if (HAL_UART_DMA == 1)
  if (port == HAL_UART_PORT_0)    return HalUARTWriteDMA(buf, len);
#endif
#if (HAL_UART_DMA == 2)
  if (port == HAL_UART_PORT_1)    return HalUARTWriteDMA(buf, len);
#endif
#if (HAL_UART_ISR == 1)
  if (port == HAL_UART_PORT_0)    return HalUARTWriteISR(buf, len);
#endif
#if (HAL_UART_ISR == 2)
  if (port == HAL_UART_PORT_1)    return HalUARTWriteISR(buf, len);
```

```
#endif

#if HAL_UART_USB
    HalUARTTx(buf, len);
    return len;
#else
    return 0;
#endif
}
```

该函数实际上调用了 HalUARTWriteDMA()函数。

port 一般而言是 HAL_UART_PORT_0 或者 HAL_UART_PORT_1，字符串的长度应该如何计算呢？字符串通常被认为是常量，是保存在一段固定的内存中的，这段内存以'\0'为结束符，通常只能通过一个指针来找到。字符数组其实和其他数组没什么区别，只是保存的数据类型是字符类型（char），它没有强制要求最后的元素是否是'\0'。既然这样，那么 osal_strlen()计算出的长度是否包含'\0'，长度究竟为多少呢？计算字符串长度的程序代码如图 4.15 所示。

```
char theMessageData[] = "Hello World";

if ( AF_DataRequest( &MyApp_DstAddr, (endPointDesc_t *)&MyApp_epDesc,
                     MyApp_CLUSTERID,
                     (byte)osal_strlen( theMessageData ) + 1,
                     (byte *)&theMessageData,
                     &MyApp_TransID,
                     AF_DISCV_ROUTE, AF_DEFAULT_RADIUS ) == afStatus_SUCCESS )
```

图 4.15　计算字符串长度的程序代码

可以看到，这里使用了 osal_strlen(theMessageData)+1 来计算长度，也就是说，加入了默认的'\0'。

4.3.3　协议栈中的串口操作

ZigBee 协议栈中的串口操作主要分为串口初始化、登记任务号和串口发送 3 个步骤。

1．串口初始化

打开 SampleApp.eww 工程，如图 4.16 所示。

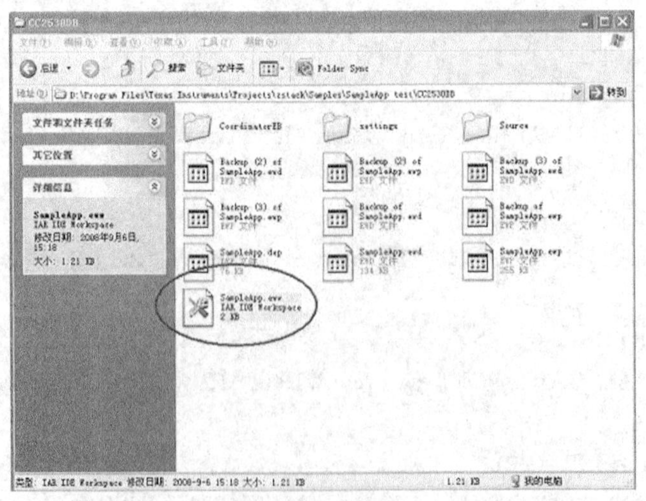

图 4.16　打开 SampleApp.eww 工程

打开工程后，我们可以看到目录下有两个比较重要的文件夹 Zmain 和 App。用户主要用到的是 App。这也是用户自己添加自己代码的地方，主要在 SampleApp.c 和 SampleApp.h 中添加就可以了，如图 4.17 所示。

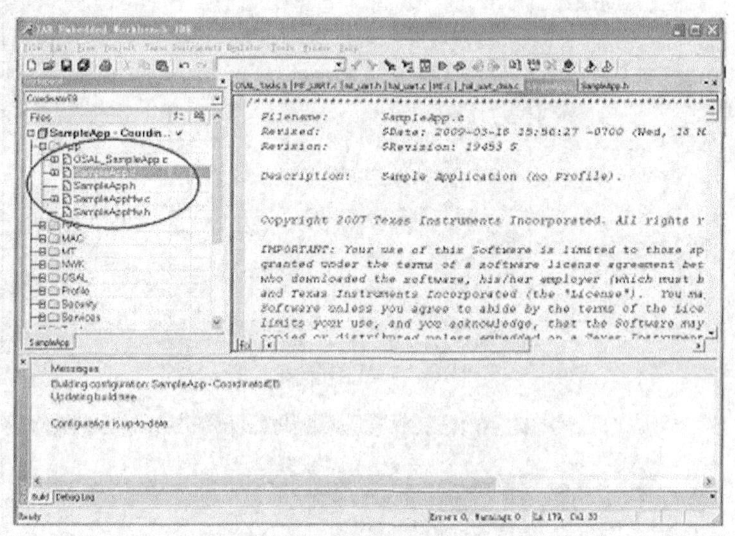

图 4.17　工程目录布局

串口初始化就是配置串口号、波特率、流控、校验位等。在 workspace 下找到 HAL\Target\CC2530DB\drivers 的 hal_uart.c 文件，可以看到里面已经包括了串口初始化、发送、接收等函数，如图 4.18 所示。

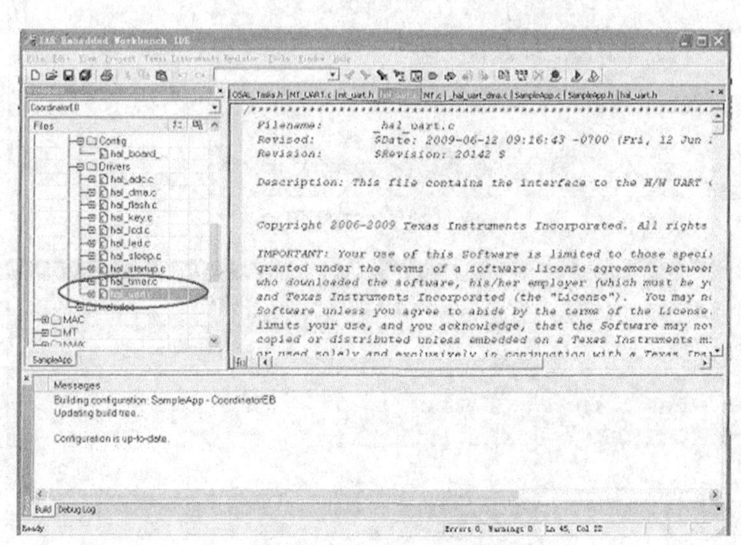

图 4.18　hal_uart.c 文件

打开 APP 目录下的 OSAL_SampleApp.c 文件，找到 SampleApp_Init()任务函数进行 MT 层串口初始化，如图 4.19 和图 4.20 所示。

在函数第 4 行加入语句“MT_UartInit();”，如图 4.21 所示。

```
156  * PUBLIC FUNCTIONS
157  */
158
159 /*********************************************************************
160  * @fn      SampleApp_Init
161  *
162  * @brief   Initialization function for the Generic App Task.
163  *          This is called during initialization and should contain
164  *          any application specific initialization (ie. hardware
165  *          initialization/setup, table initialization, power up
166  *          notificaiton ... ).
167  *
168  * @param   task_id - the ID assigned by OSAL.  This ID should be
169  *                    used to send messages and set timers.
170  *
171  * @return  none
172  */
173 void SampleApp_Init( uint8 task_id )
174 {
175   SampleApp_TaskID = task_id;
176   SampleApp_NwkState = DEV_INIT;
177   SampleApp_TransID = 0;
178
179   // Device hardware initialization can be added here or in main() (Zmain.c).
180   // If the hardware is application specific - add it here.
181   // If the hardware is other parts of the device add it in main().
182
183 #if defined ( BUILD_ALL_DEVICES )
184   // The "Demo" target is setup to have BUILD_ALL_DEVICES and HOLD_AUTO_START
185   // We are looking at a jumper (defined in SampleAppHw.c) to be jumpered
186   // together - if they are - we will start up a coordinator. Otherwise,
```

图 4.19　串口初始化 1

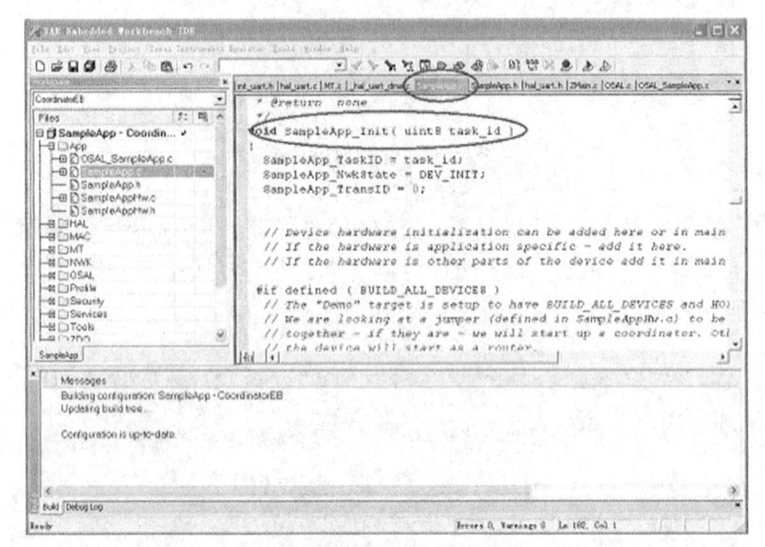

图 4.20　串口初始化 2

```
156  * PUBLIC FUNCTIONS
157  */
158
159 /*********************************************************************
160  * @fn      SampleApp_Init
161  *
162  * @brief   Initialization function for the Generic App Task.
163  *          This is called during initialization and should contain
164  *          any application specific initialization (ie. hardware
165  *          initialization/setup, table initialization, power up
166  *          notificaiton ... ).
167  *
168  * @param   task_id - the ID assigned by OSAL.  This ID should be
169  *                    used to send messages and set timers.
170  *
171  * @return  none
172  */
173 void SampleApp_Init( uint8 task_id )
174 {
175   SampleApp_TaskID = task_id;
176   SampleApp_NwkState = DEV_INIT;
177   SampleApp_TransID = 0;
178 //************串口初始化************//
179   MT_UartInit();
180
181   // Device hardware initialization can be added here or in main() (Zmain.c).
182   // If the hardware is application specific - add it here.
183   // If the hardware is other parts of the device add it in main().
184
185 #if defined ( BUILD_ALL_DEVICES )
186   // The "Demo" target is setup to have BUILD_ALL_DEVICES and HOLD_AUTO_START
```

图 4.21　串口初始化 3

进入 MT_UartInit ();，修改自己想要的初始化配置，进入函数后，代码如下。

```
① void MT_UartInit ()
② {
③  halUARTCfg_t uartConfig;
④    /* Initialize APP ID */
⑤ App_TaskID = 0;
⑥  /* UART Configuration */
⑦ uartConfig.configured              = TRUE;
⑧ uartConfig.baudRate                = MT_UART_DEFAULT_BAUDRATE;
⑨ uartConfig.flowControl             = MT_UART_DEFAULT_OVERFLOW;
⑩ uartConfig.flowControlThreshold    = MT_UART_DEFAULT_THRESHOLD;
⑪ uartConfig.rx.maxBufSize           = MT_UART_DEFAULT_MAX_RX_BUFF;
⑫ uartConfig.tx.maxBufSize           = MT_UART_DEFAULT_MAX_TX_BUFF;
⑬ uartConfig.idleTimeout             = MT_UART_DEFAULT_IDLE_TIMEOUT;
⑭ uartConfig.intEnable               = TRUE;
⑮ #if defined (ZTOOL_P1) || defined (ZTOOL_P2)
⑯ uartConfig.callBackFunc            = MT_UartProcessZToolData;
⑰ #elif defined (ZAPP_P1) || defined (ZAPP_P2)
⑱  uartConfig.callBackFunc           = MT_UartProcessZAppData;
⑲ #else
⑳  uartConfig.callBackFunc           = NULL;
㉑ #endif
㉒ /* Start UART */
㉓ #if defined (MT_UART_DEFAULT_PORT)
㉔  HalUARTOpen (MT_UART_DEFAULT_PORT, &uartConfig);
㉕ #else
㉖ /* Silence IAR compiler warning */
㉗ (void)uartConfig;
㉘ #endif
㉙ /* Initialize for ZApp */
㉚ #if defined (ZAPP_P1) || defined (ZAPP_P2)
㉛ /* Default max bytes that ZAPP can take */
㉜ MT_UartMaxZAppBufLen   = 1;
㉝ MT_UartZAppRxStatus    = MT_UART_ZAPP_RX_READY;
㉞ #endif
㉟ }
```

第 8 行“uartConfig.baudRate   = MT_UART_DEFAULT_BAUDRATE;”语句是配置波特率。我们进行 go to definition of MT_UART_DEFAULT_ BAUDRATE 操作，可以看到#define MT_UART_DEFAULT_BAUDRATE   HAL_UART_BR_38400 默认的波特率是 38 400bps，现将其修改成 115 200bps，修改如下。

```
# define MT_UART_DEFAULT_BAUDRATE      HAL_UART_BR_115200
```

第 9 行“uartConfig.flowControl = MT_UART_DEFAU;”语句是配置流控。我们进入定义可以看到#define MT_UART_DEFAULT_OVERFLOW TRUE。它默认是打开串口流控的，如果只连接了 TX/RX 两根线的方式，务必关流控，像功能底板一样。关流挖语句为“#define MT_UART_DEFAULT_ OVERFLOW FALSE”。

注意：两根线的通信连接务必关流控，否则永远收发不了信息。

第 16~22 行语句是预编译，即根据预先定义的 ZTOOL 或者 ZAPP 选择不同的数据处理函数，后面 P1 和 P2 则是串口 0 和串口 1，我们用 ZTOOL、串口 0，可以在“Project”菜单“option”选项中的“C/C++compiler”处加入，如图 4.22 所示。

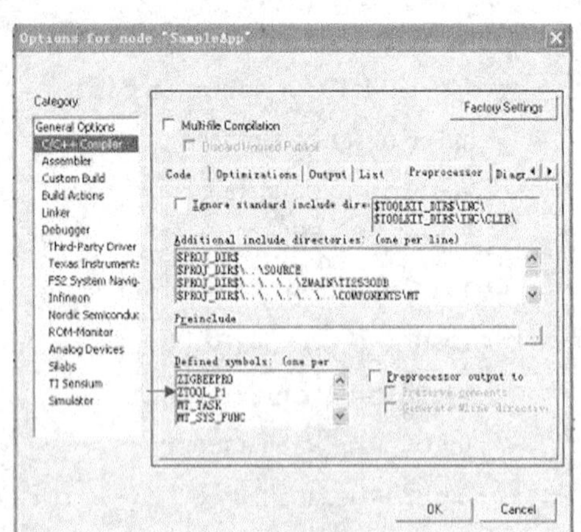

图 4.22 预编译设置

2．登记任务号

在 SampleApp_Init(); 添加串口初始化语句，如图 4.23 所示，就是把串口事件通过 task_id 登记在 SampleApp_Init()里。

```
MT_UartRegisterTaskID(task_id);// 登记任务号
```

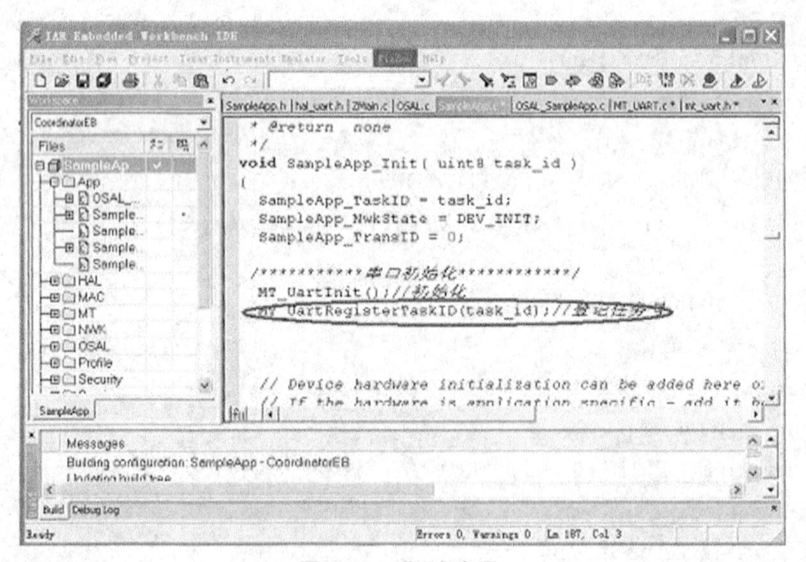

图 4.23 登记任务号

3．串口发送

在刚刚添加初始化代码的后面加入一条提示“Hello World”的语句。

```
HalUARTWrite(0,"Hello World\n",12); (串口 0，‘字符’，字符个数)。
```

再在预编译中加入以下内容，如图 4.24 所示。

```
ZIGBEEPRO
```

```
ZTOOL_P1
MT_TASK
MT_SYS_FUNC
MT_ZDO_FUNC
```

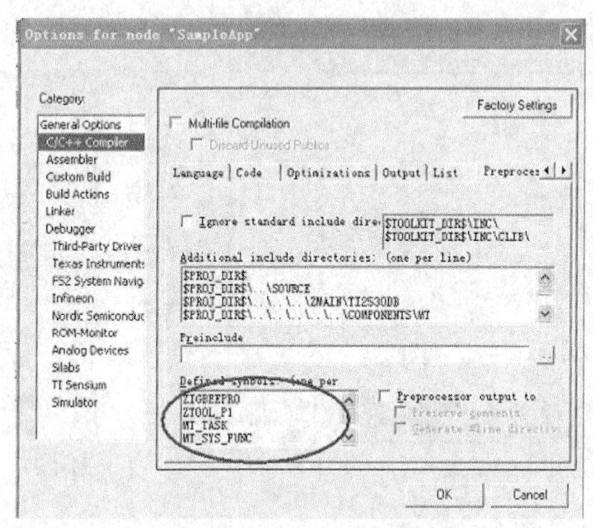

图 4.24 串口发送设置示意

提示：需要在文件 SampleApp.c 中加入#include "MT_UART.h"头文件语句。

连接 CC Debuger 和 USB 转串口线，选择 CoordinatorEB-Pro，单击下载并调试，全速运行，可以看到串口助手收到信息，如图 4.25 和图 4.26 所示。

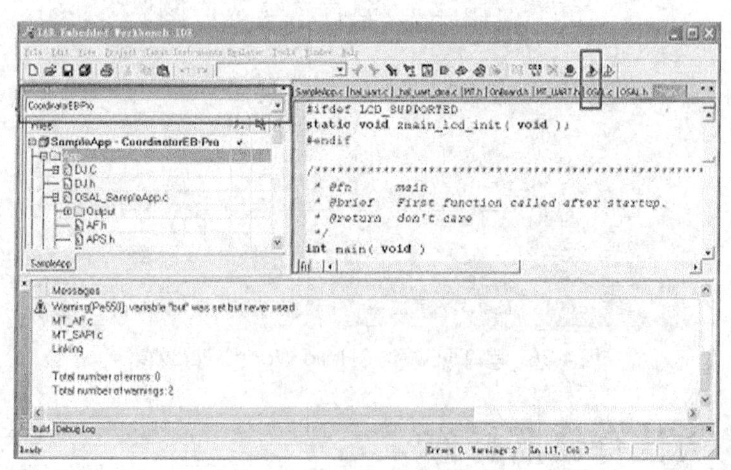

图 4.25 下载模块

上图显示可以接收代码了，但我们发现“Hello World”前面有一小段乱码，用十六进制显示是 Z-Stack MT 层定义的串口发送格式，以 FE 开头。如果不想要可以在预编译处将与 MT 相关的内容注释掉，如图 4.27 所示。

```
ZIGBEEPRO
ZTOOL_P1
```

```
xMT_TASK
xMT_SYS_FUNC
xMT_ZDO_FUNC
```

xMT_TASK 表示没有定义 MT_TASK，也就是不定义了。其他几项也用这种方法。我们把改好的预编译条件重新编译再下载，按复位键，观察串口已经没有乱码了。

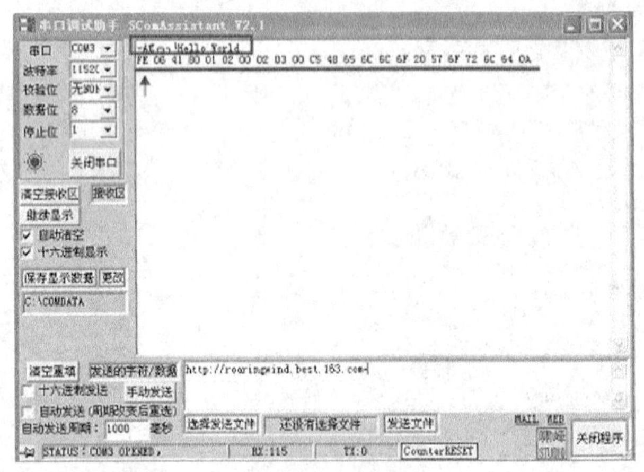

图 4.26 接收数据

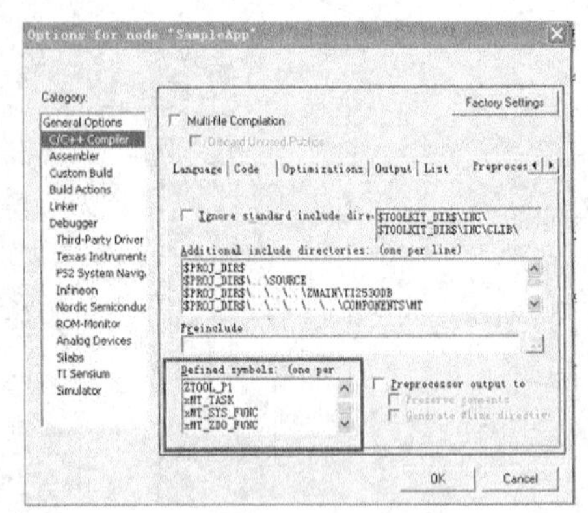

图 4.27 预编译设置

串口接收到的信息如图 4.28 所示。

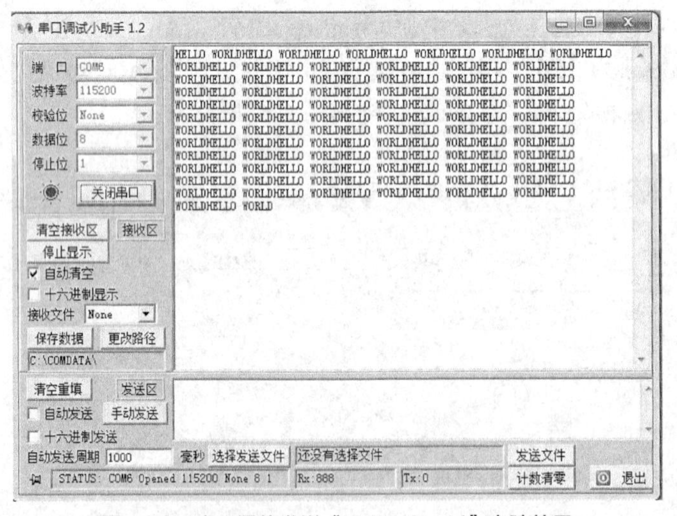

图 4.28 串口通信发送"Hello World"实验效果

4.4 非易失性存储器操作

非易失性存储器（Non Volatile，NV）是指能够永久保存信息的存储器，即使设备在意外复位或者断电的情况下存储在存储器中的数据也不会丢失。在 ZigBee 协议栈中，NV 存储器主要用于保存网络的配置参数（如网络地址等）。

CC2530 以 flash 作为自己的非易失性存储器。不同型号的 CC2530 的 flash 大小不同。CC2530F32、CC2530F64、CC2530F128、CC2530F256 的 flash 空间分别为 32KB、64KB、128KB

和 256KB。

协议栈在 OSAL 文件夹下有 OSAL_Nv.h 和 OSAL_Nv.c 文件，协议栈中 NV 操作函数如图 4.29 所示。

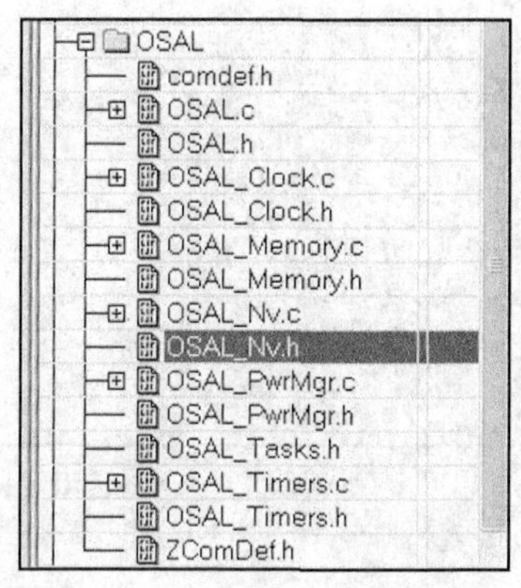

图 4.29　协议栈中 NV 操作函数

4.4.1　NV 操作函数

在 ZigBee 协议栈中，NV 操作函数主要有 3 个。

（1）osal_nv_item_init()

函数原型：uint osal_nv_item_init(uint16 id,uint16 len,void *buf)。

功能描述：NV 条目初始化函数。

在 Z-Stack 中，对 NV 的读写操作是通过非易失性存储器来实现的。每一个非易失性存储器都有一个独立的 ID 号，根据 ID 号的范围被划分为几个区域，实现不同的应用。其中，0x0201～0x0FFF 是应用层的使用范围。NV 的 ID 分配如表 4.7 所示。

表 4.7　NV 的 ID 分配表

ID 值	应 用 类 型
0x0000	保留
0x0001～0x0020	OSAL
0x0021～0x0040	NWK
0x0041～0x0060	APS
0x0061～0x0080	Security
0x0081～0x00A0	ZDO
0x00A1～0x0200	保留
0x0201～0x0FFF	应用层
0x1000～0xFFFF	保留

在 ZcomDef.h 中可以找到宏定义如图 4.30 所示。

这些都是系统预定义的条目，用户可以添加自己定义的条目。用户应用程序定义的条目地址范围为 0x0201～0x0FFF。

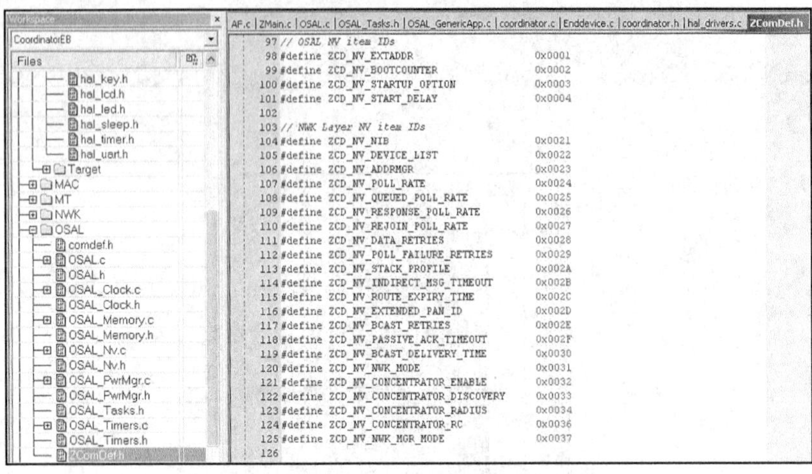

图 4.30　ZcomDef.h 文件中的宏定义

（2）osal_nv_write()

函数原型：uint8 osal_nv_write(uint16 id,uint16 ndx, uint16 len,void *buf)。

功能描述：NV 写入函数。uint16 id 表示 NV 条目 ID 号；uint16 ndx 表示距离条目开始地址的偏移量；uint16 len 表示要写入的数据长度；void *buf 表示指向存放写入数据缓冲区的指针。

（3）osal_nv_read()

函数原型：uint8 osal_nv_read(uint16 id,uint16 len,void *buf)。

功能描述：NV 读取函数。uint16 id 表示 NV 条目 ID 号；uint16 ndx 表示距离条目开始地址的偏移量；uint16 len 表示要读取的数据长度；void *buf 表示存放读取数据缓冲区的指针。

4.4.2　NV 基本操作

1．网络层非易失性存储器

Z-Stack 将一些与网络相关的重要信息都存储到非易失性存储器中，保证在 ZigBee 设备意外复位或者断电后重新启动时，设备能够自动恢复到原来的网络中。

为了启用这个功能，需要包含 NV_RESTORE 编译选项。注意，在一个最终的 ZigBee 网络中，这个选项必须始终启用。关闭这个选项的功能主要是为了开发调试。

ZDO 层负责保存和恢复网络层最重要的信息，包括最基本的网络信息（Network Infor-mation Base，NIB）、子节点和父节点的列表、应用程序绑定表。

当一个设备复位后，网络信息被存储到设备 NV 中。当设备重新启动时，这些信息可以帮助设备重新恢复到网络当中。在 ZDO 层的初始化函数 ZDAPP_Init 中，调用了函数 NLME_RestoreFromNV()，使网络层通过保存在 NV 中的数据重新恢复网络。如果存储这些网络信息所需的 NV 空间还没有建立，这个函数将实现建立并初始化这部分 NV 空间。

2．应用层非易失性存储器

NV 除了用于保存网络信息外，也可以用来保存应用程序的特定信息，用户描述符就是一个很好的例子。NV 中用户描述符 ID 项是 ZDO_NV_UserDesc（在 ZComDef.h 定义）。

在 ZDApp_Init()函数中，调用函数 Osal_nv_item_init()来初始化用户描述符所需要的 NV 空间。如果之前还没有建立这个 NV 空间，这个初始化函数将为用户描述符保留空间，并且将它设置为默认值 ZDO_DefaultUserDescriptor。

当需要使用保存在 NV 中的用户描述符时，就可以像 ZDO_ProcessUserDescReq()（在 ZDObject.c 中）函数一样，调用 Osal_NV_Read() 函数从 NV 中获取用户描述符。

如果要更新 NV 中的用户描述符，就可以像 ZDO_ProcesssUserDescSet()（在 ZDObject.c 中）函数一样，调用 Osal_NV_Write()函数来实现。

注意：如果用户应用程序要创建自己的 NV 项，那么必须从应用层范围 0x0201～0x0FFF 中选择 ID。

4.4.3 NV 基础实验

NV 存储器主要的操作有初始化 NV 存储器、读 NV 存储器、写 NV 存储器。这些都在 OSAL 文件夹下的 OSAL_Nv.h 和 OSAL.h 文件中定义和实现。

实验基本功能：通过串口调试助手发送“nvread”命令，开发板接收到该命令读取 NV 存储器中的数据并发送给 PC 端的串口调试助手。

首先，向 OSAL 文件夹下的 ZcomDef.h 文件中添加一行代码，如下所示。

```
// NV Items Reserved for APS Link Key Table entries
// 0x0201 - 0x02FF
#define ZCD_NV_APS_LINK_KEY_DATA_START      0x0201      // APS key data
#define TEST_NV 0x0202  //添加了该行，表测试条目
#define ZCD_NV_APS_LINK_KEY_DATA_END        0x02FF
```

在 SampleApp.c 中添加或修改代码，具体如下所示。

```
//SampleApp.c
#include "OSAL.h"
#include "ZGlobals.h"
#include "AF.h"
#include "aps_groups.h"
#include "ZDApp.h"

#include "SampleApp.h"
#include "SampleAppHw.h"

#include "OnBoard.h"

/* HAL */
#include "hal_lcd.h"
#include "hal_led.h"
#include "hal_key.h"
#include "hal_uart.h"
#include  "osal_Nv.h"//添加这一行，使用 NV 操作函数，需要包含头文件
#include "MT_Uart.h"//添加这一行，使用串口操作函数，需要包含头文件
// This list should be filled with Application specific Cluster IDs.
const cId_t SampleApp_ClusterList[SAMPLEAPP_MAX_CLUSTERS] =
{
  SAMPLEAPP_PERIODIC_CLUSTERID,
```

```
  SAMPLEAPP_FLASH_CLUSTERID
};

const SimpleDescriptionFormat_t SampleApp_SimpleDesc =
{
  SAMPLEAPP_ENDPOINT,              //  int Endpoint;
  SAMPLEAPP_PROFID,                //  uint16 AppProfId[2];
  SAMPLEAPP_DEVICEID,              //  uint16 AppDeviceId[2];
  SAMPLEAPP_DEVICE_VERSION,        //  int     AppDevVer:4;
  SAMPLEAPP_FLAGS,                 //  int     AppFlags:4;
  SAMPLEAPP_MAX_CLUSTERS,          //  uint8   AppNumInClusters;
  (cId_t *)SampleApp_ClusterList,  //  uint8 *pAppInClusterList;
  SAMPLEAPP_MAX_CLUSTERS,          //  uint8   AppNumInClusters;
  (cId_t *)SampleApp_ClusterList   //  uint8 *pAppInClusterList;
};

endPointDesc_t SampleApp_epDesc;
uint8 SampleApp_TaskID;        // Task ID for internal task/event processing
                               // This variable will be received when
                               // SampleApp_Init() is called.
devStates_t SampleApp_NwkState;

uint8 SampleApp_TransID;       // This is the unique message ID (counter)

afAddrType_t SampleApp_Periodic_DstAddr;
afAddrType_t SampleApp_Flash_DstAddr;

aps_Group_t SampleApp_Group;

uint8 SampleAppPeriodicCounter = 0;
uint8 SampleAppFlashCounter = 0;

void SampleApp_HandleKeys( uint8 shift, uint8 keys );
void SampleApp_MessageMSGCB( afIncomingMSGPacket_t *pckt );
void SampleApp_SendPeriodicMessage( void );
void SampleApp_SendFlashMessage( uint16 flashTime );
void Receive_From_Uart (uint8 port, uint8 event);//用户添加回调函数声明
```

在 SampleApp_Init 函数中添加关于协议栈串口初始化的代码。

```
void SampleApp_Init( uint8 task_id )
{
  SampleApp_TaskID = task_id;
  SampleApp_NwkState = DEV_INIT;
```

```
  SampleApp_TransID = 0;

    /********串口初始化********/
    MT_UartInit();//初始化

    /* UART Configuration */
    halUARTCfg_t uartConfig;     //该结构体变量是实现串口的配置
    uartConfig.configured = TRUE;
    uartConfig.baudRate = HAL_UART_BR_115200;     //串口初始化波特率为 115200
    uartConfig.flowControl = FALSE;               //流控制
    uartConfig.callBackFunc = Receive_From_Uart;  //定义串口接收响应函数
    HalUARTOpen (0, &uartConfig);                 //打开并初始化串口 0
    MT_UartRegisterTaskID(task_id);               //登记串口任务号

  // Device hardware initialization can be added here or in main() (Zmain.c).
  // If the hardware is application specific - add it here.
  // If the hardware is other parts of the device add it in main().

 #if defined ( BUILD_ALL_DEVICES )
  // The "Demo" target is setup to have BUILD_ALL_DEVICES and HOLD_AUTO_START
  // We are looking at a jumper (defined in SampleAppHw.c) to be jumpered
  // together - if they are - we will start up a coordinator. Otherwise,
  // the device will start as a router.
  if ( readCoordinatorJumper() )
    zgDeviceLogicalType = ZG_DEVICETYPE_COORDINATOR;
  else
    zgDeviceLogicalType = ZG_DEVICETYPE_ROUTER;
#endif // BUILD_ALL_DEVICES

#if defined ( HOLD_AUTO_START )
  // HOLD_AUTO_START is a compile option that will surpress ZDApp
  //   from starting the device and wait for the application to
  //   start the device.
  ZDOInitDevice(0);
#endif

  // Setup for the periodic message's destination address
  // Broadcast to everyone
  SampleApp_Periodic_DstAddr.addrMode = (afAddrMode_t)AddrBroadcast;
  SampleApp_Periodic_DstAddr.endPoint = SAMPLEAPP_ENDPOINT;
  SampleApp_Periodic_DstAddr.addr.shortAddr = 0xFFFF;
```

```
    // Setup for the flash command's destination address - Group 1
    SampleApp_Flash_DstAddr.addrMode = (afAddrMode_t)afAddrGroup;
    SampleApp_Flash_DstAddr.endPoint = SAMPLEAPP_ENDPOINT;
    SampleApp_Flash_DstAddr.addr.shortAddr = SAMPLEAPP_FLASH_GROUP;

    // Fill out the endpoint description.
    SampleApp_epDesc.endPoint = SAMPLEAPP_ENDPOINT;
    SampleApp_epDesc.task_id = &SampleApp_TaskID;
    SampleApp_epDesc.simpleDesc
              = (SimpleDescriptionFormat_t *)&SampleApp_SimpleDesc;
    SampleApp_epDesc.latencyReq = noLatencyReqs;

    // Register the endpoint description with the AF
    afRegister( &SampleApp_epDesc );

  }
```

//下面这个是回调函数，回调函数就是一个通过函数指针（函数地址）调用的函数，如果把函数的指针（即函数的地址）作为参数传递给另一个函数，当通过该指针所指向的函数时，称为函数的回调。

//回调函数不是有该函数的实现方直接调用的，而是在特定的事件或条件时，由另一方调用的额，用于对该事件或条件进行响应。

//回调函数机制提供了系统对异步事件的处理能力。

串口接收响应函数是回调函数，回调函数就是一个通过函数指针（函数地址）调用的函数，如果把函数的指针（即函数的地址）作为参数传递给另一个函数，当通过该指针调用它所指向的函数时，称为函数的回调。

Receive_From_Uart 串口响应回调函数原型设计如下：

```
//回调函数机制提供了系统对异步事件的处理能力。
void Receive_From_Uart(unsigned char port, unsigned char event)
{
 // HalLedBlink(HAL_LED_2,0,50,500); //LED1 闪烁
 // HalUARTRead(0,uartbuf,10);   //从串口读取数据放在 uartbuf 缓冲区中
  uint8 value_read;    //用于存储从 NV 存储器中读取的数据
  uint8 value=9;       //写入 NV 条目的数据
  uint8 uartbuf[2];    //存放读取的数据（ASCII 码）
  uint8 cmd[6];        //从串口读取命令
  HalUARTRead(0,cmd,6);
  if(osal_memcmp(cmd,"nvread",6))//判断接受到的数据是否是 nvread，如果是，函数返回 TURE
  {
   osal_nv_item_init(TEST_NV,1,NULL);  //初始化 NV 条目
   osal_nv_write(TEST_NV,0,1,&value);  //向 NV 条目写入数据
```

```
    osal_nv_read(TEST_NV,0,1,&value_read); //从 NV 条目中读取数据
    uartbuf[0]=value_read/10+'0';
    uartbuf[1]=value_read%10+'0';
    HalUARTWrite(0,uartbuf,2); //将接收到的数字输出到串口
    HalLedBlink(HAL_LED_1,0,50,500); //LED2 闪烁
  }
}

//消息处理函数
UINT16 SampleApp_ProcessEvent(byte task_id,UINT16 events)
{
}
```

4.4.4 NV 基础实验效果

NV 实验效果如图 4.31 所示（ASCII 中十六进制的 31、38 表示字符 1、8）。

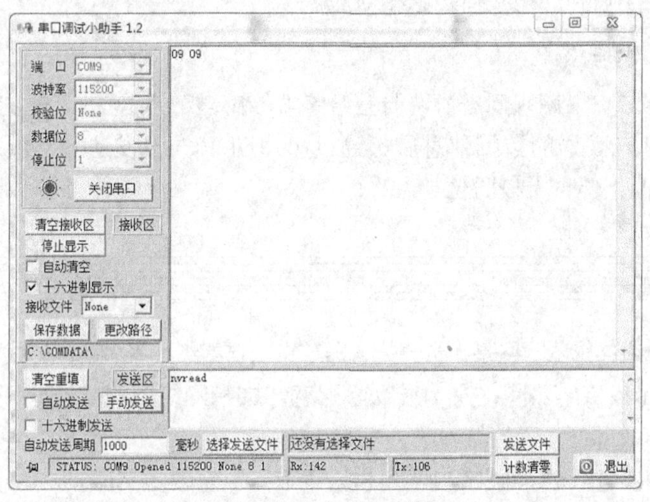

图 4.31 NV 实验效果

在 ZigBee 协议栈中，其他需要保存的一些常量数据都是使用上述方法将其存储到 NV 存储器中的，这样就可以实现一些关键数据的保存，特别是网络参数的保存。

4.5 组网验证

4.5.1 帧格式介绍

在无线传感器网络应用中，协调器中汇集了各个节点的采集信息，为了将采集的数据通过 RS232 串口传至上位机进行处理，MT 传输协议是必需的。该传输协议就是为了使发送和接收的数据包消息能够以帧的格式进行传输，从而保证了信息的完整性。在物理传输中的应用：无校验位、8 位数据位、1 位停止位，传输速率可以是 38.4kbit/s、57.6kbit/s、115.2kbit/s。在 PC 机和 ZigBee 设备之间传输串行数据包，这些数据包被封装成的帧的格式为：SOF（Start Of Frame）、可变长度的数据包和 FCS（Frame Check Sequence），如表 4.8 所示。

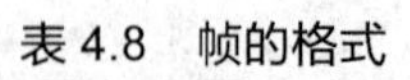

表 4.8　帧的格式

SOF	MT 数据包	FCS
1 个字节	3～256 个字节	1 个字节

其中，SOF 部分为 1 个字节，代表 1 个帧的开始，一般为 0XFE；数据包部分为 3～256 字节；FCS、帧校验序列用来确保数据包的完整性。

MT 数据包的格式如表 4.9 所示。

表 4.9　MT 数据包的格式

LEN	CMD	DATA
1 个字节	2 个字节	0～250 个字节

其中，LEN 表示 DATA 的数据长度，如果 DATA 中无数据传输，KEN 为 0；CMD（Command）代表了这个消息的命令 ID（Identification），根据不同的命令 ID，可以执行不同的操作；DATA 表示实际传输的数据。其中 CMD 中的命令 CMD0 包含了命令类型和子系统的信息，而 CMD1 中的 ID 与接口消息相对应。

4.5.2　组网测试

当终端传感器节点入网以后，协调器会给终端传感器节点分配 16 位的短地址。当协调器收到终端传感器节点发送的数据信息后，通过串口向 PC 机发送。其中，串口传输设置为 115200bit/s，1 位停止位，无校验位。

项目小结

（1）ZigBee 无线传感器网络是大量的传感器节点以自组织或者多跳的方式构成的无线网络。

（2）ZigBee 无线传感器网络是构成物联网感知层和网络层的一部分，是物联网的重要组成部分。

（3）传感器负责在传感器网络中感知和采集数据，它处于 ZigBee 无线传感器网络的感知层，是识别物体、采集信息的设备。

（4）ZigBee 无线传感器网络由传感器节点、汇聚节点和任务管理节点等几部分组成。

（5）ZigBee 无线传感器网络的协议栈主要分为物理层、数据链路层、网络层、传输层和应用层 5 层。

主要概念

ZigBee 无线传感器网络数据包的结构、串口收发数据、传感器节点、NV 操作。

项目实训

任务　无线数据传输

[任务目标]

（1）认识协议栈中的串口。

（2）理解无线数据传输运作流程，终端节点发送信息给协调器，协调器利用上位机显示接收到的信息，实现无线数据传输。

（3）培养学生协作与交流的意识与能力，让学生进一步认识 ZigBee 无线传感器网络构架。

[内容与要求]

（1）终端节点发送信息给协调器。

（2）协调器利用上位机显示接收到的信息。

实训考核

任务　无线数据传输

考核要素	评价标准	分值（分）	评分（分）				
			自评（10%）	小组（10%）	教师（80%）	专家（0%）	小计（100%）
协议栈中的终端节点发送信息	① 协议栈中的终端节点发送信息	40					
协议栈中的协调器接收信息	② 协调器接收信息，利用串口助手查看结果	30					
分析总结		30					
合计							
评语（主要是建议）							

实训参考

任务　无线数据传输

打开 SampleApp.eww 工程，在 workspace 目录下有两个比较重要的文件夹 Zmain 和 App，其工程布局如图 4.32 所示。这里我们主要用到 App，这也是用户自己添加代码的地方，主要在 SampleApp.c 和 SampleApp.h 中就添加代码。

打开 SampleApp.c 文件搜索 void SampleApp_MessageMSGCB(afIncomingMSGPacket_t *pckt) 函数，在 case SAMPLEAPP_PERIODIC_CLUSTERID:代码下面加入 HalUARTWrite(0, "I get data\n",11); 语句。前提是代码已经添加了串口初始化等设置，这里不再重复。

选择 CoodinstorEB-Pro，下载到开发板 1（作为协调器串口跟电脑连接），如图 4.33 所示。

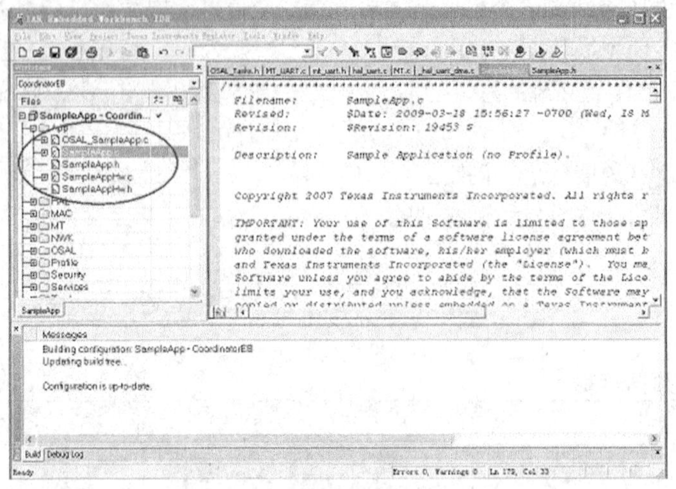

图 4.32　无线数据传输工程布局

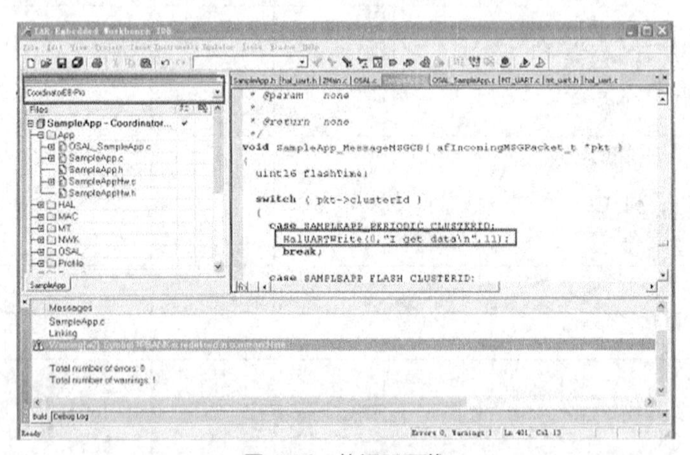

图 4.33　协调器下载

选择 EndDeviceEB-Pro，下载到开发板 2（作为终端设备无线发送数据给协调器），如图 4.34 所示。

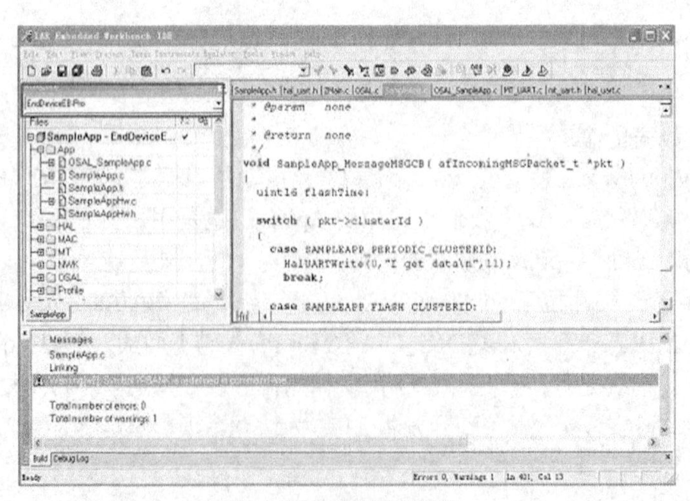

图 4.34　终端节点下载

给开发板上电，打开串口调试助手，可以看到 5s 后会收到 I get data 的内容，如图 4.35 所示。

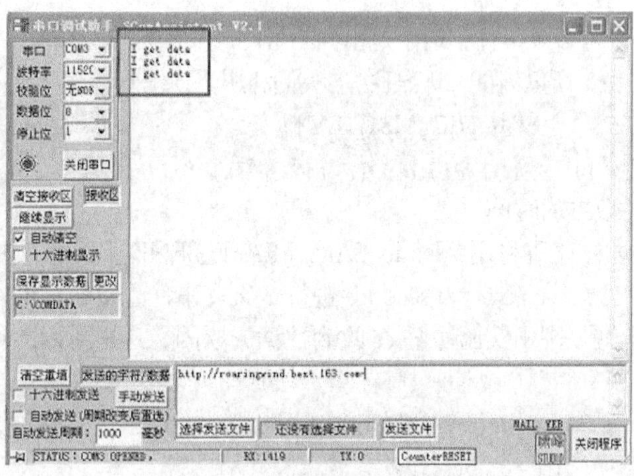

图 4.35　接收数据串口助手显示

发送部分如下。

（1）登记事件，设置编号、发送时间等。

打开 SampleApp.c 文件，在 SampleApp 事件处理函数 uint16 SampleApp_ProcessEvent(uint8 task_id, uint16 events)中找到如下代码。

```
① // Received whenever the device changes state in the network
②          case ZDO_STATE_CHANGE: //当网络状态改变，如从未连上网络
③            SampleApp_NwkState = (devStates_t)(MSGpkt->hdr.status);
④            if ( (SampleApp_NwkState == DEV_ZB_COORD) //协调器、路由器、
⑤                 || (SampleApp_NwkState == DEV_ROUTER) //或者终端都执行
⑥                 || (SampleApp_NwkState == DEV_END_DEVICE) )
⑦          {
⑧                            // Start sending the periodic message in a regular interval.
⑨            osal_start_timerEx( SampleApp_TaskID,
                              SAMPLEAPP_SEND_PERIODIC_MSG_EVT,
                              SAMPLEAPP_SEND_PERIODIC_MSG_TIMEOUT );
⑩       }
⑪            else
⑫          {
⑬            // Device is no longer in the network
⑭          }
⑮          break;
⑯        default:
⑰          break;
⑱      }
```

第 9 行：代码的关键部分。这 3 个参数决定周期性发送数据的命脉。

Ⅰ. 用户自定义的任务 ID 号。

SampleApp 初始化的任务 ID 号利用 SampleApp_TaskID = task_id 代码进行定义。

Ⅱ. 用户自定义事件的编号。

同一个任务下可以有多个事件，这个是事件的号码。我们可以定义自己的事件，但是编号不能重复，16 必须占 1 位，所以只能 16 个任务。我们利用下列代码对用户自定义事件进行编号。

```
SAMPLEAPP_SEND_PERIODIC_MSG_EVT;
#define SAMPLEAPP_SEND_PERIODIC_MSG_EVT 0x0001
```

Ⅲ. 周期性发送数据的时间。

周期性发送数据的时间利用#define SAMPLEAPP_SEND_PERIODIC_MSG_TIMEOUT 5000//Send Message Timeout Every 5 seconds 进行定义。事件重复执行的时间，这里以毫秒为单位，所以是 5s，也就是刚刚实验里隔 5s 收到数据的原因，这里可以改你需要发送数据的时间间隔。

登记好事件后，看第 2 行代码可以知道如果网络一直是连接的就不会再次进入这个函数了，所以这个相当于初始化，只执行 1 次。

（2）设置发送内容，自动周期性地发送。

在同一个函数下找到如下代码。

```
① // Send a message out - This event is generated by a timer
②   //   (setup in SampleApp_Init()).
③   if ( events & SAMPLEAPP_SEND_PERIODIC_MSG_EVT )
④   {
⑤     // Send the periodic message
⑥       SampleApp_SendPeriodicMessage();
⑦     // Setup to send message again in normal period (+ a little jitter)
⑧     osal_start_timerEx( SampleApp_TaskID, SAMPLEAPP_SEND_PERIODIC_MSG_EVT,
⑨         (SAMPLEAPP_SEND_PERIODIC_MSG_TIMEOUT + (osal_rand() & 0x00FF)) );
⑩     // return unprocessed events
⑪     return (events ^ SAMPLEAPP_SEND_PERIODIC_MSG_EVT);
⑫   }
```

第 3 行：判断#define SAMPLEAPP_SEND_PERIODIC_MSG_EVT 0x0001 有没有发生，如果有就执行下面的函数。

第 6 行：SampleApp_SendPeriodicMessage();是主要的代码，是我们编写需要发送内容的地方，可进去做一些修改，源代码如下。

```
/*************************周期性发送数据函数*************************/
①  void SampleApp_SendPeriodicMessage( void )
② {
③   if ( AF_DataRequest( &SampleApp_Periodic_DstAddr, &SampleApp_epDesc,
④                        SAMPLEAPP_PERIODIC_CLUSTERID,
⑤                        1,
⑥                        (uint8*)&SampleAppPeriodicCounter,
```

```
⑦                                    &SampleApp_TransID,
⑧                                    AF_DISCV_ROUTE,
⑨                                    AF_DEFAULT_RADIUS ) == afStatus_SUCCESS )
⑩ {
⑪  }
⑫  else
⑬  {
⑭     // Error occurred in request to send.
⑮  }
⑯ }
```

第 4 行：SAMPLEAPP_PERIODIC_CLUSTERID，的定义为

```
#define SAMPLEAPP_PERIODIC_CLUSTERID 1
```

定义的作用是和接收方建立联系，协调器收到这个标号，如果是 1，就表示是由周期性广播方式发送过来的。

第 5 行：1 是数据长度。

第 6 行：(uint8*)&SampleAppPeriodicCounter,是要发送的内容。

```
/*************************周期性发送数据函数*************************/
①  void SampleApp_SendPeriodicMessage( void )
② {
③   uint8 data[10]={0,1,2,3,4,5,6,7,8,9};
④     if ( AF_DataRequest( &SampleApp_Periodic_DstAddr, &SampleApp_epDesc,
⑤                                    SAMPLEAPP_PERIODIC_CLUSTERID,
⑥                                      10,
⑦                                    data,//指针
⑧                                    &SampleApp_TransID,
⑨                                    AF_DISCV_ROUTE,
                                 AF_DEFAULT_RADIUS ) == afStatus_SUCCESS )
⑩ {
⑪  }
⑫  else
⑬  {
⑭     // Error occurred in request to send.
⑮  }
⑯ }
```

到此，发送部分代码修改完成，上电后 CC2530 会以周期性 5s 来广播发送数据 0～9。

接收部分需要完成的任务：读取接收到的数据，并将数据通过串口发送给 PC 机。

在 uint16 SampleApp_ProcessEvent(uint8 task_id, uint16 events)事件处理函数中找到如下代码。

```
// Received when a messages is received (OTA) for this endpoint
          case AF_INCOMING_MSG_CMD:
```

```
            SampleApp_MessageMSGCB( MSGpkt );
            break;
```

其中，SampleApp_MessageMSGCB(MSGpkt);就是将接收到的数据包进行处理的函数，我们进入函数，代码如下。

```
① void SampleApp_MessageMSGCB( afIncomingMSGPacket_t *pkt )
② {
③    uint16 flashTime;
④    switch ( pkt->clusterId )
⑤    {
⑥      case SAMPLEAPP_PERIODIC_CLUSTERID:
⑦      HalUARTWrite(0,"I get data\n",11); //提示收到数据
⑧        break;
⑨     case SAMPLEAPP_FLASH_CLUSTERID:
⑩        flashTime = BUILD_UINT16(pkt->cmd.Data[1], pkt->cmd.Data[2] );
⑪       HalLedBlink( HAL_LED_4, 4, 50, (flashTime / 4) );
⑫       break;
⑬    }
⑭    }
```

第 6 行：读取发来的数据包的 ID 号，如果是 SAMPLEAPP_PERIODIC_CLUSTERID,就执行里面的函数，说明收到自己定义的周期性广播。

所有数据和信息都在函数变量 afIncomingMSGPacket_t *pkt 里面,进入 afIncomingMSGPacket_t 的定义，它是一个结构体，内容如下。

```
ypedef struct
{
  osal_event_hdr_t hdr;          /* OSAL Message header */
  uint16 groupId;                /* Message's group ID - 0 if not set */
  uint16 clusterId;              /* Message's cluster ID */
  afAddrType_t srcAddr;          /* Source Address, if endpoint is STUBAPS_INTER_PAN_EP,
                                    it's an InterPAN message */
  uint16 macDestAddr;            /* MAC header destination short address */
  uint8 endPoint;                /* destination endpoint */
  uint8 wasBroadcast;            /* TRUE if network destination was a broadcast address */
  uint8 LinkQuality;             /* The link quality of the received data frame */
  uint8 correlation;             /* The raw correlation value of the received data frame */
  int8    rssi;                  /* The received RF power in units dBm */
  uint8 SecurityUse;             /* deprecated */
  uint32 timestamp;              /* receipt timestamp from MAC */
  afMSGCommandFormat_t cmd; /* Application Data */
} afIncomingMSGPacket_t;
```

它里面包含了数据包的所有东西（长地址、短地址、RSSI 等），而数据在 fMSGCommandFormat_t

cmd;里面。接着，继续进入一个结构体。

```
typedef struct
{
   osal_event_hdr_t hdr;
   byte endpoint;
   byte transID;
} afDataConfirm_t;
```

（3）把数据通过串口发送给 PC

下面是一个串口读取的方法，供参考。

```
① void SampleApp_MessageMSGCB( afIncomingMSGPacket_t *pkt )
② {
③    uint16 flashTime;
④    switch ( pkt->clusterId )
⑤    {
⑥       case SAMPLEAPP_PERIODIC_CLUSTERID:
⑦       HalUARTWrite(0,"I get data\n",11); //提示收到数据
⑧       HalUARTWrite(0,&pkt->cmd,Data[0],10); //打印收到数据
⑨       HalUARTWrite(0, " n",10); //回车换行
⑩          break;
⑪      case SAMPLEAPP_FLASH_CLUSTERID:
⑫         flashTime = BUILD_UINT16(pkt->cmd.Data[1], pkt->cmd.Data[2] );
⑬         HalLedBlink( HAL_LED_4, 4, 50, (flashTime / 4) );
⑭         break;
⑮     }
⑯     }
```

分别选择 CoodinstorEB-Pro 和 EndDeviceEB-Pro 编译后对应下载到协调器和终端模块，协调器通过串口连接到电脑，我们看到的数据如图 4.36 所示。

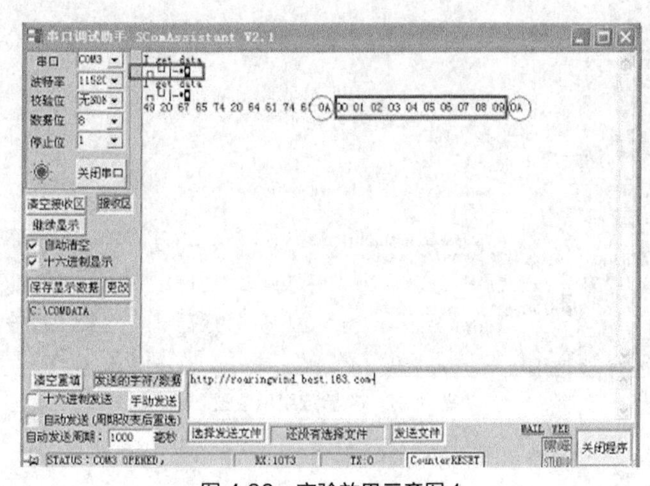

图 4.36　实验效果示意图 1

乱码又来了，我们用十六进制显示，发现数据是在的，串口显示 ASCII 码当然乱码了。我们将一个 16 进制转 ASCII 代码，具体如下。

```
① void SampleApp_MessageMSGCB( afIncomingMSGPacket_t *pkt )
② {
③   /*16 进制转 ASCII 码表*/
④   uint8   asc_16[16]={'0', '1', '2', '3', '4', '5', '6', '7', '8', '9', 'A', 'B', 'C', 'D', 'E', 'F'};
⑤   uint16 flashTime;
⑥   switch ( pkt->clusterId )
⑦  {
⑧     case SAMPLEAPP_PERIODIC_CLUSTERID:
⑨       HalUARTWrite(0,"I get data\n",11); //提示收到数据
⑩       for (i=0,i<10,i++)
⑪   HalUARTWrite(0,&asc_16[pkt->cmd,Data[1]],1); //打印收到数据
⑫       HalUARTWrite(0, " n",10); //回车换行
⑬         break;
⑭     case SAMPLEAPP_FLASH_CLUSTERID:
⑮         flashTime = BUILD_UINT16(pkt->cmd.Data[1], pkt->cmd.Data[2] );
⑯         HalLedBlink( HAL_LED_4, 4, 50, (flashTime / 4) );
⑰         break;
⑱     }
⑲     }
```

再次下载，显示结果如图 4.37 所示。

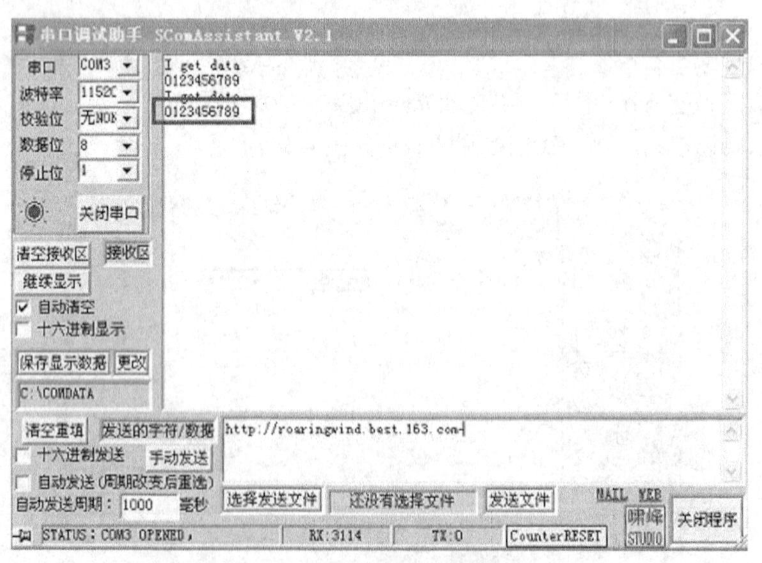

图 4.37　实验效果示意图 2

课后练习

一、填空题

（1）在 ZigBee 网络中存在 3 种逻辑设备类型，分别是________、________和________。

（2）2.4GHz 的射频频段被分为 16 个独立的信道。-DEFAULT_CHANLIST 的默认信道集为________。

（3）自己定义为节点的 PANID 只能是________。

（4）信道选择、网络 ID 号等有关的链接命令在________文件中进行定义。

（5）NV 存储器在 OSAL 文件夹下的________和________文件中进行定义。

二、简答题

（1）协调器与路由器的主要区别是什么？

（2）NV 的主要作用是什么？NV 操作的主要函数是什么？

PART 5

项目五 ZigBee 无线传感器网络的管理

本章目标

知识目标

- 了解 Z-Stack 协议栈的地址分配机制。
- 了解 Z-Stack 协议栈的管理。

技能目标

- 掌握 Z-Stack 协议栈的组网单播通信。
- 掌握 Z-Stack 协议栈的组网组播通信。
- 掌握 Z-Stack 协议栈的组网广播通信。

5.1 ZigBee 无线传感器网络设备

5.1.1 概述

ZigBee 设备有两种网络地址：1 种是 64 位的 IEEE 地址，通常也叫做 MAC 地址或者扩展地址（Extended Address）；另一种是 16 位的网络地址，也叫做逻辑地址（Logical Address）或者短地址。64 位长地址是全球唯一的地址，并且终身分配给设备。这个地址可由制造商设定或者在安装的时候设置，由 IEEE 来提供。当设备加入 ZigBee 网络时被分配一个短地址，该地址在其所在的网络中是唯一的。这个地址主要用来在网络中辨识设备、传递信息等。

协调器首先在某个频段发起一个网络，网络频段的定义放在 DEFAULT_CHANLIST 配置文件里（Tools 文件夹中的 f8wConfig.cfg）。如果 ZDAPP_CONFIG_PANID 定义的 PANID 是 0xFFFF（代表所有的 PANID），则协调器根据它的 IEEE 地址随机确定一个 PANID。否则，根据 ZDAPP_CONFIG_PANID 的定义建立 PANID。当节点为 Router 或者 End Device 时，设备将会试图加入 DEFAULT_ CHANLIST 所指定的工作频段。如果 ZDAPP_CONFIG_PANID 没有设为 0xFFFF，则路由器或者终端会加入 ZDAPP_CONFIG_PANID 所定义的 PANID。

设备上电之后会自动地形成或加入网络，如果想在设备上电之后不马上加入网络或者在加入网络之前先处理其他事件，可以通过定义 HOLD_AUTO_START 来实现。通过调用 ZDApp_StartUpFromApp( )来手动定义多长时间之后开始加入网络。设备如果成功地加入网络，会将网络信息存储在非易失性存储器（NV Flash）里，掉电后仍然保存，在再次上电后，设备会自动读取网络信息，这样设备对网络就有一定的记忆功能。对 NV Flash 的动作，通过 NV_RESTORE()和 NV_ITNT()函数来执行。

Z-Stack 采用无线自组网按需平面距离矢量路由协议 AODV，建立一个 Hoc 网络，支持移动节点，链接失败和数据丢失，能够自组织和自修复。当一个路由器接收到一个信息包之后，网络层将会进行以下的工作。首先，确认目的地，如果目的地就是这个路由器的邻居，信息包将会直接传输给目的设备；否则，路由器将会确认和目的地址相应的路由表条目，如果目的地址能找到有效的路由表条目，信息包将会被传递到该条目中所存储的下一个 hop 地址；如果找不到有效的路由表条目，路由探测功能将会被启动，信息包将会被缓存直到发现一个新的路由信息。

终端不会执行任何路由函数，它只是简单地将信息传送给前面可以执行路由功能的父设备。因此，如果终端想发送信息给另外一个终端，在发送信息之前将会启动路由探测功能，找到相应的父路由节点。

5.1.2 地址分配

直接寻址，是指数据包发送时，需要指定数据包的目的地址值。网络中进行通信，需要标识每个设备的地址，在 ZigBee 无线网络中，设备的目的地址主要有 MAC 地址和逻辑地址两种。

（1）MAC 地址

64 位的 IEEE 地址称为 MAC 地址或扩展地址。每个 CC2530 的 MAC 地址都在出厂时就已经定义好了，并且是全球唯一的。

（2）逻辑地址

16 位的 IEEE 地址称为逻辑地址或短地址，是设备加入网络时，按照一定的算法计算得到并分配给加入网络的设备的地址。网络地址在某个网络中是唯一的。逻辑地址的主要功能是在网络中标识不同的设备，在网络数据传输时指定目的地址和源地址。

ZigBee 网络中的地址类型如表 5.1 所示。

表 5.1 ZigBee 网络中的地址类型

地 址 类 型	位 数	别 称
IEEE 地址	64-bit	MAC 地址：(MAC address)
		扩展地址：(Extended address)
网络地址	16-bit	逻辑地址：(Logical Address)
		短地址：(Short Address)

而间接寻址，是使用本地绑定表 (local binding table) 的方式。协调器或者数据包发送方会保存这个绑定表，而这个绑定表能保存多个目的地。当需要传输数据包时，可通过查询绑定表进行投递。

5.1.3 地址分配机制

ZigBee 有两种地址分配方式，即分布式分配机制和随机分配机制。

1．随机分配机制

随机分配机制是指当 NIB (应用程序的主 nib 文件包含主菜单，也常常包含了窗口和其他对象) 的 nwkAddrAlloc 值为 0x02 时，地址随机选择。在这种情况下 nwkMaxR outer 就无意义了。随机地址分配应符合 NIST 测试中的描述。当一个设备加入网络时使用的是 Mac 地址，其父设备应选择一个尚未分配过的随机地址。一旦设备已分配一个地址，它就没有理由放弃该地址，并应予以保留，除非它收到声明，提示其地址与另一个设备冲突。此外，设备可能自我指派随机地址，如利用加入命令帧加入一个网络。

2．分布式分配机制

我们知道，每个 ZigBee 设备都应该拥有一个唯一的物理地址。协调器在建立网络以后使用 0x0000 作为自己的短地址。在路由器和终端加入网络以后，使用父设备给它分配的 16 位的短地址来通信。那么，这些短地址是如何分配的呢？

16 位的地址意味着可以分配给 65 536 个节点之多，地址的分配取决于整个网络的架构，整个网络的架构主要由下面 3 个值来决定。

① 网络的最大深度 (L_m)。

② 每个父设备拥有的孩子设备数 (C_m)。

③ 每个父节点拥有的孩子节点中路由器的最大数目 (R_m)。

有了这 3 个值就可以根据以下公式来计算出某父设备的路由器子设备之间的地址间隔 $C_{skip}(d)$。

$$C_{skip}(d)=\begin{cases}1+C_m(L_m-d-1)\text{, if } R_m=1;\\ \dfrac{1+C_m-R_m-C_m\times R_m^{L_m-d-1}}{1-R_m}\text{。}\end{cases}$$

上面这个公式是用来计算位于深度 d 的父设备所分配的子路由器之间的短地址间隔。该父设备分配的第 1 个路由器地址=父设备地址+1+ $C_{skip}(d)$，第 3 个路由器地址=父设备地址+1+ 2× $C_{skip}(d)$，依次类推。计算终端地址：

$$A_n = A_{parent} + C_{skip}(d) * R_m + n\text{。}$$

这个公式是用来计算 A_{parent} 这个父设备分配的第 n 个终端设备的地址 A_n。例如，有一个网络，最大深度为 3，每个父亲的最大孩子数是 5，在孩子当中路由器数量是 3，如图 5.2 所示。

由图 5.1 可知，协调器的第一个路由器是 1，第二个就是 22，换算成十六进制就是 0x0016。协调器第 1 个终端地址=0x0000+21×3+1=64=0x0040，第 2 个就是 0x0041。由此可见，所有同一父终端设备的短地址都是连续的。

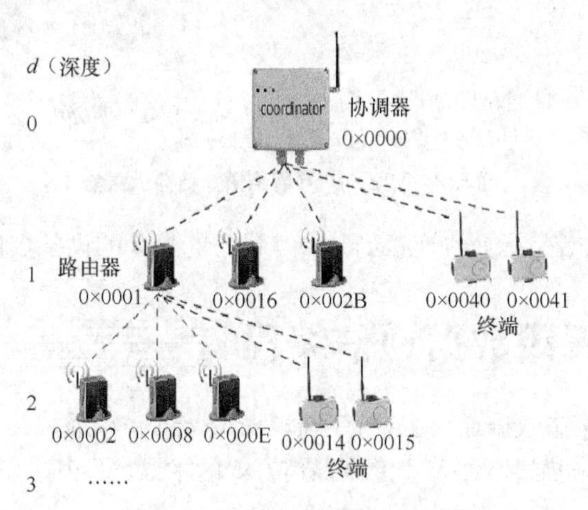

图 5.1 ZigBee 无线传感器网络

不难看出，一旦 L_m、C_m 和 R_m 这 3 个值确定了，整个网络设备地址也就确定下来了。所以，知道了某个设备的短地址就可以计算出其设备类型和其父设备地址。

因此，每个 ZigBee 无线网络中，协调器在建立网络以后使用 0x0000 作为自己的网络地址。在路由器和终端节点加入网络以后，父设备会自动给它分配 16 位网络地址。

同一个父节点相连的终端节点的网络地址是连续的，但是同一个父节点相连的路由器节点的网络地址通常是不连续的。

在 ZigBee 无线网络中，提供了 MAX_DEPTH、MAX_ROUTERS 和 MAX_CHILDREN 分别对于网络的最大深度（L_m）、每个父节点拥有的孩子节点中路由器的最大数目（R_m）和每个父设备拥有的孩子设备数（C_m）。

5.1.4 ZigBee 的路由参数

ZigBee 中的设备最大数量由网络允许情况决定，ZigBee 决定最大数量的路器和最大数量的终端节点。一个 ZigBee 无线网络必须至少包括 1 个协调器。

协调器是网络的发起者，它的网络深度为 0。协调器的子节点网络深度为 1，再向下一级设备网络深度增加 1。网络最大负载量由网络最大深度与每一个路由器允许的最大子设备数量决定。

例如，在如图 5.2 所示的网络拓扑结构中，节点（Node）8 网络深度（Depth）为 1，节点 9 网络深度为 2，节点 3 网络深度也为 2。

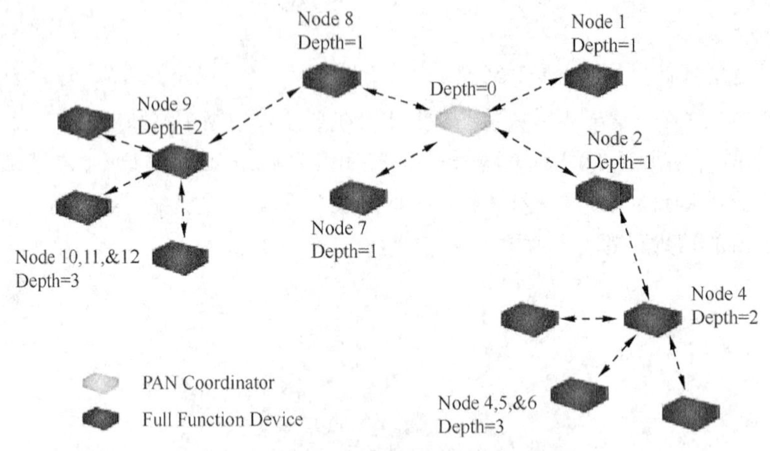

图 5.2 某 ZigBee 网络拓扑结构示意图

最大数量的子节点数是指允许连接到父节点设备的最大的设备数量。

5.2 ZigBee 无线数据通信编程

在 ZigBee 无线网络中数据通信主要有广播（Broadcast）、单播（Unicast）和组播（Multicast）3 种类型。它们都是用来描述网络节点之间通信方式的术语。那么这些术语究竟是什么意思？区别何在？

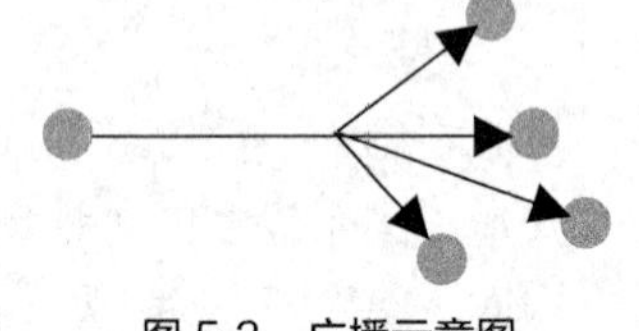
图 5.3 广播示意图

广播如图 5.3 所示，描述的是一个节点发送的数据包，网络中的所有节点都可以收到。广播在网络中的应用较多，如客户机通过 DHCP 自动获得 IP 地址的过程就是通过广播来实现的。但是同单播和组播相比，广播几乎占用了子网内网络的所有带宽。以开会为例，在会场上只能有一个人发言，如果所有的人同时都用麦克风发言，那会场上就会乱成一锅粥。集线器由于其工作原理决定了不可能过滤广播风暴，一般的交换机也没有这一功能，不过现在有的网络交换机（如全向的 QS 系列交换机）也有了过滤广播风暴的功能，路由器本身就有隔离广播风暴的作用。

广播风暴不能完全杜绝，但是只能在同一子网内传播，就好像喇叭的声音只能在同一会场内传播一样。因此，在由几百台甚至上千台电脑构成的大中型局域网中，一般进行子网划分，就像将一个大厅用墙壁隔离成许多小厅一样，以达到隔离广播风暴的目的。

在 IP 网络中，广播地址用 IP 地址“255.255.255.255”来表示，这个 IP 地址代表同一子网内所有的 IP 地址。

单播如图 5.4 所示，描述的是网络中两个节点之间进行数据包的收发过程。如果一个人对另外一个人说话，那么用网络技术的术语来描述就是“单播”，此时信息的接收和传递只在两个节点之间进行。单播在网络中得到了广泛的应用，网络上绝大部分的数据都是以单播的形式传输的，只是一般的网络用户不知道而已。例如，我们在收发电子邮件、浏览网页时，必须与邮件服务器、Web 服务器建立连接，此时使用的就是单播数据传输方式。但是通常我们使用点对点通信（Point to Point）代替单播，因为单播一般与组播和广播相对应使用。

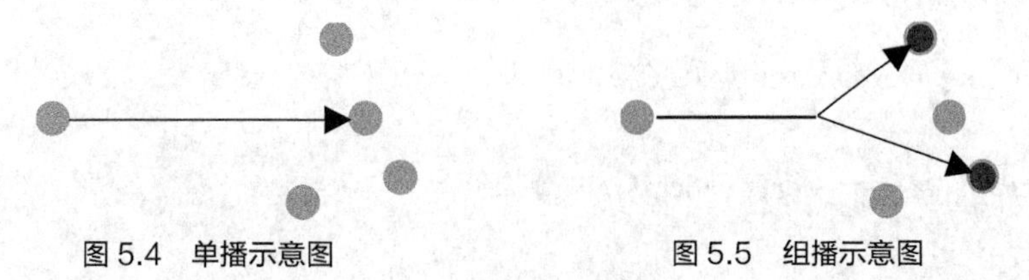

图 5.4　单播示意图　　　　图 5.5　组播示意图

组播如图 5.5 所示，描述的是一个节点发送的数据包，只有和该节点属于同一组的节点才能听到相关的讨论内容，不属于该小组的成员不需要听取相关的内容。组播也称 “多播”，在网络技术上的应用并不是很多，网上视频会议、网上视频点播特别适合采用多播的方式。因为如果采用单播的方式，逐个节点传输，有多少个目标节点，就会有多少次传送过程，这种方式显然效率极低，是不可取的；如果采用不区分目标、全部发送的广播方式，虽然一次可以传送完数据，但是显然达不到区分特定数据接收对象的目的。采用多播方式，既可以实现一次传送所有目标节点的数据，也可以达到只对特定对象传送数据的目的。

IP 网络的多播一般通过多播 IP 地址来实现。多播 IP 地址就是 D 类 IP 地址，即 224.0.0.0～239.255.255.255 之间的 IP 地址。Windows 2000 中的 DHCP 管理器支持多播 IP 地址的自动分配。

那么，ZigBee 协议栈如何实现上述通信方式呢？

ZigBee 协议栈将数据通信过程高度抽象，使用一个函数来完成数据的发送，以不同的参数来选择数据发送方式（广播和单播、组播）。ZigBee 协议栈数据发送函数 AF_DataRequest 函数原型如下。

```
afStatus_t   AF_DataRequest( afAddrType_t *dstAddr, endPointDesc_t *srcEP,
                             uint16 cID,uint16 len, uint8 *buf, uint8 *transID,
                             uint8 options, uint8 radius )
```

在 AF_DataRequest 函数中，第 1 个参数是一个指向 afAddrType_t 类型的结构体的指针，该结构体的定义如下。

```
typedef struct
{
  union
  {
    uint16 shortAddr;
  } addr;
  afAddrMode_t addrMode; //afAddrMode_t 是一个枚举类型模式参数

  byte endPoint; //指定的端点号 241～254 为保留端点，范围为 1～240

} afAddrType_t;
```

下面的代码是 afAddrMode_t 结构体的定义。

```
typedef enum
{
  afAddrNotPresent = AddrNotPresent, //按照绑定表进行绑定传输
```

```
    afAddr16Bit = Addr16Bit, //指定目标网络地址进行单播传输 16 位

    afAddrGroup = AddrGroup, //组播传输

    afAddrBroadcast = AddrBroadcast //广播传输

} afAddrMode_t;
```

可见，该类型是一个枚举类型模式参数，即

当 addrMode=AddrBroadcast 时，就对应地以广播方式发送数据。

当 addrMode=AddrGroup 时，就对应地以组播方式发送数据。

当 addrMode=Addr16Bit 时，就对应地以单播方式发送数据。

上面使用的 AddrGroup、Addr16Bit 和 AddrBroadcast 是一个常数，在 ZigBee 协议栈中的定义如下。

```
enum
{
  AddrNotPresent = 0,
  AddrGroup = 1,
  Addr16Bit = 2,
  Addr64Bit = 3, //指定 IEEE 地址进行单播传输 64 位
  AddrBroadcast= 15
};
```

第 2 个参数 endPointDesc_t *srcEP 也是一个结构体的指针，源网络地址描述，每个终端都必须要有一个 ZigBee 的简单描述。

```
typedef struct
{
byte endPoint; //端点号
byte *task_id; // Pointer to location of the Application task ID.
SimpleDescriptionFormat_t *simpleDesc; //设备的简单描述
afNetworkLatencyReq_t latencyReq; //枚举结构必须用 noLatencyReqs 填充
} endPointDesc_t;
```

目标设备的简单描述结构如下。

```
typedef struct
{
byte EndPoint; //EP ID (EP=End Point)
uint16 AppProfId; // profile ID（剖面 ID）
uint16 AppDeviceId; // Device ID
byte AppDevVer:4; //Device Version 0x00 为 Version 1.0
byte Reserved:4; // AF_V1_SUPPORT uses for AppFlags:4.
byte AppNumInClusters; //终端支持的输入簇的个数
cId_t *pAppInClusterList;            //指向输入 Cluster ID 列表的指针
```

```
byte AppNumOutClusters;        //输出簇的个数

cId_t *pAppOutClusterList; //指向输出 Cluseter ID 列表的指针
} SimpleDescriptionFormat_t;
typedef enum
{
noLatencyReqs,
fastBeacons,
slowBeacons
} afNetworkLatencyReq_t;
```

第 3 个参数：uint16 cID ，簇 ID。

第 4 个参数：len，要发送的数据的长度。

第 5 个参数：uint8 *buf ， 指向发送数据缓冲的指针。

第 6 个参数：uint8 *transID，事务序列号指针。如果消息缓存发送，这个函数将增加这个数字。

第 7 个参数：发送选项，可以由下面一项或几项相或得到。

AF_ACK_REQUEST 0x10，要求 APS 应答，这是应用层的应答，只在直接发送（单播）时使用。

AF_DISCV_ROUTE 0x20，总要包含这个选项。

AF_SKIP_ROUTING 0x80，设置这个选项将导致设备跳过路由而直接发送消息。终端将不向其父亲发送消息。在直接发送（单播）和广播消息时很好用。

第 8 个参数：uint8 radius，发送数据最大的跳数，用默认值 AF_DEFAULT_RADIUS，传输跳数或传输半径，默认值为 10。

该函数的返回值：afStatus_t 类型 ，为枚举型其代码具体如下。

```
typedef enum
{
  afStatus_SUCCESS,
  afStatus_FAILED = 0x80,
  afStatus_MEM_FAIL,
  afStatus_INVALID_PARAMETER
} afStatus_t;
```

下面是这个函数完整的源代码。

```
afStatus_t AF_DataRequest( afAddrType_t *dstAddr, endPointDesc_t *srcEP,
                           uint16 cID, uint16 len, uint8 *buf, uint8 *transID,
                           uint8 options, uint8 radius )
{
  pDescCB pfnDescCB;
  ZStatus_t stat;
  APSDE_DataReq_t req;
  afDataReqMTU_t mtu;
```

```
  // Verify source end point 判断源节点是否为空

  if ( srcEP == NULL )
  {
    return afStatus_INVALID_PARAMETER;
  }

#if !defined( REFLECTOR )
  if ( dstAddr->addrMode == afAddrNotPresent )
  {
    return afStatus_INVALID_PARAMETER;
  }
#endif

  // Verify destination address 判断目的地址

  req.dstAddr.addr.shortAddr = dstAddr->addr.shortAddr;

  // Validate broadcasting 判断地址的模式

  if ( ( dstAddr->addrMode == afAddr16Bit ) ||
       ( dstAddr->addrMode == afAddrBroadcast ) )
  {
      // Check for valid broadcast values 核对有效的广播值

      if( ADDR_NOT_BCAST != NLME_IsAddressBroadcast( dstAddr->addr.shortAddr ) )
      {
        // Force mode to broadcast 强制转换成广播模式

        dstAddr->addrMode = afAddrBroadcast;
      }
      else
      {
        // Address is not a valid broadcast type 地址不是一个有效的广播地址类型

        if ( dstAddr->addrMode == afAddrBroadcast )
        {
          return afStatus_INVALID_PARAMETER;
        }
    }
```

```
  }
  else if ( dstAddr->addrMode != afAddrGroup &&
            dstAddr->addrMode != afAddrNotPresent )
  {
    return afStatus_INVALID_PARAMETER;
  }
  req.dstAddr.addrMode = dstAddr->addrMode;

  req.profileID = ZDO_PROFILE_ID;

  if ( (pfnDescCB = afGetDescCB( srcEP )) )
  {
    uint16 *pID = (uint16 *)(pfnDescCB(
                                 AF_DESCRIPTOR_PROFILE_ID,
srcEP->endPoint ));
    if ( pID )
    {
      req.profileID = *pID;
      osal_mem_free( pID );
    }
  }
  else if ( srcEP->simpleDesc )
  {
    req.profileID = srcEP->simpleDesc->AppProfId;
  }

  req.txOptions = 0;

  if ( ( options & AF_ACK_REQUEST ) &&
       ( req.dstAddr.addrMode != AddrBroadcast ) &&
       ( req.dstAddr.addrMode != AddrGroup ) )
  {
    req.txOptions |= APS_TX_OPTIONS_ACK;
  }

  if ( options & AF_SKIP_ROUTING )
  {
    req.txOptions |= APS_TX_OPTIONS_SKIP_ROUTING;
  }
```

```
if ( options & AF_EN_SECURITY )
{
  req.txOptions |= APS_TX_OPTIONS_SECURITY_ENABLE;
  mtu.aps.secure = TRUE;
}
else
{
  mtu.aps.secure = FALSE;
}

mtu.kvp = FALSE;

req.transID = *transID;
req.srcEP = srcEP->endPoint;
req.dstEP = dstAddr->endPoint;
req.clusterID = cID;
req.asduLen = len;
req.asdu = buf;
req.discoverRoute = TRUE;//(uint8)((options & AF_DISCV_ROUTE) ? 1 : 0);

req.radiusCounter = radius;

if (len > afDataReqMTU( &mtu ) )
{
  if (apsfSendFragmented)
  {
    req.txOptions |= AF_FRAGMENTED | APS_TX_OPTIONS_ACK;
    stat = (*apsfSendFragmented)( &req );
  }
  else
  {
    stat = afStatus_INVALID_PARAMETER;
  }
}
else
{
  stat = APSDE_DataReq( &req );
}
if ( (req.dstAddr.addrMode == Addr16Bit) &&
     (req.dstAddr.addr.shortAddr == NLME_GetShortAddr()) )
```

```
    {
        afDataConfirm( srcEP->endPoint, *transID, stat );
    }
    if ( stat == afStatus_SUCCESS )
    {
        (*transID)++;
    }
    return (afStatus_t)stat;
}
```

注意：如何调用 AF_DataRequest 函数的第 1 个参数，该参数决定了以哪种数据发送方式发送数据。

① 首先，需要定义一个 afAddrTy_t 类型的变量。

```
afAddrTpye_t SendDataAddr;
```

② 然后，将其 addrMode 参数设置为 Addr16Bit。

```
SendDataAddr.addrMode= (afAddrMode_t)Addr16Bit;
SendDataAddr.addr.shortAddr=××××;
```

其中，"××××"代表目的节点的网络地址，如协调器的网络地址为 0x0000。

③ 最后，调用 AF_DataRequest 函数发送数据即可。

```
AF_DataRequest(&SendDataAddr, …)。
```

ZigBee 无线传感器网络中传感器的应用是物与用户（包括人、组织和其他系统）的接口。它与行业需求相结合，实现传感器网络的智能应用。

1．广播和单播通信

工作原理：协调器周期性以广播的形式向终端节点发送数据（每隔 5s 广播一次），终端收到数据后，使开发板上的 LED 灯状态翻转（如果 LED 灯原来是亮的，则熄灭；如果 LED 灯原来是灭的，则点亮），同时向协调器发送字符串"LED"。协调器收到终端的数据后，将其通过串口输出到 PC 机，用户可以通过串口调试助手查看该信息。

广播和单播通信工作原理如图 5.6 所示。

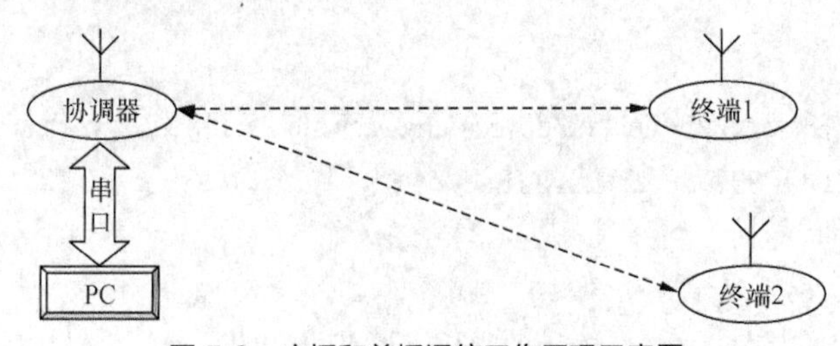

图 5.6 广播和单播通信工作原理示意图

广播和单播通信协调器节点程序流程如图 5.7 所示，终端节点程序流程如图 5.8 所示。

协调器周期性地以广播的形式向终端节点发送数据，如何实现周期性地发送数据呢？这里又需要使用定时函数 osal_start_timerEx()，定时 5s，定时时间达到后，向终端节点发送数据，发送完数据再定时 5s，这样就实现了周期性地发送数据。

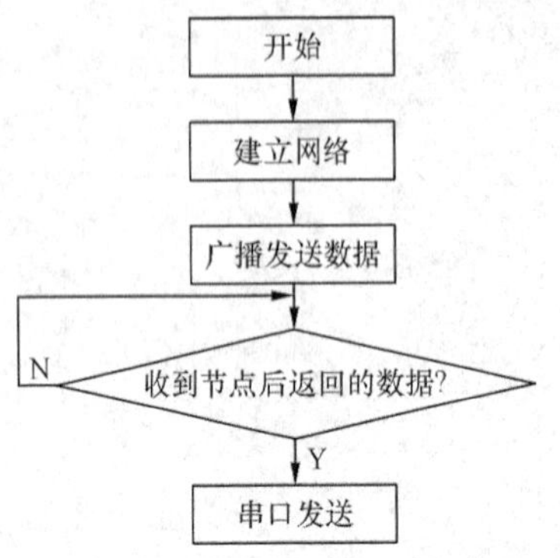

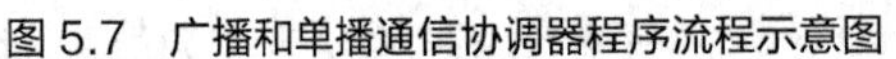
图 5.7　广播和单播通信协调器程序流程示意图

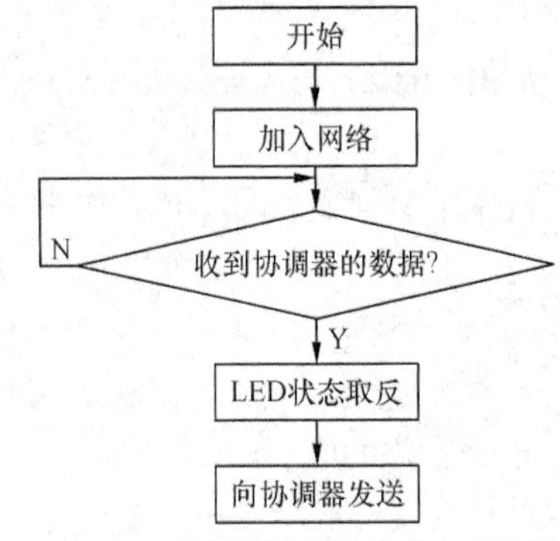

图 5.8　广播和单播通信终端节点程序流程示意图

利用 SampleApp 点播程序修改具体如下。

```
组网成功测试 SampleApp   ZDO_STATE_CHANGE   点灯
uint16 SampleApp_ProcessEvent( uint8 task_id, uint16 events )
{
  afIncomingMSGPacket_t *MSGpkt;
  (void)task_id;   // Intentionally unreferenced parameter

  if ( events & SYS_EVENT_MSG )
  {
    MSGpkt = (afIncomingMSGPacket_t *)osal_msg_receive( SampleApp_TaskID );
    while ( MSGpkt )
    {
      switch ( MSGpkt->hdr.event )
      {

        // Received when a messages is received (OTA) for this endpoint
        case AF_INCOMING_MSG_CMD:
          SampleApp_MessageMSGCB( MSGpkt );
          break;

        // Received whenever the device changes state in the network
        case ZDO_STATE_CHANGE:
            //点灯  ?
            P1SEL &=  ~0x3;
            P1DIR |= 0x3;   //  定义 P10、P11 为输出
            P1_0 = 1;


 if ( events & SAMPLEAPP_SEND_PERIODIC_MSG_EVT )
  {
```

```
        p1_0^=1;       //反转灯
        // Send the periodic message
        SampleApp_SendPeriodicMessage();
```

点播前，在 SampleApp_SendPeriodicMessage 函数中选中 SampleAppPeriodicCounter，单击右键选择 go to definition of SampleAppPeriodicCounter，对 SampleAppPeriodicCounter 修改变量 uint8 SampleAppPeriodicCounter 的值为 1。

（1）添加点播地址结构

添加点播地址结构代码利用 afAddrType_t SampleApp_Point_to_Point_DstAddr 来实现。

（2）用户自定义任务

用户自定义任务在 SampleApp_Init(uint8 task_id)中初始化，其实现代码如下。

```
    // point to point
    SampleApp_Point_to_Point_DstAddr.addrMode = (afAddrMode_t)Addr16Bit;
    SampleApp_Point_to_Point_DstAddr.endPoint = SAMPLEAPP_ENDPOINT;
    SampleApp_Point_to_Point_DstAddr.addr.shortAddr = 0x0000;
```

（3）禁止协调器向自己发送数据

在 uint16 SampleApp_ProcessEvent(uint8 task_id, uint16 events) 中修改：删除 (SampleApp_NwkState == DEV_ZB_COORD) || 语句。

```
            case ZDO_STATE_CHANGE:
              //点灯移到这个位置
              P1SEL &=  ～0x3;
              P1DIR |= 0x3;   // 定义 P10、P11 为输出
              P1_0 = 1;

             SampleApp_NwkState = (devStates_t)(MSGpkt->hdr.status);
             if ( (SampleApp_NwkState == DEV_ROUTER)           //去除协调器的支持，结
果：只有路由及节点可以调用定时事件，删除(SampleApp_NwkState == DEV_ZB_COORD)
                 || (SampleApp_NwkState == DEV_END_DEVICE) )
             {

               // Start sending the periodic message in a regular interval.
               osal_start_timerEx( SampleApp_TaskID,
                                   SAMPLEAPP_SEND_PERIODIC_MSG_EVT,
                                   SAMPLEAPP_SEND_PERIODIC_MSG_TIMEOUT );
             }
             else
             {
               // Device is no longer in the network
             }
             break;
```

```
        default:
          break;
```

（4）可以自行修改

SampleApp_SendPeriodicMessage() 添加发送的数据内容（后期添加传感器的数据发送功能）。

使用广播通信时，网络地址可以有 0xFFFF、0xFFFD 和 0xFFFC3 种类型。其中，0xFFFF 表示数据包全网广播，包括处于休眠状态的节点；0xFFFD 表示该数据包将只发往未处于休眠状态的节点；0xFFFC 表示该数据包发往网络中的所有路由器节点。

2．组播通信

工作原理：协调器周期性地以组播的形式向路由器发送数据（每隔 5s 发送组播数据一次），路由器收到数据后，使开发板上的 LED 灯状态翻转（如果 LED 灯原来是亮的，则熄灭；如果 LED 灯原来是灭的，则点亮），同时向协调器发送字符串“LED”。协调器收到路由器发回的数据后，将其通过串口输出到 PC 机，用户可以通过串口调试助手查看该信息。

组播通信工作原理如图 5.9 所示。

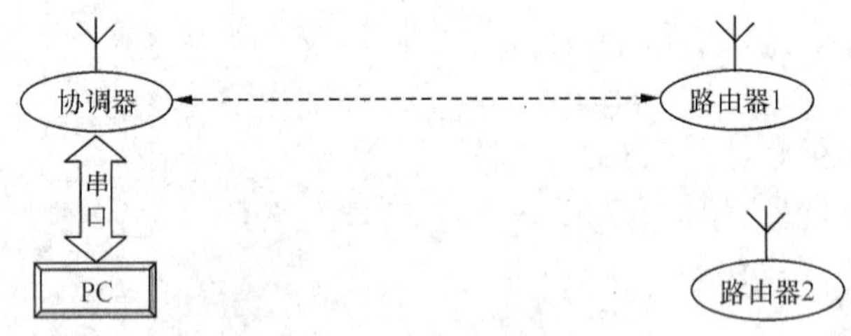

图 5.9　组播通信工作原理示意图

组播协调器节点程序流程如图 5.10 所示，路由器程序流程如图 5.11 所示。

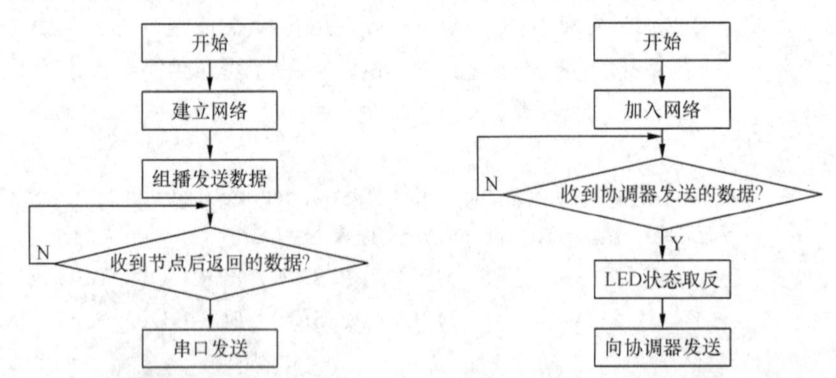

图 5.10　组播通信协调器程序流程示意图　　　图 5.11　组播通信路由器程序流程示意图

使用组播的方式发送数据时，需要加入特定的组中，现在需要解决的问题是如何使节点加入该组中。

在 apsgroups.h 文件中有 aps_Griup_t 结构体的定义，其实现代码如下。

```
#define APS_GROUP_NAME_LEN 16
typddef struct
```

```
{
 uint16 ID;
 uint8 name[APS_GROUP_NAME_LEN];
}aps_Group_t;
```

每个组有一个特定的 ID，然后是组名，组名存放在 name 数组中。注意：name 数组的第 1 个元素是组名的长度，从第 2 个元素开始存放真正的组名字符串。

组播实验（在同一 PANID 的网络中建立不同组），其实现方法如下。

（1）添加组播地址结构

在 SampleApp.h 中添加#define SAMPLEAPP_TEST_GROUP　0x0002 代码。

在 SampleApp.c 中添加代码如下。

```
afAddrType_t SampleApp_Group_DstAddr;
aps_Group_t test_Group;
```

（2）在 SampleApp_Init(uint8 task_id)中初始化

```
//Group

SampleApp_Group_DstAddr.addrMode = (afAddrMode_t)afAddrGroup;
SampleApp_Group_DstAddr.endPoint = SAMPLEAPP_ENDPOINT;
SampleApp_Group_DstAddr.addr.shortAddr = SAMPLEAPP_TEST_GROUP;  //组播号

//注册组播
test_Group.ID = SAMPLEAPP_TEST_GROUP;
osal_memcpy( test_Group.name, "Group 2", 7  );
aps_AddGroup( SAMPLEAPP_ENDPOINT, &test_Group);
```

或将组播文件夹中的 SampleApp.c 文件粘贴到 C:\Texas Instruments\ZStack-CC2530-2.3.0-1.4.0\Projects\zstack\Samples\SampleApp \ source 即可。

（3）禁止协调器向自己发送数据

在 uint16 SampleApp_ProcessEvent(uint8 task_id, uint16 events)中修改如下。

```
case ZDO_STATE_CHANGE:
     //点灯 ?
     P1SEL &=  ~0x3;
     P1DIR |= 0x3;  // 定义 P10、P11 为输出
     P1_0 = 1;

SampleApp_NwkState = (devStates_t)(MSGpkt->hdr.status);
if ( (SampleApp_NwkState == DEV_ROUTER)          //去除协调器的支持，结果：只有路由及节点可以调用定时事件
|| (SampleApp_NwkState == DEV_END_DEVICE) )
{

// Start sending the periodic message in a regular interval.
```

```
osal_start_timerEx( SampleApp_TaskID,
SAMPLEAPP_SEND_PERIODIC_MSG_EVT,
SAMPLEAPP_SEND_PERIODIC_MSG_TIMEOUT );
   }
 else
     {
     // Device is no longer in the network
      }
      break;

     default:
     break;
```

（4）可以自行修改 SampleApp_SendPeriodicMessage()添加发送的数据内容（后期添加传感器的数据发送功能）。

```
void SampleApp_SendPeriodicMessage( void )
{

   if ( AF_DataRequest( &SampleApp_Group_DstAddr,         //修改该地址为组播地址，只发
给 SAMPLEAPP_TEST_GROUP
                         &SampleApp_epDesc,
                         SAMPLEAPP_PERIODIC_CLUSTERID,
                         1,
                         (uint8*)&SampleAppPeriodicCounter,
                         &SampleApp_TransID,
                         AF_DISCV_ROUTE,
                         AF_DEFAULT_RADIUS ) == afStatus_SUCCESS )
   {
   }
   else
   {
     // Error occurred in request to send.
   }
}
```

3．广播通信

（1）添加广播地址结构

添加广播地址结构代码利用 afAddrType_t Broadcast_DstAddr 来实现。

（2）在 SampleApp_Init(uint8 task_id)中初始化。

```
Broadcast_DstAddr.addrMode = (afAddrMode_t)AddrBroadcast;
Broadcast_DstAddr.endPoint = SAMPLEAPP_ENDPOINT;
Broadcast_DstAddr.addr.shortAddr = 0xFFFF;
```

（3）禁止协调器向自己发送数据

在 uint16 SampleApp_ProcessEvent(uint8 task_id, uint16 events) 中做如下修改。

```
case ZDO_STATE_CHANGE:

//点灯 ？
P1SEL &= ～0x3;
P1DIR |= 0x3;  // 定义 P10、P11 为输出
P1_0 = 1;

SampleApp_NwkState = (devStates_t)(MSGpkt->hdr.status);
if ( (SampleApp_NwkState == DEV_ROUTER)     //去除协调器的支持，只有路由及节点
可以调用定时事件
|| (SampleApp_NwkState == DEV_END_DEVICE) )
{
 // Start sending the periodic message in a regular interval.
 osal_start_timerEx( SampleApp_TaskID,
 SAMPLEAPP_SEND_PERIODIC_MSG_EVT,
 SAMPLEAPP_SEND_PERIODIC_MSG_TIMEOUT );
  }
 else
   {
    // Device is no longer in the network
     }
    break;

    default:
    break;
```

（4）可以自行修改 SampleApp_SendPeriodicMessage()添加发送的数据内容（后期添加传感器的数据发送功能）。

```
void SampleApp_SendPeriodicMessage( void )
{

  if ( AF_DataRequest( &Broadcast_DstAddr,      //修改该地址为广播地址
                       &SampleApp_epDesc,
                       SAMPLEAPP_PERIODIC_CLUSTERID,
                       1,
                       (uint8*)&SampleAppPeriodicCounter,
                       &SampleApp_TransID,
                       AF_DISCV_ROUTE,
                       AF_DEFAULT_RADIUS ) == afStatus_SUCCESS )
```

```
    {
    }
    else
    {
        // Error occurred in request to send.
    }
}
```

5.3 Z-Stack 协议栈的网络管理

5.3.1 Z-Stack 协议栈的网络管理概述

Z-Stack 协议栈的网络管理主要包括查询本节点有关的地址信息和查询网络中其他节点有关的地址信息。

1. 查询本节点有关的地址信息

查询本节点有关的地址信息主要有查看节点的网络地址、MAC 地址、父节点的网络地址以及父节点的 MAC 地址等内容。

① NLME_GetShortAddr()

函数原型：uint16 NLME_GerShortAddr(void)。

功能描述：返回该节点的网络地址。

② NLME_GetExtAddr()

函数原型：byte *NLME_Get ExtAddr(void)。

功能描述：返回指向该节点 MAC 地址的指针。

③ NLME_GetCoordShortAddr()

函数原型：uint16 NLME_GetCoordShortAddr(void)。

功能描述：返回父节点的网络地址。

④ NLME_GetCoordExtAddr()

函数原型：void NLME_GetCoordExtAddr(byte *buf)。

功能描述：返回指向存放父节点 MAC 地址的缓冲区的指针。

2. 查询网络中其他节点有关的地址信息

查询网络中其他节点有关的地址信息主要包括已知节点的 16 位网络地址查询节点的 IEEE 地址、已知节点的 IEEE 地址查询该节点的网络地址。

ZDP_IEEEAddrReq()

函数原型：ZDP_IEEEAddrReq(uint16 shortAddr, byte ReqType, byte StartIndex, byte SecurityEnable)。

功能描述：已知节点的 16 位网络地址查询节点的 IEEE 地址。

因为协调器的网络地址是 0x0000，因此可以从路由器发送地址请求来得到协调器的 IEEE 地址。首先，路由器调用 ZDP_IEEEAddrReq(0x0000, 0,0, 0)函数，然后该函数进一步调用一些协议栈中的函数，最终得到该请求通过天线发送出去。

网络中网络地址为 0x0000 的节点会对该请求作出响应，路由器或终端节点将一些自己的或父（子）节点的物理地址和网络地址封装在一个数据包中发送给路由器。路由器收到该数据包后，各层进行校验，最终发送给应用层一个消息 ZDO_CB_MSG，该消息中包含了协调器的 IEEE 地址信息。

在应用层中调用 ZDO_ParseAddrRsp()函数对消息包进行解析，最终得到协调器的 IEEE 地址。

5.3.2 Z-Stack 协议栈的网络管理实验

无线网络是由协调器建立的，当其他节点加入到网络中时，如果网络中只有两个节点，则一个是协调器，另一个是路由器。对路由器而言，协调器就是其父节点，可以在路由器中调用获取父节点的函数来完成。

ZigBee 协议栈网络管理基础实验的基本思路是：协调器上电后建立网络，路由器自动加入网络，然后路由器调用相关函数获取本身的网络地址、父节点网络地址和 MAC 地址的功能。

我们使用 SampleApp.eww 工程来进行管理。要实现协调器收集数据的功能，可以使用点播方式传输数据，点播地址为协调器地址（0x0000），避免了路由器和终端之间的互传，减少了网络数据的拥塞。本实验是在点播例程的基础上进行的，下面我们在点播程序的基础上完成这个实验。

在 SampleApp.c 文件中修改点播发送程序如下。

```
void SampleApp_SendPointToPointMessage( void )
{
  uint8 device;//设备类型变量
  if ( SampleApp_NwkState == DEV_ROUTER )
      device=0x01; //编号 1 表示路由器
  else if (SampleApp_NwkState == DEV_END_DEVICE)
      device=0x02;//编号 2 表示终端
  else
       device=0x03;//编号 3 表示出错

  if ( AF_DataRequest( &Point_To_Point_DstAddr, //发送设备类型编号
                       &SampleApp_epDesc,
                       SAMPLEAPP_POINT_TO_POINT_CLUSTERID,
                       1,
                       &device,
                       &SampleApp_TransID,
                       AF_DISCV_ROUTE,
                       AF_DEFAULT_RADIUS ) == afStatus_SUCCESS )
  {
  }
  else
  {
    // Error occurred in request to send.
  }
}
```

修改完成后，系统设备自动检测自己烧写的类型，然后发送对应的编号，路由器编号为 1，终端编号为 2。

在数据接收方面，我们对接收到的数据进行判断，区分路由器和终端设备；然后在数据包中取出 16 位短地址，通过串口打印出来。

我们先看看短地址在数据包里的存放位置，依次是 pkt-srcAddr-shortAddr，如图 5.12 和图 5.13 所示。

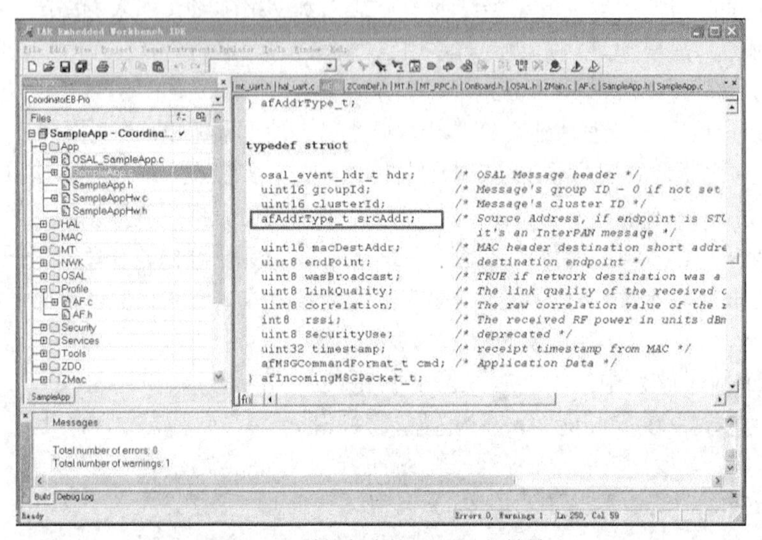

图 5.12　数据包中的 srcAddr 地址

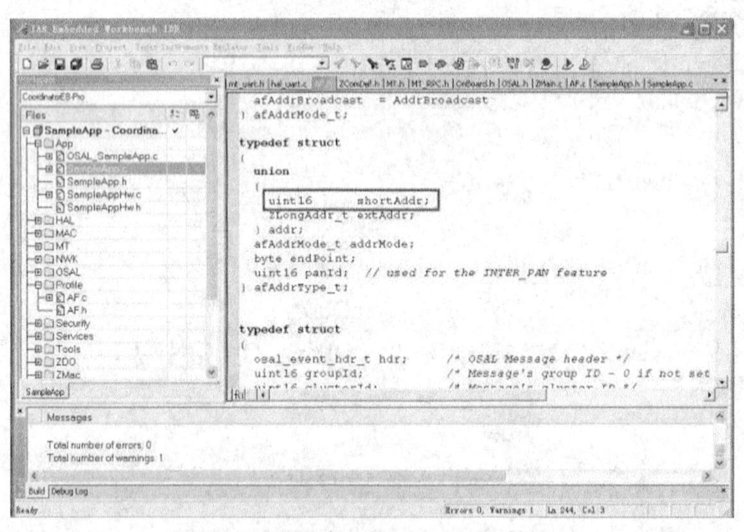

图 5.13　数据包中的 shortAddr 地址

我们可以在接收函数中点播 ID 加入以下代码。

```
void SampleApp_MessageMSGCB( afIncomingMSGPacket_t *pkt )
{
  /*16 进制转 ASCII 码表-*/
  uint8 asc_16[16]={'0','1','2','3','4','5','6','7','8','9','A','B','C','D','E','F'};
  uint16 flashTime,temp;
  switch ( pkt->clusterId )
```

```
{
  case SAMPLEAPP_POINT_TO_POINT_CLUSTERID:
    temp=pkt->srcAddr.addr.shortAddr; //读出数据包的 16 位短地址

    if( pkt->cmd.Data[0]==1 ) //路由器
      HalUARTWrite(0,"ROUTER ShortAddr:0x",19); //提示接收到数据
    if( pkt->cmd.Data[0]==2 ) //终端
      HalUARTWrite(0,"ENDDEVICE ShortAddr:0x",22); //提示接收到数据

    /****将短地址分解，ASC 码打印*****/
    HalUARTWrite(0,&asc_16[temp/4096],1);
    HalUARTWrite(0,&asc_16[temp%4096/256],1);
    HalUARTWrite(0,&asc_16[temp%256/16],1);
    HalUARTWrite(0,&asc_16[temp%16],1);

    HalUARTWrite(0,"\n",1);                    //回车换行
    break;

  case SAMPLEAPP_FLASH_CLUSTERID:
    flashTime = BUILD_UINT16(pkt->cmd.Data[1], pkt->cmd.Data[2] );
    HalLedBlink( HAL_LED_4, 4, 50, (flashTime / 4) );
    break;
  }
}
```

添加代码后的效果，如图 5.14 所示。

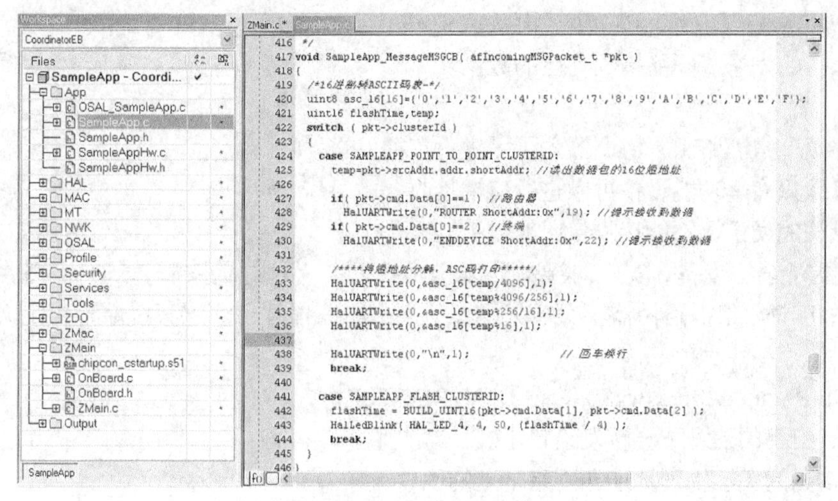

图 5.14 添加代码后的效果

将修改后的程序分别以协调器、路由器、终端节点的方式下载到 3 个或 3 个以上设备，将协调器连接到 PC 机。上电后每个设备往协调器发送自身编号，协调器通过串口将其打印出

来，实验效果如图 5.15 所示。

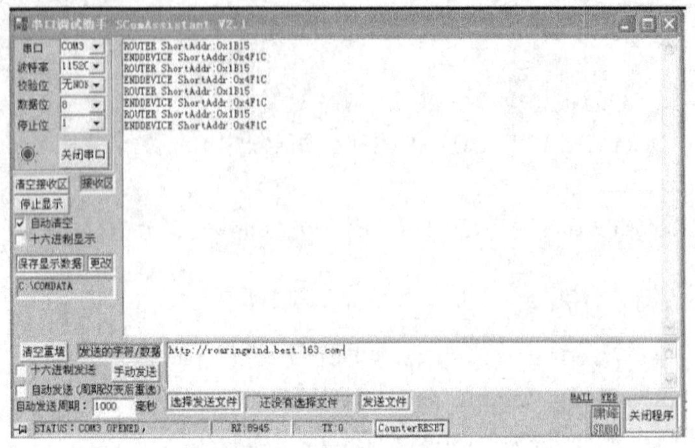

图 5.15　无线网络管理实验效果

在 ZigBee 无线网络管理中，如果每个节点的网络地址和父节点的网络地址都可以获取，那么网络拓扑将很容易得到。所以，获得网络拓扑的方法是：获得每个节点的网络地址以及其父节点的网络地址，然后将其发送给协调器，这样协调器中就汇集了整个网络拓扑的信息。

项目小结

（1）单播

只要联网成功（网路中有路由设备或者协调器），所有设备均有单播和接收的功能。

（2）组播

① 终端节点、路由、协调器均可以进行组播发送。

② 默认只有全功能设备可以进行组播接收，精简功能设备默认不能接收（可配置开打接收：f8wConfig.cfg-DRFD_RCVC_ALWAYS_ON=TRUE）。

③ 默认的发送端不能接收自己的数据。

（3）广播

① 终端节点、路由、协调器均可以进行广播发送。

② 默认只有全功能设备可以进行广播接收。

③ 默认的发送端不能接收自己的数据。

路由器是全工设备，实验时要关闭发送函数。关闭发送函数后，只有点播路由器才能转发信息，广播、组播路由器不会转发信息。路由器编程时必须屏蔽终端节点定义和协调器功能。

即　if ((SampleApp_NwkState == DEV_ROUTER)

广播、组播的信息不会转发给自己。

（4）常见的关于物理地址和网络地址的函数

得到父节点的网络地址：uint16 NLME_GetCoordShortAddr(void)。

得到父节点的物理地址：void NLME_GetCoordExtAddr(byte *)。

得到自己的网络地址：uint16 NLME_GetShortAddr(void)。

得到自己的物理地址：byte *NLME_GetExtAddr(void)。

根据已知的物理地址查询远程设备的网络地址，作为一个广播信息发送给网络中的所有设备。

afStatus_t ZDP_NwkAddrReq(byte *IEEEAddress, byte ReqType, byte StartIndex, byte SecurityEnable)

根据已知网络地址查询远程设备物理地址，作为一个广播信息发送给网络中的所有设备。

afStatus_t ZDP_IEEEAddrReq(uint16 shortAddr, byte ReqType, byte StartIndex, byte SecurityEnable)

快速查询（不启动无线查询，而是根据已存储于地址管理器中的网络（物理）地址查询物理（网络）地址）的方式如下。

查找基于网络地址的物理地址：uint8 APSME_LookupExtAddr(uint16 nwkAddr, uint8* extAddr)。

查找基于物理地址的网络地址：uint8 APSME_LookupNwkAddr(uint8* extAddr, uint16* nwkAddr)。

一般发送消息，使用物理地址和网络地址都可以发送，但最好使用网络地址，使用物理地址可能因为传送数据位数较多出现问题。

主要概念

ZigBee 无线传感器的网络地址分配、分配机制、网络管理。

实训项目

任务一　点播实验

[任务目标]

（1）认识 Z-Stack 协议栈的串口通信。

（2）了解 Z-Stack 协议栈的单播组网通信。

（3）培养学生协作与交流的意识与能力，让学生进一步了解 Z-Stack 协议栈的构架。

[内容与要求]

（1）Z-Stack 协议栈的串口通信。

（2）Z-Stack 协议栈的单播组网通信。

任务二　组播实验

[任务目标]

（1）认识 Z-Stack 协议栈的串口通信。

（2）了解 Z-Stack 协议栈的组播组网通信。

（3）培养学生协作与交流的意识与能力，让学生进一步认识了解 Z-Stack 协议栈的构架。

[内容与要求]

（1）Z-Stack 协议栈的串口通信。

（2）Z-Stack 协议栈的组播组网通信。

实训考核

任务一　点播实验

考核要素	评价标准	分值（分）	评分（分）				
			自评（10%）	小组（10%）	教师（80%）	专家（0%）	小计（100%）
点对点通信的定义和点对点发送函数	① 点对点通信的定义和点对点发送函数	40					
协调器收到终端节点发送的信息	② 协调器收到终端节点发送的信息，利用串口助手显示接收的信息	30					
分析总结		30					
合计							
评语（主要是建议）							

任务二　组播实验

考核要素	评价标准	分值（分）	评分（分）				
			自评（10%）	小组（10%）	教师（80%）	专家（0%）	小计（100%）
组播通信的定义和组播发送函数	① 组播通信的定义和组播发送函数	40					
协调器收到同一组终端节点发送的信息	② 协调器收到同一组终端节点发送的信息，利用串口助手显示接收到的信息，无法收到不同组发送的信息	30					
分析总结		30					
合计							
评语（主要是建议）							

实训参考

任务一 点播实验（点对点通信）

一、实训设备

实 验 设 备	数量	备 注
ZigBee Debugger 仿真器	1	下载和调试程序
CC2530 节点	3	调试程序
USB 线	1	连接 PC 机、网关板、调试器
RS232 串口连接线	1	调试程序
SmartRF Flash Programmer 软件	1	烧写物理地址软件
电源	1	供电
Z-Stack-CC2530-2.3.0-1.4.0	1	协议栈软件

二、实训步骤

点播描述的是网络中两个节点相互通信的过程，确定通信对象的就是节点的短地址。利用 SampleApp 例程通过简单的修改完成点播实验。

在 Profile 文件夹中打开 AF.h 文件，找到下面的代码，如图 5.16 所示。

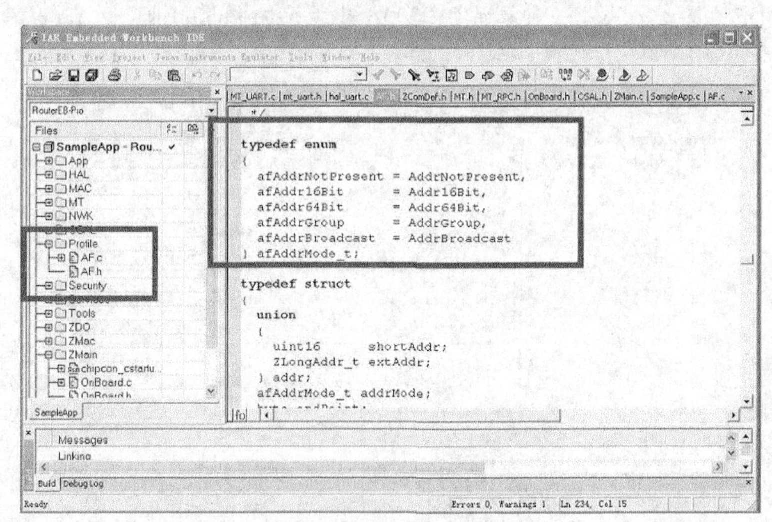

图 5.16 打开 AF.h 文件

注意：ZigBee 设备有两种类型的地址，一种是 64 位 IEEE 地址，另一种是 16 位网络地址。

打开 SampleApp.c 文件，可发现已经存在代码如下。

```
afAddrType_t SampleApp_Periodic_DstAddr;
afAddrType_t SampleApp_Flash_DstAddr;
```

我们按照格式来添加自己的点播地址结构代码如下。

点对点通信定义利用 afAddrType_t SampleApp_Point_to_Point_DstAddr 来实现，如图 5.17 所示。右键单击 go to definition of afAddrType_t 可以找到刚才的枚举内容。

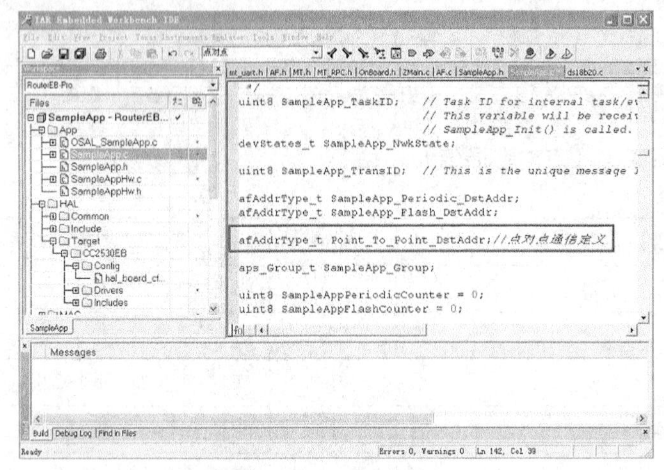

图 5.17　点对点通信定义

在 SampleApp.c 文件中找到 SampleApp_Init(uint8 task_id) 函数进行初始化，代码添加如图 5.18 所示，对 Point_to_Point_DstAddr 的参数进行配置。

```
// 点对点通信定义
SampleApp_Point_to_Point_DstAddr.addrMode = (afAddrMode_t)Addr16Bit; //点播
SampleApp_Point_to_Point_DstAddr.endPoint = SAMPLEAPP_ENDPOINT;
SampleApp_Point_to_Point_DstAddr.addr.shortAddr = 0x0000; //发给协调器
```

第 3 行的意思是点播的发送对象是 0x0000，也就是协调器的地址。节点和协调器是点对点通信。

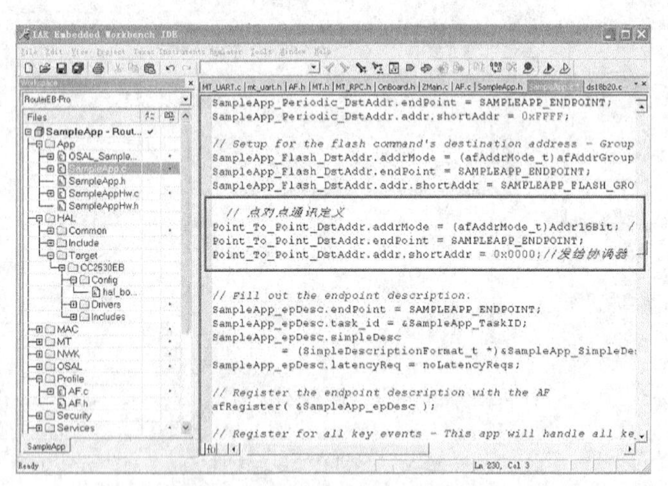

图 5.18　点对点通信定义初始化

继续添加自己的点对点发送函数，代码如下。

```
void SampleApp_SendPointToPointMessage(void)
{
uint8 data[10]={0,1,2,3,4,5,6,7,8,9};
if(AF_DataRequest(&Point_To_Point_DstAddr,
                  &SampleApp_epDesc,
                  SampleApp_ Point_To_Point_CLUSTERID,
```

```
                    10,
                    Data,
                    &SampleApp_TransID,
                    AF_DISCV_ROUTE,
                    AF_DEFAULT_RQDIUS) == afStatus_SUCCESS )
{
}
Else
{
//Error occurred in request to send
}
}
```

添加代码后的效果如图 5.19 所示。

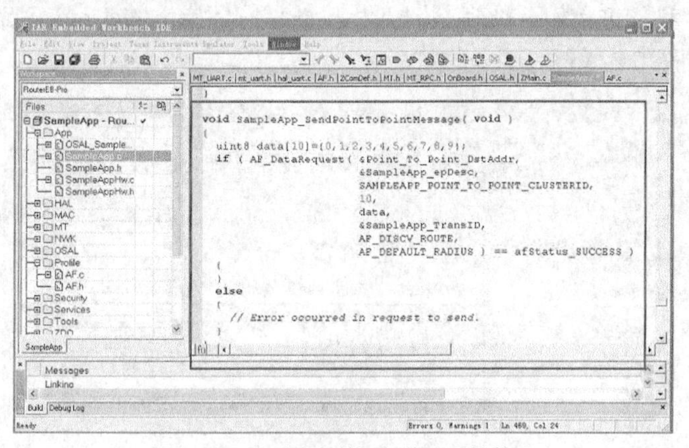

图 5.19 点对点通信添加代码后的效果

其中，我们在 SampleApp.h 中加入 SampleApp_ Point_To_Point_CLUSTERID 的定义如下。
#define SampleApp_ Point_To_Point_CLUSTERID 4 //传输编号，如图 5.20 所示。

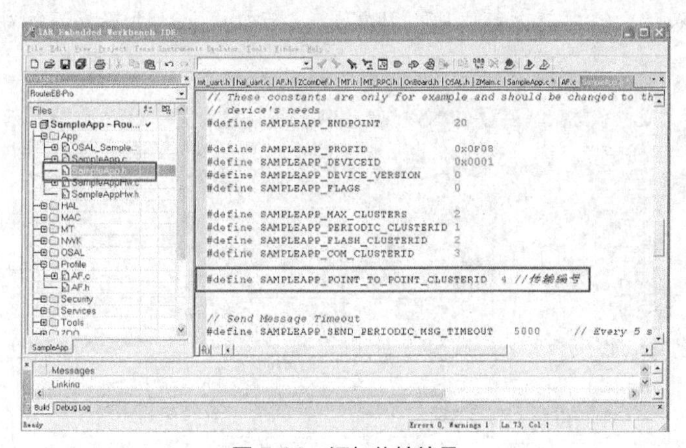

图 5.20 添加传输编号

为了测试程序，将 SampleApp.c 文件下的 SampleApp_SendPeriodicMessage()函数替换成刚刚建立的点对点发送函数 SampleApp_SendPointToPointMessage()，这样就能实现周期性点播发

送数据了，如图 5.21 所示。

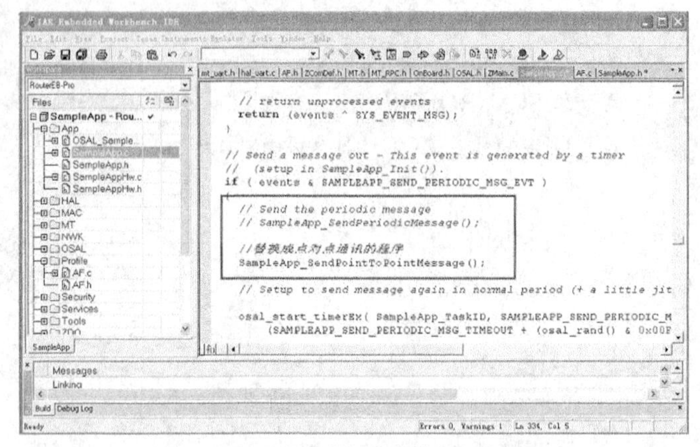

图 5.21　周期性点播发送数据程序代码

在接收方面，我们进行如下修改。将接收 ID 改成刚才定义的 SampleApp_Point_To_Point_CLUSTERID，如图 5.22 所示。

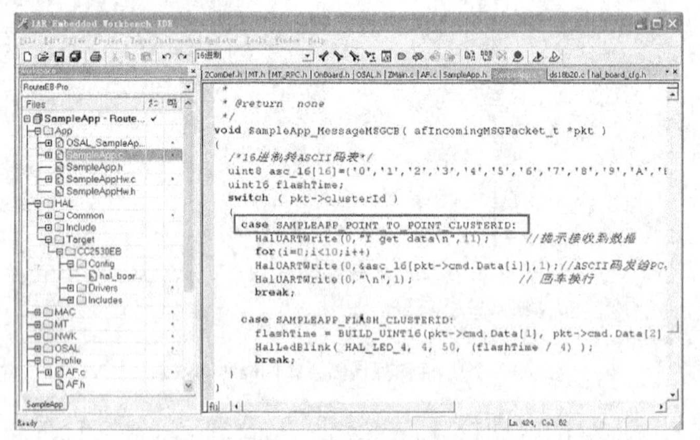

图 5.22　点播接收数据程序代码

由于协调器不允许给自己点播，因此周期性点播初始化时协调器不能初始化，如图 5.23 所示。

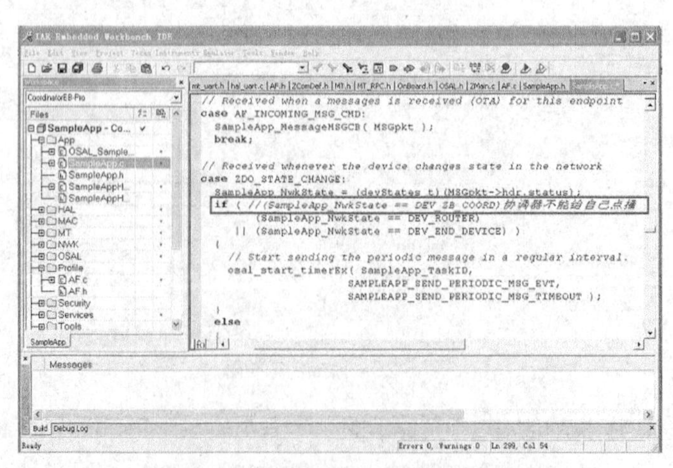

图 5.23　协调器不能给自己点播程序代码

最后，在 SampleApp.c 函数声明里加入如下代码。

```
Void SampleApp_SendPointToPointMessage(void);//点对点通信发送函数定义，否则编译报错
```

将修改后的程序分别以协调器、路由器、终端节点的方式下载到 3 个节点设备中，连接串口，可以看到只有协调器在一个周期内收到信息。也就是说，路由器和终端节点均与地址 0x0000（协调器）的设备通信，不与其他设备通信。实现点对点传输效果，如图 5.24 所示。

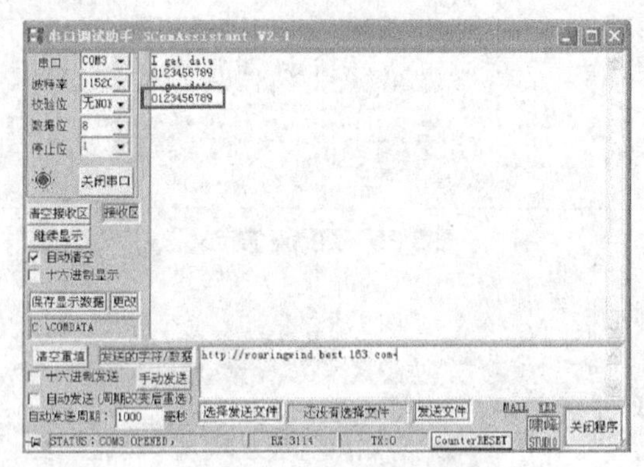

图 5.24　点对点传输效果

任务二　组播实验（在同一 PANID 的网络中建立不同组）

一、实训设备

实验设备	数量	备　注
ZigBee Debugger 仿真器	1	下载和调试程序
CC2530 节点	3	调试程序
USB 线	1	连接 PC 机、网关板、调试器
RS232 串口连接线	1	调试程序
SmartRF Flash Programmer 软件	1	烧写物理地址软件
电源	1	供电
Z-Stack-CC2530-2.3.0-1.4.0	1	协议栈软件

二、实训步骤

组播描述的是网络中所有节点设备被分组后组内相互通信的过程，确定通信对象的就是节点的组号。利用 SampleApp 例程通过简单的修改完成组播实验。

在 SampleApp.c 中添加内容如下，如图 5.25 所示。

```
afAddrType_t Group_DstAddr;//组播通信定义
aps_Group_t WEBEE_Group;//分组内容
```

在 SampleApp.c 文件的 SampleApp_Init(uint8 task_id)函数中初始化组播参数，具体代码如下。

```
//组播通信定义
Group_DstAddr.addrMode = (afAddrMode_t)afAddrGroup;
Group_DstAddr.endPoint = SAMPLEAPP_ENDPOINT;
Group_DstAddr.addr.shortAddr = WEBEE_GROUP;   //组播号
```

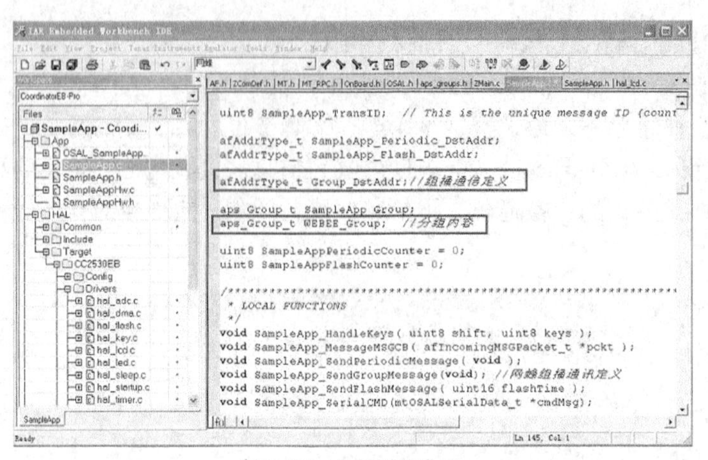

图 5.25　组播通信定义

代码添加，如图 5.26 所示。

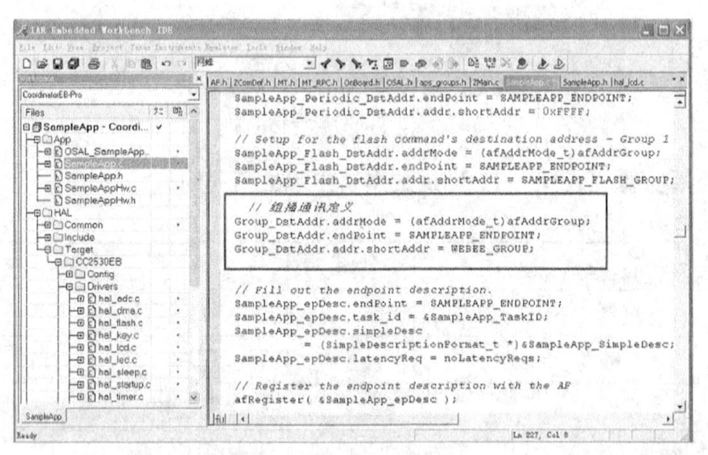

图 5.26　组播通信参数初始化

在 SampleApp.h 文件中添加 WEBEE_GROUP 的定义，具体代码如下。

```
#define WEBEE_GROUP                    0x0002 //组播号 2
```

代码添加，如图 5.27 所示。

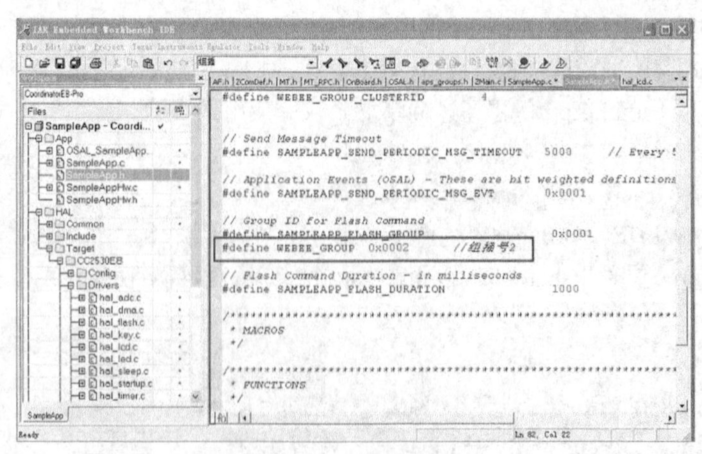

图 5.27　组播号定义

接下来添加自己的组播发送函数，代码如下。

```
void SampleApp_SendPointToPointMessage(void)
{
uint8 data[10]={0,1,2,3,4,5,6,7,8,9};
if(AF_DataRequest(&GROUP _DstAddr,
                  &SampleApp_epDesc,
                  WEBEE_GROUP _CLUSTERID,
                  10,
                  Data,
                  &SampleApp_TransID,
                  AF_DISCV_ROUTE,
                  AF_DEFAULT_RQDIUS) == afStatus_SUCCESS )
{
}
Else
{
//Error occurred in request to send
}
}
```

代码添加，如图 5.28 所示。

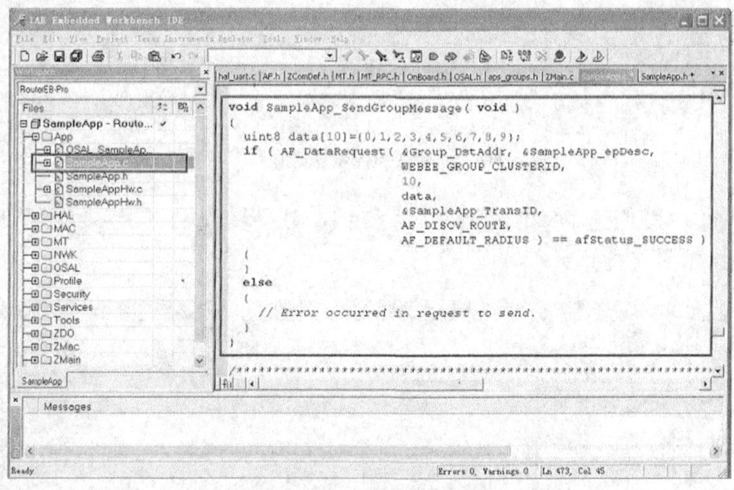

图 5.28　组播添加代码

我们在 SampleApp.h 中加入 WEBEE_GROUP _CLUSTERID 的定义，具体代码如下。

```
#define WEBEE_GROUP _CLUSTERID 4 //传输编号
```

代码添加，如图 5.29 所示。

为了测试程序，将数据传输中 SampleApp.c 文件中 SampleApp_SendPeriodicMessage()函数替换成刚刚建立的组播发送函数 SampleApp_Send GroupMessage()，这样就能实现周期性组播发送数据了，如图 5.30 所示。

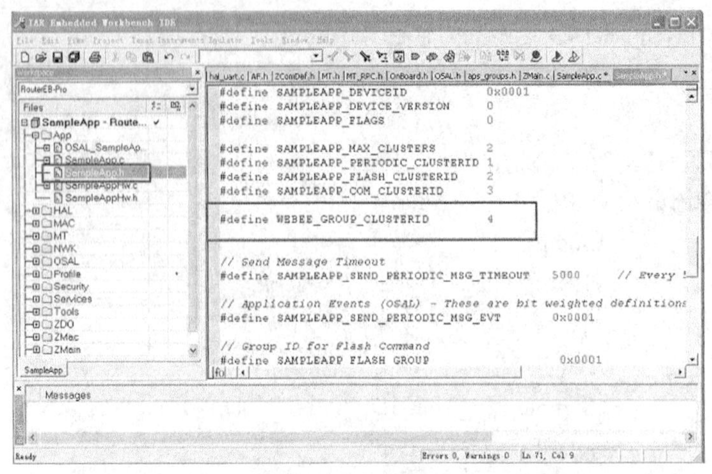

图 5.29 组播传输编号

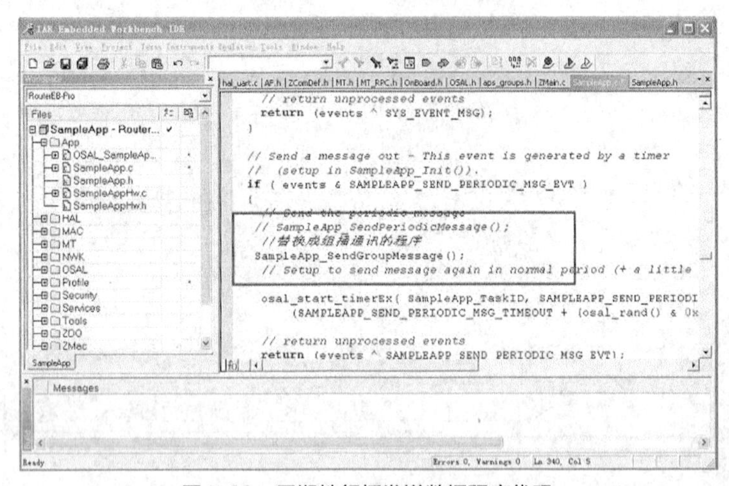

图 5.30 周期性组播发送数据程序代码

在接收方面，我们进行如下修改。将接收 ID 改成刚才定义的 WEBEE_GROUP_CLUSTERID，如图 5.31 所示。

图 5.31 组播接收程序代码

最后，在 SampleApp.c 函数声明里加入代码如下。

```
Void SampleApp_SendGroupMessage(void);//组播通信发送函数定义
```

将修改后的程序分别以协调器、路由器、终端节点的方式下载到 3 个节点设备中，将协调器和路由器组号设置成 0x0002，终端节点组号设置成 0x0003。连接串口，可以观察到只有 0x0002 的两个设备相互发送信息。实现组播传输效果，如图 5.32 所示。

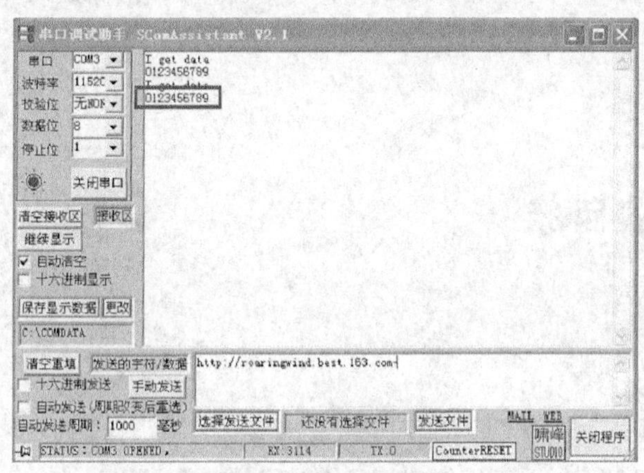

图 5.32 组播通信效果

课后练习

一、填空题

（1）ZigBee 无线传感器网络中，主要有________、________和________3 种类型的设备。

（2）ZigBee 无线传感器网络地址分配方式有________和________。

（3）一个 ZigBee 无线网络必须至少包括________。

（4）最大数量的子节点数是指允许连接到________设备的最大的设备数量。

二、简答题

（1）简述直接寻址和间接寻址的区别。

（2）简述 ZigBee 无线传感器网络的架构主要由哪 3 个值决定。

PART 6

项目六
网关技术应用

本章目标

知识目标

- 掌握 ZigBee 无线传感器网络的网关特点和功能。
- 了解 ZigBee 无线传感器网络的网关分类。
- 掌握 ZigBee 无线传感器网络的网关系统原理。

技能目标

- 掌握 Z-Stack 协议栈的广播组网实现的方法。
- 掌握 Z-Stack 协议栈的串口通信。

6.1 概述

网关，又称为网间连接器。网关在传输层上实现网络互联，是最复杂的网络互联设备，用于两个或两个以上高层协议不同的网络互联。网关的结构类似于路由器设备，不同的是互联层。网关既可用于广域网互联，也可用于局域网互联，是一种充当协议转换重任的计算机系统或设备。

ZigBee 无线传感器网络网关节点是 ZigBee 无线传感器网络的控制中心，能够主动扫描其覆盖范围内的所有传感器节点，管理整个无线监测网络完整的路由表，接收来自其他节点的数据，并对数据进行校正、融合等处理，通过 GPRS 或者以太网等网络基础设施将其发送到远程监控中心，同时对于监控中心所发出的指令给予相应的处理。网关节点通常连接两个或多个相互独立的网络，需要在传输层以上对不同的协议进行转换，因此对中央控制器的数据传输和运算能力有较高要求。

6.2 网关的分类

网关根据应用领域的不同，一般可以分为协议网关、应用网关和安全网关。

6.2.1 协议网关

协议网关通常在不同协议的网络间做协议转换工作，这是网关最常见的功能。协议转换必须在数据链路层以上的所有协议层都运行，而且节点使用这些协议层的进程透明。协议转换必须考虑两个协议之间特定的相似性和差异性，所以协议网关的功能比较复杂。协议网关中比较典型的代表是专用网关和两层协议网关。

1．专用网关

专用网关能够在传统的大型机系统和迅速发展的分布系统间建立桥梁。典型的专用网关将基于 PC 的客户端与局域网边缘的转换器相连。该转换器通过 X.25 广域网提供对大型机系统的访问。专用网关结构如图 6.1 所示。

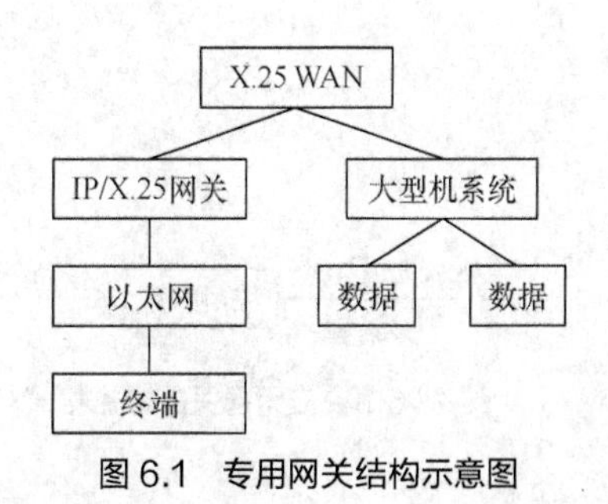

图 6.1 专用网关结构示意图

2．两层协议网关

两层协议网关提供局域网到局域网的转换。在使用不同帧类型或时钟频率的局域网间互连可能就需要这种转换。

所有的 IEEE 802 标准都共享公共介质访问层，但是不同标准之间的帧结构可能不同，如 IEEE 802.3 标准和 IEEE 802.5 标准。不同标准间帧结构的不同导致两种协议之间不能直接通信，如图 6.2 所示。

字节：6	1	6	6	2	可变长度	4
序号	开始标识符	目的地址	源地址	长度	数据	帧校验

IEEE 802.3 以太网帧结构

图 6.2 不同的协议帧结构

字节：1	1	1	6	6	可变长度	1
开始标识符	访问控制域	帧控制域	目的地址	源地址	数据	帧尾

IEEE 802.5 令牌环帧结构

图 6.2 不同的协议帧结构（续）

协议网关利用两层协议帧的共同点，如 MAC 地址，提供帧结构不同部分的转换，使两层网络协议互通。第一代局域网需要独立的设备来提供协议网关，现在多协议交换集线器通常提供高带宽主干，在不同的帧类型间作为协议网关。

6.2.2 应用网关

应用网关是在应用层连接两部分应用程序的网关，是在不同数据格式间翻译数据的系统。这类网关一般只适合于某种特定的应用系统的协议转换。

应用网关的典型应用是在不同数据格式间翻译数据，接收一种格式的输入，将之翻译，然后以新的格式发送，如图 6.3 所示。输入、输出接口可以是分立的，也可以使用同一网络相连。

应用网关可以用于局域网客户机与外部数据源相连，这种网关的本地主机提供了与远程交互式应用的连接。将应用的逻辑和执行代码置于局域网中，客户端不再具有低带宽、高延迟的广域网的特点，其响应时间更短。应用网关将请求发送给相应的计算机来获取数据，如果需要可以将数据格式转换成客户所要求的格式。图 6.4 所示为局域网与外部数据的转换。

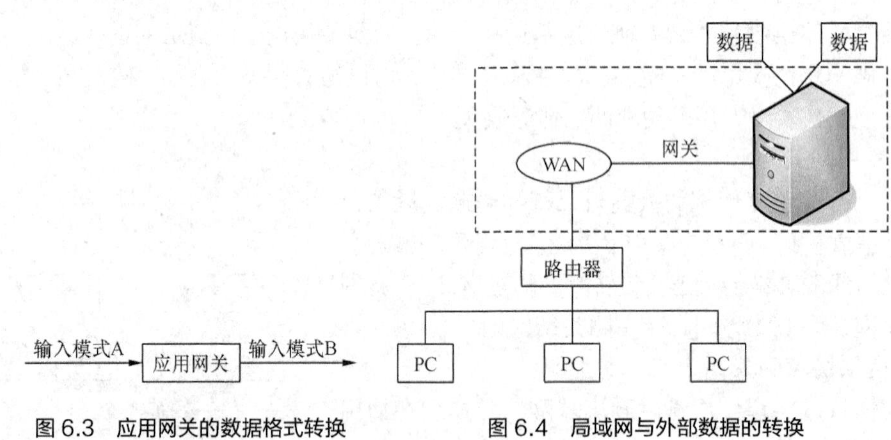

图 6.3 应用网关的数据格式转换

图 6.4 局域网与外部数据的转换

6.2.3 安全网关

安全网关类似于防火墙，网关可以是本地的，也可以是远程的。目前，网关已成为网络上每个用户都能访问大型主机的通用工具。

在网络中安全网关是指一种将内部网和公众访问网分开的工具，实际上是一种网关隔离技术。安全网关是在两个网络通信时执行的一种访问控制尺度，它允许合法的数据进入网络，同时将不合法的数据隔离在网络外部。安全网关具有很好的保护作用，入侵者必须穿越安全网关的防线，才能接触到目标计算器。此外，可以将安全网关配置成不同的保护级别。

6.3 网关的特点与功能

网关是一种使不同的网络协议相互转换的设备，但是在设计 ZigBee 无线传感器网络网关时，必须考虑传感器网络的特点及网关的特点和功能

6.3.1 网关的特点

广义上的网关有以下两个特点。

（1）连接不同协议的网络。在一个大型的计算机网络中，当类型不同而协议又差别很大时，可以利用网关实现多个物理上或逻辑上独立的网络间的连接。由于协议转换的复杂性，一般只进行一对一的转换或者少数集中应用协议的转换。

（2）可以用于广域网互联，也可以用于局域网互联。对具有不同网络体系结构而且物理上又彼此独立的网络，可以使用网关连接起来。被连接的两个网络可以是相同的，也可以是不同的。用网关互联的两个网络在物理上可以是同一个网络。

ZigBee 无线传感器网络由成百上千个节点组成，且一般部署在环境比较恶劣的场合。在恶劣的环境中，频繁地为数量巨大的节点更换电池是不现实的。因此，ZigBee 无线传感器网络网关节点的能源供给都是一次性电池。ZigBee 无线传感器网络网关具有以下特点。

① 能耗方面：寿命长、高能效、低成本等。

② 数据处理方面：数据吞吐量大，计算能力、存储能力要求高等。

③ 通信距离方面：网关的传输范围比普通的 ZigBee 无线传感器网络节点的传输范围远，以此保证数据传输到外网的监控中心。

④ 在采用无线网络作为网关和监控中心的传输媒介时，要保证网关能与最近的基站通信。

6.3.2 网关的功能

广义上的网关具有以下功能。

① 协议转换能力；

② 流量控制能力；

③ 在各个网络之间可靠地传输信息的能力；

④ 路由选择能力；

⑤ 将数据分组、分段和重装的能力。

ZigBee 无线传感器网络网关在完成协议转换的同时，可以承担组建和管理 ZigBee 无线传感器网络的诸多工作，具体功能如下：

① 扫描并选定数据传输的物理信道，分配 ZigBee 无线传感器网络内的网络，发送广播同步帧，初始化 ZigBee 无线传感器网络设备；

② 配合 ZigBee 无线传感器网络所采用的 MAC 算法和理由协议，协助节点完成与邻居节点连接的建立和路由的形成；

③ 对接收数据进行协议转换；

④ 对从各个节点接收到的数据的具体应用和需求以及当前的带宽，自适应地启动数据融合算法，降低数据冗余度；

⑤ 处理来自监控中心的控制命令。

6.4 ZigBee 无线传感器网络网关选型

ZigBee 无线传感器网络网关属于协议网关的一种，可以转换不同的协议。在 ZigBee 无线传感器网络中汇聚节点用于连接传感器网络、互联网和 Internet 等外部网络，可实现几种通信协议之间的转换，所以在 ZigBee 无线传感器网络中可以认为汇聚节点是 ZigBee 无线传感器网络的网关。

ZigBee 无线传感器网络的网关由网关开发板、显示屏、CC2530 模块等组成，其外观如图 6.5 所示。

图 6.5 ZigBee 无线传感器网络的网关外观

6.4.1 网关开发板

网关开发板以 STM32F107VCT6 为核心处理器，外部集成了串口、USB、CC2530 插槽、SD 卡插槽、蜂鸣器、以太网等。

STM32F107VCT6 处理器基于 ARM V7 架构的 Cortex-M3 内核，主频为 72MHz，内部含有 256K 字节的 FLASH 和 64KB 的 SRAM 。STM32F107VCT6 MAU 的主要硬件资源如下。

① ARM CM3 内核，最高频率可达 72MHz。

② 60 针和 100 针两种管脚配置，多种封装方式。

③ 64～256KB FLASh 存储器，64KB SRAM 存储器。

④ 2.0～3.6V 电源。

⑤ 2 个 12 位、1us A/D 转换器（16 通道）。

⑥ 2 个 12 位 D/ A 转换器。

⑦ 12 通道 DMA 控制器。

⑧ 支持 SWD 和 JTAG 的调试接口。

⑨ 10 个定时计数器。

⑩ 14 个通信接口。

网关开发板的 STM32F107VCT6 处理器主要完成以下两种协议的转换。

① 以太网↔串口。

② 以太网↔USB。

6.4.2 CC2530 模块

CC2530 是 ZigBee 芯片的一种，广泛使用于 2.4GHz 片上系统解决方案，建立在基于 IEEE 802.15.4 标准的协议之上，支持 ZigBee 2006、ZigBee 2007 和 ZigBee Pro 协议。CC2530 芯片支持“ZigBee 协议↔串口”协议的转换。

在 ZigBee 无线传感器网络数据采集和传输的过程中，CC2530 模块通过无线可以接收到其他传感器节点的数据，此无线通信协议即为 ZigBee 协议。

6.4.3 网关协议的转换

网关的主要作用就是通过协议转换将数据发送出去。将 CC2530 模块插入到网关开发板的 CC2530 插槽中，它便成为网关开发板的一部分。网关协议转化过程如图 6.6 所示。

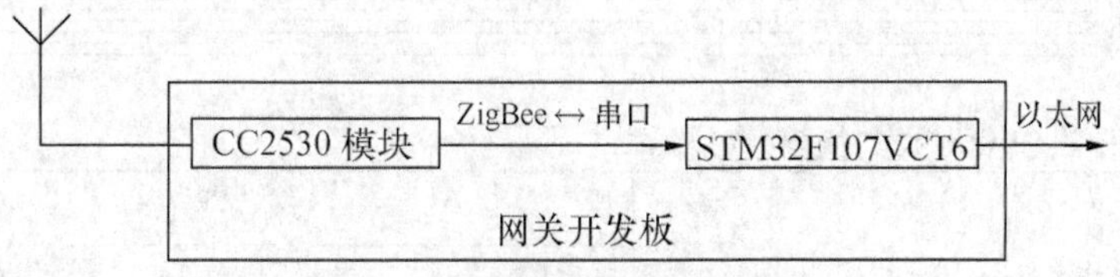

图 6.6 网关协议转换过程示意图

CC2530 模块通过协议接收到其他支持 ZigBee 协议节点发送的数据后，将此数据经过"ZigBee 协议↔串口"的转化，通过串口可以将数据传输至网关开发板的 STM32F107VCT6 处理器中。

网关开发板的 STM32F107VCT6 处理器可以通过处理将协议转换为以太网，再将数据通过以太网发送出去。

项目小结

（1）网关又称为网间连接器、协议转换器，是多个网络间提供数据转换服务的计算机系统或设备。

（2）协议网关在不同协议的网络区域间进行协议转化。

（3）应用网关是在应用层连接两部分应用程序的网关，是在不同数据格式间翻译数据的系统。

（4）安全网关类似于防火墙，网关可以是本地的，也可以是远程的。

（5）ZigBee 无线传感器网络网关在完成协议转换的同时还可以承担组建和管理 ZigBee 无线传感器网络的诸多工作。

（6）无线传感器网关是协议网关的一种，主要完成不同协议之间的转化。

主要概念

网关、协议网关、应用网关、安全网关。

项目实训

任务　基于 Z-Stack 的广播实验

[任务目标]

（1）认识 Z-Stack 协议栈的串口通信。

（2）了解 Z-Stack 协议栈的广播组网通信。

（3）培养学生协作与交流的意识与能力，让学生进一步了解 Z-Stack 协议栈的构架。

[内容与要求]

（1）Z-Stack 协议栈的串口通信。

（2）Z-Stack 协议栈的广播组网通信。

实训考核

任务　基于 Z-Stack 的广播实验

考核要素	评价标准	分值（分）	评分（分）				
			自评（10%）	小组（10%）	教师（80%）	专家（0%）	小计（100%）
Z-Stack 协议栈下串口通信的实现	① Z-Stack 协议栈下串口通信的操作步骤和程序实现	40					
Z-Stack 协议栈的组网广播通信的实现	② Z-Stack 协议栈的组网广播通信的操作步骤和程序实现	30					
分析总结		30					
合计							
评语（主要是建议）							

实训参考

基于 Z-Stack 的广播实验

一、实验设备

实 验 设 备	数量	备　　注
ZigBee Debugger 仿真器	1	下载和调试程序
CC2530 节点	3	调试程序
USB 线	1	连接 PC 机、网关板、调试器
RS232 串口连接线	1	调试程序
SmartRF Flash Programmer 软件	1	烧写物理地址软件
电源	5	供电
Z-Stack-CC2530-2.3.0-1.4.0	1	协议栈软件

二、实验原理

1．原理说明

广播就是任何一个节点设备发出广播数据，网络中的任何设备都能收到。

在一个 ZigBee 广播网络内，网络中的任何设备都可以向同属该网络的其他设备进行广播；本地的应用层实体通过 NLDE-DATA.request 原语来进行广播传输，其中将参数 DstAddr 设置为广播地址，如表 6.1 所示

表 6.1　广播地址

广 播 地 址	目 的 地 组
0xFFFF	个域网的所有设备
0xFFFe	保留
0xFFFd	macRxOnWhenIdle=TRUE
0xFFFc	所有的路由器和协调器
0xFFFb	仅对低功耗路由器
0xFFF8～0xFFFa	保留

为发送一个广播 MSDU，ZigBee 路由器或协调器的网络层发送一个 MCPS-DATA.request 原语，其中将参数 DstAddrMode 设置为 0x02（16 位网络地址），将参数 DstAddr 设置为广播网络地址 0xffff。作为 ZigBee 的终端设备，一个广播帧的 MAC 目的地址应该与终端设备的父节点的 16 位网络地址一致。其 PANID 参数应该设置为该 ZigBee 网络的 PANID。但这个协议不支持多个网络广播。广播传输不采用 MAC 层确认方式，而使用被动的确认方式。被动确认机制是指每一个 ZigBee 路由器和协调器跟踪它的邻居设备以确认是否成功广播传输。将 TxOption 参数的确认传输标志设置为 FALSE，则禁止 MAC 层的确认机制。其他所有 TxOption 参数的标志应该按照网络结构来设置。

2．协议栈的一些文件说明

展开工程目录下的 Tools 目录，如图 6.7 所示。

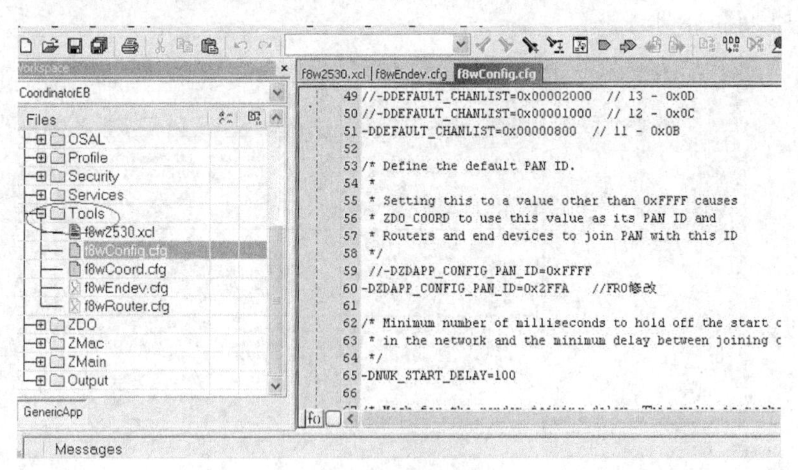

图 6.7　配置文件

f8w2530.cxl：该文件包含 CC2530 单片机的链接控制指令，包括堆栈的大小、内存分配等，一般情况下不需要修改。

f8wConfig.cfg：该文件包含信道选择、网络 ID 号等有关的链接命令，如我们的信道默认为-DDEFAULT_CHANLIST=0x00000800　// 11 - 0x0B；建立网络 ID 的默认 ID 为-DZDAPP_CONFIG_PAN_ID=0xFFFF。所以，当要建立不同的网络信道及网络 ID 时就可以在这里修改。

f8wCoord.cfg：配置无线网络中的协调器设备类型及 CPU 的运行频率，如下面的代码就定义了该设备具有协调器和路由器的功能，其代码具体如下。

```
/* Coordinator Settings */
-DZDO_COORDINATOR                    // Coordinator Functions
-DRTR_NWK                            // Router Functions
```

注意：协调器是建立网络的设备，在网络建立好以后，其实它在上位机与终端节点之间也是起到路由的作用。

f8wEndev.cfg：配置无线网络中的终端节点 CPU 的运行频率及 MAC 的设定。

f8wR outer.cfg：配置无线网络中的路由设备的 CPU 的运行频率、MAC 的设定及路由的设定等。

三、实验过程

打开 SampleApp.c 文件，可发现已经存在代码如下。

```
afAddrType_t SampleApp_Periodic_DstAddr;
afAddrType_t SampleApp_Flash_DstAddr;
```

我们按照格式来添加自己的广播地址结构代码如下。

```
afAddrType_t Broadcast_DstAddr;
```

在 SampleApp.c 文件中找到 SampleApp_Init(uint8 task_id) 函数进行广播参数初始化，代码如下。

```
// 广播通信定义
Broadcast_DstAddr.addrMode = (afAddrMode_t)AddrBroadcast;
Broadcast_DstAddr.endPoint = SAMPLEAPP_ENDPOINT;
Broadcast_DstAddr.addr.shortAddr = 0xFFFF;
```

代码添加如图 6.8 所示。

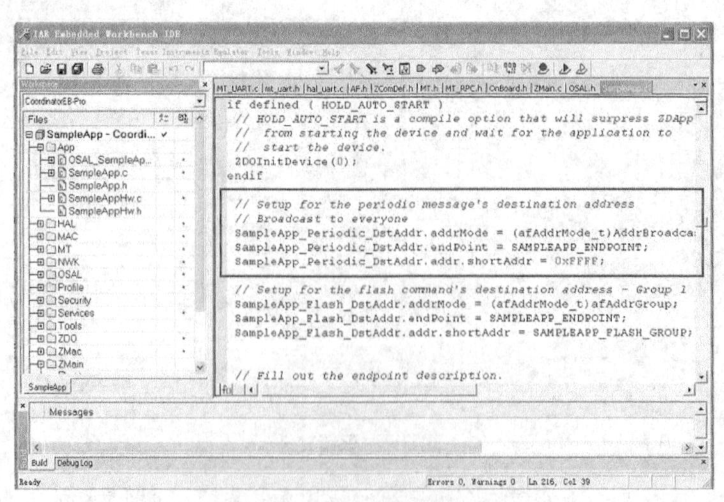

图 6.8　添加广播代码程序 1

修改自带的广播发送函数，代码如下。

```
void SampleApp_SendPointToPointMessage(void)
{
uint8 data[10]={0,1,2,3,4,5,6,7,8,9};
if(AF_DataRequest(&SampleApp _Periodic_ DstAddr,
                  &SampleApp_epDesc,
                  SampleApp_ PERIODIC_CLUSTERID,
                  10,
                  Data,
                  &SampleApp_TransID,
                  AF_DISCV_ROUTE,
                  AF_DEFAULT_RQDIUS) == afStatus_SUCCESS )
{
}
Else
{
//Error occurred in request to send
}
}
```

代码添加，如图 6.9 所示。

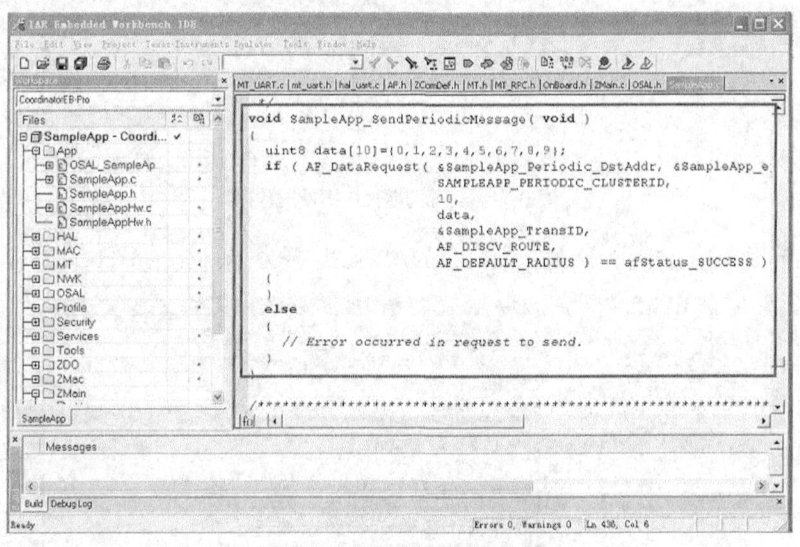

图 6.9 添加广播代码程序 2

在 SampleApp.h 中加入 SampleApp_PERIODIC_CLUSTERID 的定义代码如下。

```
#define SampleApp_PERIODIC_CLUSTERID 1   //广播传输编号
```

代码添加，如图 6.10 所示。

接下来测试我们的程序，按照原来的代码保留函数 SampleApp_SendGroupMessage()，这样就能实现周期性广播发送数据了，如图 6.11 所示。

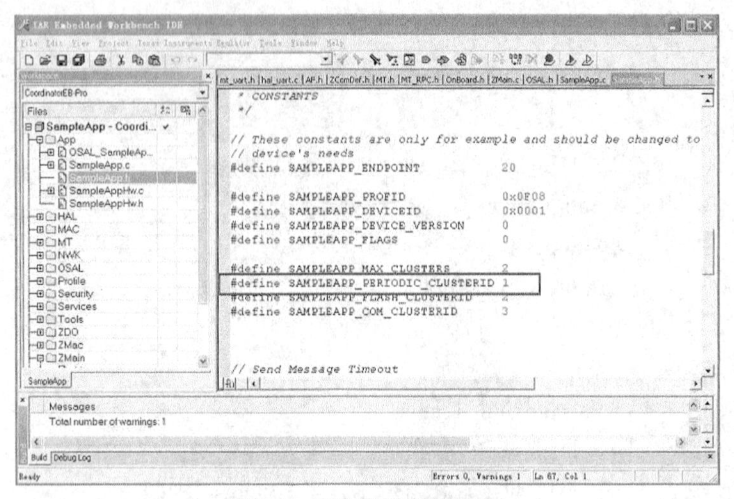

图 6.10　添加广播代码程序 3

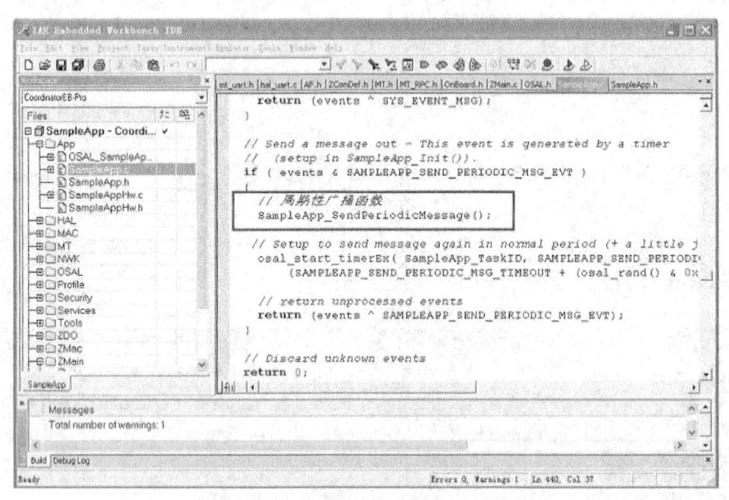

图 6.11　实现周期性广播发送数据

在接收方面，默认接收 ID 就是刚定义的周期性广播发送 ID，如图 6.12 所示。

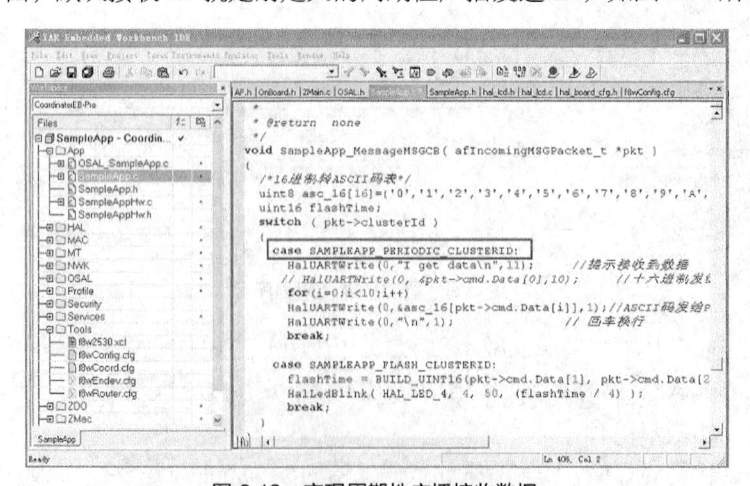

图 6.12　实现周期性广播接收数据

将修改后的程序分别以协调器、路由器和终端节点的方式下载到 3 个设备，可以看到各个设备都在广播发送信息，同时也接收广播信息。广播通信效果如图 6.13 所示。

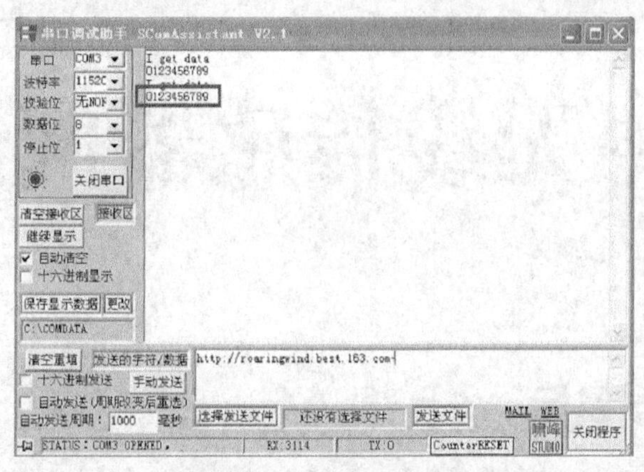

图 6.13　广播通信实验效果

课后练习

一、填空题

（1）网关根据应用领域的不同，分类也不相同，一般可以分为________、________和________。

（2）ZigBee 无线传感器网络网关属于________的一种，可以转换不同的协议。

二、简答题

（1）简述 ZigBee 无线传感器网络网关的特点和功能。

（2）简述 ZigBee 协议与以太网协议的转换过程。

PART 7 项目七 ZigBee 无线传感器网络设计

本章目标

知识目标

- 掌握 ZigBee 无线传感器网络系统设计的基本要求。
- 了解 ZigBee 无线传感器网络的安全设计。
- 掌握 ZigBee 无线传感器网络的硬件和软件设计。

技能目标

- 掌握 Z-Stack 协议栈的串口通信。
- 掌握 Z-Stack 协议栈的点播通信。
- 掌握 Z-Stack 协议栈程序的移植。

7.1 ZigBee 无线传感器网络系统设计的基本要求

7.1.1 系统总体设计原则

ZigBee 无线传感器网络的载波媒体可能的选择包括红外线、激光和无线电波。为了提高网络的环境适应性，所选择的传输媒体应该是在多数地区内都可以使用的。红外线的使用不需要申请频段，不会受到电磁信号的干扰，而且红外线收发器价格便宜。激光通信保密性强、速度快。但红外线和激光通信的一个共同问题是要求发送器和接收器在视线范围之内。这对于节点随机分布的 ZigBee 无线传感器网络来说，难以实现，因而其使用受到了限制。在国外已经建立起来的 ZigBee 无线传感器网络中，多数传感器节点的硬件设计基于射频电路。由于使用的 ISM 频段不需要向无线电管理部门申请，所以很多系统采用 ISM 频段作为载波频率。

ZigBee 无线传感器网络的基本设计原则具体如下。

① 节能是 ZigBee 无线传感器网络节点设计最主要的问题。ZigBee 无线传感器网络部署在人们无法接近的场所，而且不常更换供能设备，所以对节点功耗的要求就非常严格。在设计过程中，应当使用合理的能量监测与控制机制，将功耗限制在毫瓦甚至更低的数量级。

② 成本的高低是衡量 ZigBee 无线传感器网络节点设计好坏的重要指标。ZigBee 无线传感器网络节点通常大量散布，只有低成本才能保证节点的广泛使用。这就要求无线传感器节点的各个模块的设计不能特别复杂，否则将不利于降低成本。

③ 小型化是 ZigBee 无线传感器网络追求的目标。只有节点本身足够小，才能保证不影响目标系统环境。特别是在工业应用环境等特殊环境中，小型化是首要考虑的问题。

④ 可扩展性是 ZigBee 无线传感器网络设计中必须要考虑的问题。节点应当在具备通用处理器和通信模块的基础上拥有完整、规范的外部接口，以适用不同的组件。

7.1.2 WSN 路由协议设计要求

对于传感器网络的特点与通信需求，网络层需要解决通过局部信息来决策并优化全局行为（路由生成与路由选择）的问题，其协议设计非常具有挑战性。在设计过程中需要考虑的因素有节能（Energy Efficiency）、可扩展性（Scalability）、传输延迟（Latency）、容错性（Fault Tolerance）、精确度（Accuracy）和服务质量（Quality of Service,QoS）等。因此，在 WSN 路由协议设计时一般应遵循以下设计原则。

（1）健壮性

在 WSN 中，由于能量限制、拓扑结构频率变化和环境等因素的干扰，WSN 节点容易发生故障。因此，应尽量利用节点容易获得的网络信息计算路由，以确保在路由出现故障时能够尽快得到恢复；还可以采用多路径传输来提高数据传输的可靠性。路由协议具有健壮性可以保证部分传感器节点的损坏不会影响到全局任务。

（2）通过减少通信量来降低能耗

由于 WSN 中数据通信最为耗能，因此应在协议中尽量减少数据通信量。例如，可以在数据查询或数据上报时采用某种过滤机制，抑制节点传输不必要的数据；可以采用数据融合机制，在数据传输到 Sink 点前就完成可能的数据计算。

（3）保持通信量负载均衡

通过灵活使用路由策略让各个节点均衡地分担数据传输任务，平衡节点的剩余能量，提高整个网络的生命周期。例如，可在层次路由中采用动态簇头，在路由选择中采用随机路由而非稳定路由，在路径选择中考虑节点的剩余能量等。

（4）路由协议应具有安全机制

由于 WSN 的固有特性，路由协议通过广播多跳的方式实现数据交换，其路由协议极易受到安全威胁，攻击者对未受到保护的路由信息可进行多种形式的攻击。

（5）可扩展性

随着节点数量的增加，网络的存活时间和处理能力增强，路由协议的可扩展性可以有效地融合新增节点，使它们参与到全局的应用中。

7.1.3 评价指标体系

对无线传感节点而言，评价指标体系主要包括功耗、灵活性、鲁棒性、安全性、计算和通信能力、同步性能，以及成本和体积等，其中功耗和通信功能是决定性的指标。对 ZigBee 无线传感器网络而言，评价指标体系主要包括能源有效性、生命周期、时间延迟、感知精度、容错性、可扩展性等。

（1）能源有效性

所谓能源有效性是指网络在有限的能源条件下能够处理的请求数量。能源有效性是 ZigBee 无线传感器网络的重要性能指标。

（2）生命周期

生命周期是指从网络启动到不能为观察者提供需要的信息为止所持续的时间。

（3）时间延迟

时间延迟是指观察者发出请求到其接收到回答所需要的时间。

（4）感知精度

感知精度是指观察者接收到的感知信息的精度。感知精度主要由传感器的精度、信息处理的方法和网络通信协议等因素决定。

（5）容错性

由于环境或其他原因，维护或替换失效节点是十分困难的。因此，WSN 的软件和硬件必须具有很强的容错性，以保证系统具有高强壮性。

（6）可扩展性

可扩展性是指表现在节点数量、网络覆盖区域、生命周期、时间延迟、感知精度等方面的可扩展极限。传感器网络必须提供支持该可扩展性级别的机制和方法，进行功能扩展。

7.2 ZigBee 无线传感器网络的安全

7.2.1 传感器网络的安全分析

ZigBee 无线传感器网络是一种自组织网络，通过大量低成本、资源受限的传感器节点设备协同工作实现某一特定任务。

传感器网络为在复杂的环境中部署大规模的网络，进行实时数据采集与处理带来了希望，但同时它通常部署在无人维护、不可控制的环境中，除了具有一般无线网络所面临的信息泄露、信息篡改、重放攻击、拒绝服务攻击等多种威胁外，还面临着传感器节点容易被攻击者物理操纵，并获取存储在传感器节点中的所有信息，从而控制部分网络的威胁。用户不可能接受并部署一个没有解决好安全和隐私问题的传感器网络，因此在进行 WSN 协议和软件设计时，必须充分考虑 WSN 所面临的安全问题，并把安全机制集成到系统设计中去。

1．传感器网络的特点

传感器网络的特点主要体现在以下几个方面。

（1）能量有限

能量是限制传感器节点能力、寿命的最主要的约束性条件。现有的传感器节点都是通过标准的 AAA 或 AA 电池进行供电的，并且不能重新充电。

（2）计算能力有限

传感器节点 CPU 一般只具有 8 位、4～8MHz 的处理能力。

（3）存储能力有限

传感器节点一般包括 3 种形式的存储器，即 RAM、程序存储器和工作存储器。RAM 用于存放工作时的临时数据，一般不超过 2KB。程序存储器用于存储操作系统、应用程序以及安全函数等。工作存储器用于存放获取的传感信息。程序存储器和工作存储器一般也只有几十千字节。

（4）通信范围有限

为了节约信号传输时的能量消耗，传感器节点的 RF 模块的传输能量一般为 10～100mW，传输的范围也局限于 100～1000m。

（5）防篡改性

传感器节点是一种价格低廉、结构松散、开放的网络设备。攻击者一旦获取传感器节点，就很容易获得和修改存储在传感器节点中的密钥信息以及程序代码等。

另外，大多数传感器网络在进行部署前，其网络拓扑是无法预知的；同时部署后，整个网络拓扑、传感器节点在网络中的角色也是经常变化的。因此，ZigBee 无线传感器网络预配置的能力是有限的，很多网络参数、密钥等都是传感器节点在部署后进行协商形成的。

2．ZigBee 无线传感器网络的安全特点

① 资源受限、通信环境恶劣。WSN 单个节点能量有限，存储空间和计算能力差，直接导致了许多成熟、有效的安全协议和算法无法顺利得以应用。另外，节点之间采用无线通信方式，信道不稳定，信号不仅容易被窃听，而且容易被干扰或篡改。

② 部署区域的安全无法得到保障，节点容易失效。传感器节点一般部署在无人值守的恶劣环境中，其工作空间本身就存在不安全因素，节点很容易受到破坏或被俘，一般无法对节点进行维护，节点很容易失效。

③ 网络无基础框架。在 WSN 中，各节点以自组织的方式形成网络，以单跳或多跳的方式进行通信，由节点相互配合实现路由功能，没有专门的传输设备，传统的端到端的安全机制无法直接得以应用。

④ 部署前地理位置具有不确定性。在 WSN 中，节点通常随机部署在目标区域，任何节点之间是否存在直接连接在部署前是未知的。

7.2.2 传感器网络的安全性目标

1．WSN 的安全目标及实现基础

虽然 WSN 的主要安全目标和一般网络没有多大区别，包括保密性、完整性、可用性等，但考虑到 WSN 是典型的分布式系统，并以消息传递来完成任务的特点，可以将其安全问题归结为消息安全和节点安全。所谓消息安全是指节点之间传输的各种报文的安全性。节点安全是指针对传感器节点被俘获并改造而变为恶意节点时，网络能够迅速地发现异常节点，并有效地防止其产生更大的危害。事实上，当节点被攻破，密钥等重要信息被窃取时，攻击者很容易控制被俘节点或复制恶意节点以危害消息安全。因此，节点安全高于消息安全，确保传感器节点安全尤为重要。

维护传感器节点安全的首要问题是建立节点信任机制。传感器节点通信开销很大，及不稳定的信息和通信延迟，导致公钥密码体制不适合在资源受限的 WSN 中使用。因此，密钥管理是安全管理中最重要、最基础的环节。

2．WSN 的安全需求

（1）保密性

保密性要求对 WSN 节点间传输的信息进行加密，让任何人在截获节点间的物理通信信号后不能直接获得其所携带的消息。

（2）完整性

WSN 的无线通信环境为恶意节点实施破坏提供了方便。完整性要求节点收到的数据在传输过程中未被插入、删除或篡改，即保证接收到的消息与发送的消息是一致的。

（3）健壮性

WSN 一般被部署在恶劣环境、无人区域或敌方阵地中，外部环境条件具有不确定性。另外，随着旧节点的失效或新节点的加入，网络的拓扑结构不断发生变化。因此，WSN 必须具有很强的适应性，才能使单个节点或者少量节点的变化不会威胁到整个网络的安全。

（4）真实性

WSN 的真实性主要体现在点到点的消息认证和广播认证两个方面。点到点的消息认证使得某一节点在接到另一节点发送来的消息时，能够确认这个消息是从该节点发送过来的，而不是别人冒充的。广播认证主要解决单个节点向一组节点发送统一通告时的认证安全问题。

（5）时效性

在 WSN 中，网络多路径传输延时的不确定性和恶意节点的重放攻击使得接收方可能收到延后的相同数据包，消息的时效性要求接收方收到的数据包都是最新的、非重放的。

（6）可用性

可用性要求 WSN 能够按预先设定的工作方式向合法的用户提供信息访问服务。然而，攻击者可以通过信号干扰、伪造或者复制等方式使 WSN 处于部分或全部瘫痪状态，从而破坏系统的可用性。

（7）访问控制

WSN 不能通过设置防火墙进行访问过滤，由于硬件受限，也不能采用非对称加密体制的数字签名和公钥证书机制。WSN 必须建立一套符合自身特点，综合考虑性能、效率和安全性的访问控制机制。

7.2.3　传感器网络的安全策略

根据 ZigBee 无线传感器网络的安全分析可知，ZigBee 无线传感器网络容易遭受传感器节点的物理操纵、传感信息的窃听、私有信息的泄露、拒绝服务攻击等多种威胁和攻击。下面，我们根据 WSN 的特点，对 WSN 面临的潜在安全威胁分别进行描述和对策探讨。

1．传感器节点的物理操纵

未来的传感器网络一般有成百上千个传感器节点，很难对每个节点进行监控和保护，因而每个节点都是一个潜在的攻击点，都能被攻击者进行物理和逻辑攻击。另外，传感器通常部署在无人维护的环境当中，这更加方便了攻击者捕获传感器节点。当捕获了传感器节点后，攻击者就可以通过编程接口（如 JTAG 接口），修改或获取传感器节点中的信息或代码。攻击者可以把 EEPROM、Flash 和 SRAM 中的所有信息传输到计算机中，通过汇编软件，可以很方便地把获取的信息转换成汇编文件格式，从而分析出传感器节点所存储的程序代码、路由协议及密钥等机密信息，同时还可以修改程序代码，并加载到传感器节点中。

目前通用的传感器节点具有很大的安全漏洞，攻击者通过此漏洞，可方便地获取传感器节点中的机密信息、修改传感器节点中的程序代码，如使得传感器节点具有多个身份 ID，从而以多个身份在传感器网络中通信等。另外，攻击还可以通过获取存储在传感节点中的密钥、代码等信息来进行，从而伪造或伪装成合法节点加入到传感器网络中。一旦控制了传感器网络中的一部分节点，攻击者就可以发动多种攻击，如监听传感器网络中传输的信息、向传感器网络中发布虚假的路由信息或传送虚假的传感信息、进行拒绝服务攻击等。

安全策略：由于传感器节点容易被物理操纵是传感器网络不可回避的安全问题，因此必须通过其他的技术方案来提高传感器网络的安全性能。例如，在通信前进行节点与节点的身份认证；设计新的密钥协商方案，使得即使有一小部分节点被操纵，攻击者也不能或很难从获取的节点信息推导出其他节点的密钥信息等。另外，还可以通过对传感器节点软件的合法性进行认证等措施来提高节点本身的安全性。

2．信息窃听

根据无线传播和网络部署的特点，攻击者很容易通过节点间的传输而获取敏感或者私有的信息。例如：在通过 ZigBee 无线传感器网络监控室内温度和灯光的场景中，部署在室外的无线接收器可以获取室内传感器发送过来的温度和灯光信息；同样，攻击者通过监听室内和室外节点间信息的传输，也可以获知室内信息。

安全策略：对传输信息加密可以解决窃听问题，但需要一个灵活、强健的密钥交换和管理方案。密钥管理方案必须容易部署而且适合传感器节点资源有限的特点。另外，密钥管理方案还必须保证当部分节点被操纵后（如攻击者攻取了存储在这个节点中生成会话密钥的信息），不会破坏整个网络的安全性。由于传感器节点的内存资源有限，因此，在传感器网络中实现大多数节点间端到端的安全不切实际。然而，在传感器网络中可以实现跳-跳之间的信息加密，这样传感器节点只要与邻居节点共享密钥就可以了。在这种情况下，即使攻击者捕获了一个通信节点，也只是影响相邻节点间的安全。但一旦攻击者通过操纵节点发送虚假路由消息，就会影响整个网络的路由拓扑。解决这个问题的一种方法是依赖于具有鲁棒性的路由协议；另一种方法是使用多路径路由，通过多个路径传输部分信息，并在目的地进行重组。

3．私有性问题

传感器网络是以收集信息作为主要目的的，攻击者可能通过窃听、加入伪造的非法节点等方式获取这些敏感信息。一般传感器网络中的私有性问题，并不是通过传感器网络去获取收集到的信息，而是攻击者通过远程监听 WSN，从而获得大量的信息，并根据特定算法分析出其中的私有性问题。因此，攻击者并不需要物理接触传感器节点，远程监听是一种低风险、匿名的获得私有信息的方式。远程监听还可以使单个攻击者同时获取多个节点传输的信息。

安全策略：保证网络中的传感信息只有可信实体才可以访问是保证私有性问题的最好方

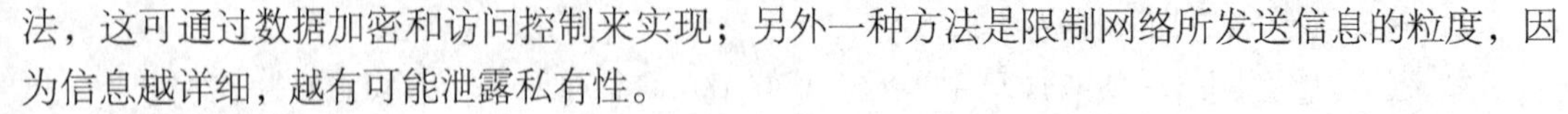

法，这可通过数据加密和访问控制来实现；另外一种方法是限制网络所发送信息的粒度，因为信息越详细，越有可能泄露私有性。

4．拒绝服务攻击

拒绝服务攻击主要用于破坏网络的可用性，减少、降低执行网络或系统某一期望功能能力的任何事件。例如，试图中断、颠覆或毁坏传感器网络；另外，还包括硬件失效、软件 bug、资源耗尽、环境条件等。这里主要考虑协议和设计层的漏洞。确定一个错误或一系列错误是否有意拒绝服务攻击造成的是很困难的，特别是在大规模的网络中，因为此时传感器网络本身具有比较高的单个节点失效率。

拒绝服务攻击可以发生在物理层，如信道阻塞，这可能包括恶意干扰网络中协议的传送或者物理损害传感器节点。攻击者还可以发起快速消耗传感器节点能量的攻击，例如，向目标节点连续发送大量无用信息，目标节点就会消耗能量处理这些信息，并把这些信息传送到其他节点。如果攻击者捕获了传感器节点，那么还可以伪造或伪装成合法节点发起这些拒绝服务攻击。例如，可以产生循环路由，从而耗尽这个循环节点的能量。

安全策略：一些跳频和扩频技术可以用来减轻网络堵塞问题。恰当的认证可以防止在网络中插入无用信息。然而，这些协议必须十分有效，否则它也可能用来当做拒绝服务攻击的手段。

7.3 ZigBee 无线传感器网络硬件的设计

随机布设的 ZigBee 无线传感器网络具有规模大、节点数量众多、无人值守的特点，为其开发设计带来了成本、技术等方面的挑战，对相关的硬件和软件开发、网络系统设计提出了不同于传统网络设计的要求。表 7.1 列出了传统网络与 ZigBee 无线传感器网络的不同之处。

表 7.1　传统网络与 ZigBee 无线传感器网络的对比

传 统 网 络	ZigBee 无线传感器网络
通用设计，服务于多个应用	单一设计，服务于特定应用
主要关注网络性能和延迟	功耗是主要设计关注点
器件和网络工作于可控的温和环境	常布设于存在苛刻条件的环境中
通常有维护与维修	与节点物理接触，很难甚至不可维修
组件故障通过维修解决	网络设计需要预计存在的组件故障，增加其冗余度
轻松获得全局网络信息和实现集中式管理	决策由本地节点完成，不支持集中式管理

ZigBee 无线传感器网络的设计主要分为节点硬件设计和节点软件设计。节点硬件设计局限于能量、通信、计算和存储，满足应用服务，追求设计尺寸小、价格低廉、更高效等目标。

ZigBee 无线传感器网络的硬件设计主要分为传感节点、汇聚节点和网关 3 种设备的设计。传感节点完成对周围环境对象的感知并进行适当处理，将有用的信息发送到目的节点。汇聚节点同时将终端和网关的控制信息传送到相应的传感节点，具有承上启下的功能。网关主要通过多种接入网络的方式，如以太网、Wi-Fi、移动公网等与外界进行数据交互。

7.3.1 传感节点的设计

传感节点的设计应满足尺寸小、价格低廉、更高效等目标，为所需的传感器提供适当的接口，并提供所需的计算和存储资源，以及足够的通信功能。传感节点主要包括感知单元、控制单元、无线收发单元和电源管理单元 4 个部分。

1．感知单元

感知单元负责物理信号的提取。信号采集单元包括信号调理电路和模/数转换模块。传感器输出的模拟信号需经信号调理才能符合模/数转换要求。常见的信号调理方式有抗混叠滤波、降噪、放大、隔离、差分信号变单端信号等，信号调理的结果直接关系到信号的信噪比，影响信号的特征。模/数转换模块的功能是把模拟信号转换为控制单元可接受的数字信号。近年来，随着 MEMS 技术的发展，出现了集成了信号调理电路和模/数转换的数字传感器。这种数字传感器只需通过相应的数字接口即可实现与控制单元的通信，降低了节点的尺寸和设计的复杂度。

2．控制单元

控制单元将其他单元及外部接口连接在一起，处理有关感知、通信和自组织的指令。节点的任务调度、设备管理、功能协调、数据融合、特征提取、数据存储和能耗管理等都是在控制单元的支持下完成的。控制单元包括控制器件、非易失性存储器（通常是控制器件的片内 Flash）、随机存储器、内部时钟等。大部分控制器件集成了非易失性存储器、随机存储器、内部时钟等，所以控制器件的选择应考虑以下因素。

（1）功耗

由于传感节点采用电池供电，因此控制器件满负荷工作的功耗应尽可能低。传感节点大部分时间处于休眠或待机状态。控制器件的休眠或待机状态功耗要低。

（2）成本

控制器件的成本在整个传感节点中占了很大的一部分，而 ZigBee 无线传感器网络需要成百上千的传感节点，控制器件的成本要尽可能低。

（3）运行速度

运行速度快的控制器件响应快、实时性强；但运行速度越快，功耗就越高，应权衡速度与功耗。

（4）数据处理能力

从功耗角度看，对于相同的数据量，对其进行数据处理所消耗的能量要远远小于对其进行无线传输所消耗的能量。

（5）集成度

在控制器件集成有模/数转换器、定时器、计数器、看门狗等模块的情况下，可以减少外围电路，降低成本。

（6）存储空间

代码的保存、运行和数据的存储都需要一定的存储空间，控制器件集成有存储空间，可以减少外围器件。存储空间的大小直接影响了控制器件的性能。

（7）通信接口和 I/O 口

控制单元与其他模块的通信都是通过通信接口或通用的 I/O 口进行的。

（8）中断响应

控制器件能够在低功耗状态下进行快速中断响应，以降低网络延迟。

目前，常见的控制器件有 MCU、DSP、ASIC 和 FPGA。

在进行复杂信号处理时，为了满足小波变换、快速傅里叶变换、神经网络算法、双谱分析等复杂时频运算对计算能力和存储能力的需求，控制器件宜选择数字信号处理器或可编程逻辑器件作为算法平台。

单纯考虑功耗方面的因素，宜选择微处理器作为网络控制平台。

对于功耗有特殊要求及大量节点的应用，节点需求量达到百万以上，控制器件宜选用专用集成电路。专用集成电路属于专用定制的控制器件，能够根据特定需求将功耗降到最低，并能减小电路板尺寸，但其后续扩展性较差。

在信号处理算法不复杂的情况下，控制器件宜选用微处理器。微处理器具有体积小、存储容量小、通信接口简单、功耗低、功能简单的特点。

大部分传感节点控制器件采用的是微处理器。目前市场上主流的微处理器有 8 位、16 位和 32 位。微处理器的主流厂商有 Atmel 公司、TI、瑞萨半导体、飞思卡半导体、恩智浦公司、英飞凌公司、微芯公司、美信公司等。

在现有的传感节点中，应用比较多的 8 位微处理器是 Atmel 公司的 AVR 系列单片机。AVR 系列单片机采用 Harward 结构，具有预取指令功能，能实现流水作业；采用超功能 RISC，具有 32 个通用工作寄存器；采用不可破解的 Lock bit 技术，增强代码保密性；在多个固定中断向量入口地址，可快速响应中断；片内集成多种频率的 RC 振荡器，具有上电自动复位、看门狗、启动延时等功能，外围电路更加简单，系统更加稳定可靠；具有多种省电休眠模式，且可宽电压运行，工作电压范围为 2.7～5V，抗干扰能力强；接口丰富，集成有模/数转换器、差分信号模数转换器、串行接口等。上述优点使早期的传感节点大部分采用 AVR 系列单片机。

16 位微处理器与 8 位微处理器相比，字长更宽，计算能力更强。在传感节点中应用比较多的 16 位微处理器是 TI 公司的 MSP430 系列单片机。MSP430 系列单片机采用精简指令集结构，具有丰富的寻址方式、简洁的 27 条内核指令、硬件乘法器、高效的查表指令、大量的寄存器；片内资源丰富，包括看门狗、I^2C、模/数转换器、定时器、DMA、UART、PSI 等；其 DMA 功能不仅显著增加了外设的数据吞吐能力，还大幅降低了系统功耗；有丰富的中断资源，当系统处于省电的低功耗状态时，电流消耗在微安级，中断唤醒时间小于 6μs；在降低芯片的电源电压和灵活可控的运行时钟方面都有其独到之外，从而实现低功耗；大部分产品都能自动工作与关闭，最大限度地减少了内核处于工作模式的时间。

对于视频、图像等高性能应用，传感节点的控制器件需采用 32 位微处理器。在 32 位嵌入式微处理器市场中，ARM 公司的 ARM 处理器占据了很大的市场份额。Cortex-M3 是 ARM 公司生产的低功耗、低成本和高性能的 32 位微处理器内核。它采用了 ARMv7-M3 架构，包括所有的 16 位 Thumb 指令集和 32 位 Thumb-2 指令集架构，但不能执行 ARM 指令集。相比于 ARM 公司的 ARM7TDMI 架构，Cortex-M3 具有更小的基础内核、价格更低、速度更快。Cortex-M3 集成了睡眠模式和可选的八区域存储器保护单元；集成了中断控制器，提供基本的 32 个物理中断，具有低延迟性。目前，意法半导体、恩智浦、TI、Atmel 等公司已经开发出多款 Cortex-M3 内核的微处理器。虽然 Cortex-M3 已经取得了很大的进步，其计算能力胜于 AVR 系列单片机和 MSP430 系列单片机，但其功耗远远大于它们。

AVR 系列单片机、MSP430 系列单片机、Cortex-M3 系列单片机各有各的特点，在实际应用中需要根据不同的应用要求选用合适的控制器件。

3．无线收发单元

传感节点之间通过无线收发单元实现互联，组成自组织传感器网络。传感节点的无线收发单元主要由无线窄带通信芯片和与其配套的滤波电路等外围电路组成。

根据所采用的通信频率的不同，目前市场上的无线窄带通信芯片可以分为 2.4GHz 和低于 1GHz 两种。2.4GHz 无线通信芯片的绕射能力较差，通信距离短，但其可靠性高，不容易受干扰，抗多径衰落能力强；低于 1GHz 无线通信芯片的绕射能力强，通信距离长，但其可靠性差，易受其他设备干扰，安全系数较低。2.4GHz 频段是国际通用的免费频段，也称为 ISM 频段，带宽 83.5MHz，可供多个不同的通信系统的多个不同信道共同使用。

各芯片厂商根据市场的需求推出了多种无线窄带通信芯片，见表 7.2。TI 公司的 CC2533 是无线窄带通信芯片的典型代表。CC2533 是一款针对远程应用全面优化的 IEEE 802.15.4 片上系统，建立在 CC2530 的基础上。CC2533 最大输出功率可达到 4.5dBm，典型接收机灵敏度可达-97dBm。CC2533 集成了硬件 AES，可产生 128 位的密钥，从而保证了信息安全。CC2533 包括 1μA 睡眠模式的 4 种灵活电源模式，可实现最低的电流消耗。CC2533 采用 DSSS 调制技术。DSSS 具有抗干扰性好、抗多径衰落能力强、环境噪声要求低和高度可靠的保密安全性等特点，适合于环境复杂条件下的应用。

表 7.2　常见射频天线芯片

型号	频率范围（GHz）	最大发送速率（kbit/s）	接收电流（mA）	接收灵敏度（dBm）	最大发射功率（dBm）	调制方式
CC2530	2.4	250	15	−97	4.5	DSSS-OQPSK
CC2533	2.4	250	14	−97	4.5	DSSS-OQPSK
ADF7241	2.4	250	19	−95	4.8	DSSS-OQPSK
MC13191	2.4	250	37	−91	3.6	DSSS-OQPSK

4．电源管理单元

在传感节点，电源管理单元是一个关键的系统组件，体现在两方面：第一，它是存储能量，并为其他单元提供所需电压的稳压器件；第二，它能从外部环境中获取额外的能量。存储能量主要是通过电池实现的，还可以通过燃料电池、超级电容实现。在实际应用中，应根据环境及需求决定采用哪种储存能量设备。

7.3.2　网关和汇聚节点的设计

网关和汇聚节点具备信息聚合、处理、选择、分发，以及子网网络管理等功能。

传感节点对其部署的区域进行监控，获取感知信息；网关和汇聚节点对其控制区域内的传感节点实现任务调度、数据融合、网络维护等功能。传感节点获取的信息数据经过汇聚节点融合、处理及打包后，由网关节点聚合，根据不同的业务需求和接入网络环境，经由无线局域网接入点、有线以太网接入点、2GHz 公网接入点、3GHz 公网、中高速网络等多类型的异构网络，最终将信息数据传送给终端用户，实现针对 ZigBee 无线传感器网络的远程监控。同样，终端用户也可以通过无线局域网接入点、互联网、2GHz 公网接入点、3GHz 公网、中高速网络等接入到网关节点，网关节点连接到相应的汇聚节点，再通过汇聚节点实现对传感节点进行数据查询、任务派发、业务扩展等操作，最终将 ZigBee 无线传感器网络与终端用户有机联系在一起。

1．控制单元

控制单元主要考虑其计算能力、存储能力和接口。8 位和 16 位微处理器很难满足，一般选用高性能的 32 位微处理器作为网关节点的控制单元。

网关节点的功能如下。

（1）网关节点具备信息融合、处理和分发功能。

（2）网关节点能够同时支持 ZigBee 无线传感器网络协议栈和与终端交互的协议（如以太网协议、无线局域网协议等）。

（3）网关节点能够维护区域 ZigBee 无线传感器网络，防止网络阻塞的发生。

（4）网关节点能够处理监测区域内所有传感节点的突发数据传输，具有较高的数据吞吐量。

（5）网关节点具有保存本地数据的功能，以免外部网络中断而丢失数据。

2．无线收发单元

网关节点通信分为对上和对下两种。对上的无线收发单元主要是面向 2GHz 公网、3GHz 公网、无线局域网、有线互联网、中高速网络等，满足接入各类骨干网络的需求，适应传感器网络的泛在特征。对下的无线收发单元主要用于与无线传感节点或汇聚节点通信。

3．电源管理

网关节点的功耗远大于传感节点，应采用有线电源供电，其电源管理主要是为网关节点的各个器件提供合适的电压，而不考虑低功耗管理。

7.3.3　典型节点

随着集成电路技术的发展 ZigBee 无线传感器网络节点的成本也有了大幅下降，一些研究机构和企业相继推出了传感节点和网关节点，表 7.3 和表 7.4 分别列出了典型的传感节点和网关节点。

表 7.3　典型的传感节点

节点	微处理器	射频收发	片内可编程空间	片内数据空间	RAM	外部存储空间	编程语言
Btnode	Atmega128L	CC1000、Bluetooth	128 KB Flash	4KBEEPROM	4KB	180KB SRAM	C
COOKIES	ADUC841	OEMSPA13i	8 KB Flash	640B Flash	256B	4MB	C
EPIC mote	MSP430F1611	CC2420	共 48KB Flash		10KB	2MB NOR Flash	C
FireFly	Atmega1281	CC2420	128KB ROM	4KB EEPROM	8KB	无	C
Imote2	PXA271	CC2420	共用 32MB Flash，32MB SDRAM		256 KB	无	C
Indriya_DP_01A11	MSP430F2618	CC2520	共用 116KB Flash		8 KB	无	C

续表

节点	微处理器	射频收发	片内可编程空间	片内数据空间	RAM	外部存储空间	编程语言
Iris Mote	Atmegal28l	AT86RF230	128KB Flash	4KB EEPROM	8KB	无	C
Kmote	MSP430F16ll	CC2420	共用48KB Flash		10KB	无	C
MICA	ATMEGA103L和AT90LS2343	TR1000	128KB Flash	4KB EEPROM	8KB	无	C
MICA2	Atmegal28L	CC1000	128KB Flash	4KB EEPROM	8KB	512KB Flash	C
MICA2DOT	Atmegal28L	CC1000	128KB Flash	4KB EEPROM	8KB	512KB Flash	C
MICAZ	Atmegal28L	CC2420	128KB Flash	4KB EEPROM	8KB	512KB Flash	C
Mulle	Ml16C/62P	AT86RF230 C46AHR	384KB Flash	无	31KB	2MB Flash	C
NeoMote	Atmegal28L	CC2420	128KB Flash	4KB EEPROM	4KB	512KB Flash	C
RedBee	MCl3224V	Sl4432	共用128KB Flash		96KB	无	C
SenseNode	MSP430F1611	CC2420	共用48KB Flash		10KB	无	C
Simit-1	MSP430F5438A	SI4432	共用256KB Flash		16KB	8MB Flash	C
SUNSPOT	ARM020T	CC2420	无		512KB	4MB Flash	JAVA
TINYNode	MSP430F16ll	XE1205	共用48KB Flash		10KB	512KB	C
TMoteSky	MSP430F16ll	CC2420	共用48KB Flash		10KB	无	C
Toles	MSP430F149	CC2420	共用60KB Flash		2KB	无	C
TolesB	MSP430F16ll	CC2420	共用48KB Flash		10KB	1MB	C
Waspmote	Atmegal28L	XBEE	128KB ROM	4KB EEPROM	8KB	2GB SD	C
Wec	AT90LS8535	TR1000	8KB Flash	512KB EEPROM	512KB	无	C
Wireless RS485	Atmegal28L	CC2420	128KB Flash	4KB EEPROM	4KB	512KB Flash	C
Ubi-Mote1	CC2430	CC2430	共用128KB Flash		8KB	无	C
Ubi-Mote2	MSP430F2618	CC2530	共用116KB Flash		8KB	无	C
Vemesh	MSP430	TI TRF6903	共用8KB Flash		512KB	无	C

续表

节点	微处理器	射频收发	片内可编程空间	片内数据空间	RAM	外部存储空间	编程语言
Zebranet	MSP430F149	9XStream	共用 128KB Flash		2KB	4MB Flash	C
Zolertia Z1	MSP430F2617	CC2430	92KB Flash		8KB	4MB Flash	C

表 7.4　典型的网关节点和汇聚节点

型　号	处 理 器	无线技术	接　口
Intrinsyc Cerfcube	Intel PXA255	802.11b	串行 RS-232、USB 接口、以太网接口
PC104	AMD ElanSC400	802.11b	串行 RS-232、以太网接口
Span	MSP430F1611	CC2420	USB 接口
Vemesh	MSP430	TRF6903	串行 RS-232、USB 接口、以太网接口

1．MICA 节点

MICA 节点是伯克利大学研制的用于传感器网络研究演示平台的实验节点，主要包括微处理器、射频收发单元、电源管理单元和存储单元 4 个部分。MICA 节点微处理器采用 ATMEGA103L 和 AT90LS2343。ATMEGA103L 是 8 位 AVR 单片机，集成有 128 KB 的片内 Flash、4KB 的 SRAM、4KB 的 EEPROM、8 通道 10bit 的 ADC、扩展的 16 位定时器和比较器。ATMEGA103L 的工作功耗仅为 5.5mA，关机功耗仅为 1μA。ATMEGA103L 还集成有 UART、SPI 及 PWM 输出，提供 32 个可编程的 I/O 口，作为 ATMEGA103L 的协处理器。AT90LS2343 仅有 8 个引脚，但其计算能力较强，工作于 4MHz 时的功耗仅为 2.4mA。

MICA 节点的射频收发芯片采用 RFM 公司的 TR1000 芯片。TR1000 采用开关键控 OOK 和幅移键控 ASK，工作于 916MHz 的固定频点。TR1000 信道数为单信道，最大功率为 1.5dBm，最大发送速率为 115kb/s，接收灵敏度最高为-106 dBm@2.4 kb/s，采用透明编码方式。

MICA 节点的电源管理采用 MAXIM 公司的 MAX1678 和 LINEAR 公司的 LT1460HC。MAX1678 为整个系统供电，是一款高效的同步升压芯片，适合用于镍氢、镍镉电池供电，转换效率可达 90%，封装尺寸仅 1.1mm 高。LT1460HC 是 LINEAR 公司的微功率精准串联基准电压芯片，为 ATMEGA103L 的模拟 ADC 提供精准参考电压，最高精准度可达 0.075%，温漂最大为 10ppm/℃。LT1460HC 具有反向电池保护功能，无须输出电容器，工作功耗仅为 130μA。

MICA 节点存储采用 Atmel 公司的 4MB 串行 Flash AT45DB041B 通过 SPI 接口与微处理器通信，仅需较少的引脚。

2．Toles 节点

Toles 节点是 Moteiv 公司推出的用于传感器网络研究演示平台的实验节点，主要包含微处理器、传感器、无线收发芯片和 PC 接口。

Toles 节点的微处理器采用 TI 公司的 16 位单片机 MSP430F149。MSP430F149 的工作电压为 1.8～3.6V，待机功耗仅为 1.6μA，正常工作模式功耗为 280μA@ 1 MHz。MSP430F149 集成有 60KB Flash、2KB 的 RAM，减少片外存储需要。MSP430F149 从唤醒到进入工作状态少于

6μs。MSP430F149集成有12位的模/数转换器，包含内部基准电压。MSP430F149集成有16位定时器和两个串行接口，串行接口可根据需要配置为SPI或UART模式。

无线收发芯片采用TI公司的CC2420。CC2420启动时间仅为580μS，集成硬件MAC加密编码AES-128，提高了信息的安全性。CC2420包含128KB的发送和接收FIFO，最大发送速率可达250kbit/s和2MChip/s。CC2420的接收功耗为18.8mA，发送功耗为17.4 mA。

Toles节点通过USB接口与PC机进行通信。接口芯片采用FTDI公司的FT232BM。FT232BM将微处理器的串口信号转换为USB信号，极大地方便了与PC的通信。FT232BM集成有384KB的接收缓存和128KB的发送缓存，3.3V稳压输出提供给芯片的I/O接口，兼容USB 1.1和USB 2.0标准。

Toles节点考虑两种供电方式：AA电池供电和USB供电。两节AA电池电压为3V，因而节点不需要专门的升压/降压芯片为IC供电。USB供电方式的电压为4.5～5V，节点采用MICROCHIP公司的TC55PR33(现用MCP1700替代)为其他IC提供3.3V电压。TC55PR33大输出电流可达250mA，输出100mA电流时所需最低压降为120mV。为防止电流倒灌，TC55PR33的输出引脚与IC的电源之间连接DIODES公司的肖特基势垒二极管LLSD103A。

Toles节点的传感器包括温湿度传感器和光电二极管。温湿度传感器采用瑞士Scnsirion公司的SHT11。SHT11将温度监测、湿度检测、信号转换、A/D转换和加热等功能集成到一个芯片上。SHT11通过二线串行通信协议与微处理器通信，该协议与I^2C协议是不兼容的。光电二极管采用HAMAMATSU株式会社的S1087。S1087是陶瓷封装光电二极管，能够根据光照条件产生低电流。

3．SIMIT-1节点

SIMIT-1节点是中国科学院上海微系统与信息技术研究所研制的用于野外环境监测的传感节点，主要由控制单元、无线收发单元、存储模块、定位模块、信号采集单元和电源管理单元组成。

SIMIT-1节点控制单元采用TI公司的MSP430F5438A作为主控微处理器。MSP430F5438A有256KB代码Flash空间、512 KB数据Flash空间、16 KB的RAM。工作模式的功耗只有160μA/MHz，待机模式为2.6μA/MHz，关闭模式为0.1μA/MHz。MSP430F5438A支持多通关DMA，在运行和待机模式下，实现外部设备与内核之间的通信。MSP430F5438A集成智能化的模拟外设（ADC/DAC），不运行时完全不消耗电能。MSP430F5438A还集成32位硬件乘法器，提供了整体的数据处理能力。MSP430F5438A具有4个通用串行接口，可根据需要配置为I^2C、SPI、UART接口。

SIMIT-1节点的无线收发单元采用Silicon公司的SI4432作为无线收发芯片。SI4432具有20dBm的最大发射功率和-121dBm的接收灵敏度。SI4432的最大数据速率为256kbit/s，集成自动频率校准，支持3种可配调制方式(GFSK、FSK和OOK)。SI4432集成64KB的TX/RX FIFO，自动打包处理。微处理器可以通过SPI接口与SI4432进行配置。

SIMIT-1节点的存储模块采用Microchip公司的SST25VF064C。SST25VF064C工作电压为2.7～3.6V，存储空间达64MB，可反复擦写100 000次，数据保存时间可达100年，通过SPI接口与MCU相连。

SIMIT-1节点的定位模块采用的是基于GPS的u-blox公司的NEO-5Q。NEO-5Q是一款优秀的GPS接收模块，采用极小的12mm×16mm×2.4mm封装实现了高度集成化。模块最多仅需要1s就可以获取热点卫星信息。NEO-5Q配备了一个具有50个通道和1百万个以上相关器的引擎，此引擎能够同步追踪 GPS 和伽利略定位系统 GALILEO 的信号。NEO-5Q 采用 KickStart 获取微弱信号，极限可达-160dBm，确保使用小尺寸隐蔽天线也能够精确定位。

SIMIT-1 节点的电源管理单元包括充电和降压两部分。充电部分采用 TI 的 BQ24022。BQ24022 可以通过电源适配器或 USB 充电，内部集成 USB 控制器，可以自动选择 100mA 或 500mA 的充电电流，自动睡眠状态切换适合低功耗应用。降压部分采用 TI 的 TPS79633 芯片。TPS79633 芯片是一款具有较低压降要求的 LDO，具有极低噪声和较高纹波抑制比，非常适合对噪声和纹波敏感的 RF 与 ADC 使用。

SIMIT-1 节点的信号采集单元提供基于数字与模拟的两种接入接口。基于数字的信号采集单元采用 UART 协议与相配套的传感器相连，提供主动和被动两种工作方式。模拟信号采集采用 4 路模拟信号接入接口。

7.3.4 节点应用选型

ZigBee 无线传感器网络节点大规模产业化，节点的性能受成本影响很大。针对节点应用，提出了共性平台+应用子集的方案。

从系统层面的需求来看，传感节点存在以下几类需求。

① 从目标探测方式来看，存在主动式和被动式探测两种需求。这两类设备在感知模式、用于对环境或指令等信息进行反馈的执行器结构和功能、感知信息在网络中的传输模式和流量特征、信息预处理（主动式设备要求可以针对特定任务进行有效的针对性处理；被动式必须支持不同环境下的感知信息的预处理，并尽量减小误报率和漏报率）以及节点状态等方面存在较大差异，必须针对各个模块进行专门的模块级设计和实现。

② 从感知参数来看，存在单参感知和多参感知两种需求。这两类设备在感知量（单传感节点/多传感节点或同一类的不同参量导致了采样方式和预处理方式的不同）和信息处理（多参量需要基于物理相关性进行模态融合等）上存有显著差别，进而导致设备结构存在较大差异，必须针对各个模块进行专门的模块级设计和实现。

③ 从目标参数类型来看，存在标量感知信息和矢量感知信息两种需求。两类设备由于传感信息类型的不同会导致时间相关性、空间相关性、目标信息相关性、模态相关性、系统要求方面存在差异，使设备软/硬件资源配置、功能模块设计等方面存在较大差异，需要研制专门的设备种类。例如，对于矢量感知信息，对同步、定位等存在较高要求。

④ 从节点对感知信息的协同处理能力来看，对地震波、声波及大部分混合传感器信息需要本地高协同处理能力，以减少网络传输能耗损失，而对于一般家居控制等则仅仅需要简单的处理能力即可。针对高协同处理能力设备和低协同处理能力设备的开发在人力、技术、成本等因素上差别较大，有必要进行针对性研发。

⑤ 从网络通信能力来看，对低功耗无线传输设备存在近距（100m 以内）和中距（1 000m 以内）两类需求。近距离通信满足室内和室外传感器密集布设需要，而中距设备将为野外传感节点的使用带来极大的便利。

7.4 ZigBee 无线传感器网络软件的设计

软件设计受限于有限的硬件资源，需支持极低功耗，兼顾通用性和继承性，减少不同应用的开发重复性，提高软件开发的效率。

软件架构的设计应遵循的主要原则如下。

① 以操作系统为基础的设备管理实体对程序进程进行优先级管理和分配。

② 层间交互以服务原语的形式实现；层内功能实体之间交互以消息的形式实现。

③ 各功能模块具有可裁剪性和易重构性。

④ 满足软件测试所必需的测试单元。

⑤ 遵守开放的公共接口规范。

⑥ 符合存储受限要求。

7.4.1 软件架构

ZigBee 无线传感器网络的软件架构采取开放架构的形式，以公共接口规范来实现功能模块的可重构性，其主要组成部分包括基础软件层、服务与中间件层、应用软件层及设备管理层，如图 7.1 所示。

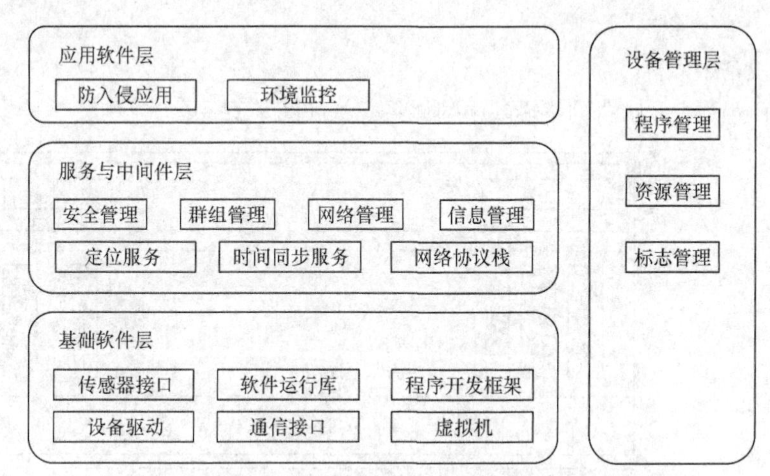

图 7.1 ZigBee 无线传感器网络设备软件架构示意图

基础软件层通常与传感器设备硬件直接相关。设备驱动提供对板级控制器上的各种硬件设备（包括 Flash、SDRAM、UART、USB、LCD 等）的驱动与控制；通信接口负责与无线收发单元交互，控制其进行数据包的接收与发送；传感器接口软件实现对板载及外接的各种传感器设备运行参数的配置、工作状态的控制及传感器数据的获取。基础软件层的另一项职责是为上层软件提供运行环境。根据应用需求的不同，上层软件开发可以采用不同的编程语言，如 C、C++、Java、Android 等。每种编程语言编写的程序在运行时，都需要软件运行库（Run Time Library）的支持。

服务与中间件层构建于基础软件层之上，其主要任务是利用基础软件层提供的基本要素，实现传感器网络设备的各项基本功能，包括定位、时间同步、安全管理、网络管理、信息管理等。该层的设计目标是将设备底层的具体硬件实现与传感器网络业务隔离开来，为上层应用软件提供标准化的网络访问及功能调用接口，实现应用开发独立于设备硬件及底层软件，从而大大加快二次开发的速度，降低应用开发的难度。网络协议栈是服务于中间件层的重要组成部分，是整个网络的核心，层中其他组件以其提供的网络服务为基础并实现特定的功能。协议栈的构成通常包括接入控制、睡眠管理、链路管理、路由管理、传输控制等部分。

应用层软件实现具体的传感业务，如入侵检测、环境监控等。该层软件主要依靠服务与中间件层提供的各种基本功能，实现对各种传感业务的整合。

设备管理模块通常以操作系统的形式存在，与具体硬件平台密切相关，是对基本功能层、服务层和应用层3层体系架构的平台技术支撑，可简化应用开发进程。

① 程序管理单元负责各功能单元的注册和调度，各功能管理单元满足公共接口规范要求，能够实现方便地替换、增强等功能。

② 标志管理单元用于生成设备的网络标志，需要满足一定范围内的唯一性要求。

③ 资源管理单元能够对节点能源、存储、计算、通信等能力做出有效的评估和管理，为各层协议设计提供跨层优化等功能。

7.4.2 中间件

从ZigBee无线传感器网络系统的特性与需求出发，首先进行系统中间件架构设计。将系统的中间件设计分为基于承载网（移动蜂窝网、互联网等）的业务中间件设计，以及基于底层ZigBee无线传感器网络的管理、实施中间件设计两部分，并通过网关实现两部分的整合与统一。

1．本地设备中间件

本地ZigBee无线传感器网络设备中间体系架构如图7.2所示。

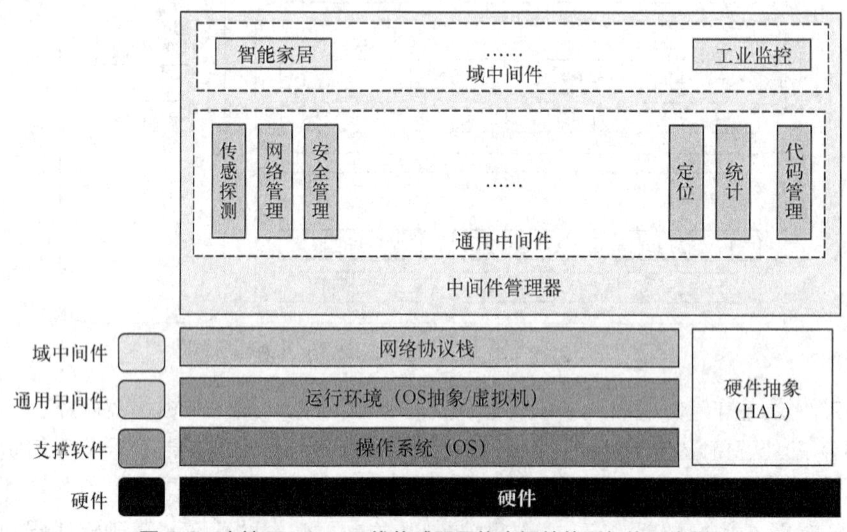

图7.2 本地ZigBee无线传感器网络中间件体系架构示意图

本地ZigBee无线传感器网络中间件位于ZigBee无线传感器网络设备应用软件和底层支撑软件之间，属于应用层软件范畴。本地ZigBee无线传感器网络中间件按其功能可分为通用中间件和域中间件。

（1）通用中间件

通用中间件是指对不同的应用均需具备的基本中间件组件，包括感知、定位、同步设备，还有系统的各种管理功能、安全功能等。常见的通用中间件主要有以下几种类型。

① 定位中间件。定位服务模块为应用层提供静止或移动设备的位置信息服务。模块工作机制为应用端客户需要从ZigBee无线传感器网络中获取一定的地理位置信息和服务，这些数据和服务可能处于不同的操作系统，或不同的网络协议构架的分布式节点上。应用程序只要访问中间件上的自定位模块，由该模块在ZigBee无线传感器网络中找到数据源或服务，进而传输客户请求，重组答复消息，最后将结果送回应用程序。用户通过标准接口访问自定位模

块。整个模块对用户是透明的，其中包括定位算法的选择、定位数据的分发、根据请求做相应的数据格式转换，以及根据不同需要合并定位数据。

② 数据处理及服务中间件。感知数据处理技术是 ZigBee 无线传感器网络应用必需的支撑技术之一，不同的应用对感知数据的收集、融合处理及数据管理技术需求各有不同，对网内事件检测和通知等服务机制和服务质量需求也有差别。基于多网应用对感知数据处理及服务的共性需求，研发无线传感器中间件数据处理及服务组件，实现智能化感知数据处理及可动态配置的数据服务，支持 ZigBee 无线传感器网络应用的快速开发和灵活部署。

③ 统计信息管理中间件。统计信息管理中间件主要对传感节点各功能模块的工作情况进行记录和统计。统计信息管理中间件其实质是维护一个 ZigBee 无线传感器网络业务统计数据库，该数据库记录了不同网络应用的运行统计数据。统计信息数据库由统计数据存/取控制单元进行统一控制。中间件可对外提供统计服务访问接口，提供统计信息记录与删除、统计信息查询等服务原语接口。

④ 代码管理中间件。代码管理中间件主要包括代码升级管理模块和移动代码管理模块两个部分。

a. 代码升级管理模块：利用无线通信的方式把升级代码发送到已经部署完毕的 ZigBee 无线传感器网络中，并对节点的中间件/应用模块及底层模块进行升级，方便新应用、新中间件功能的快速部署与原有漏洞的修复。

b. 移动代码管理模块：控制计算任务的代码在 ZigBee 无线传感器网络中向数据源附近迁徙或克隆，用分布式协同计算的方式取代以往简单的数据上报、网关汇总处理的集中计算模式，从而减轻原始数据上报对网络带宽的压力，缓解 Sink 周围节点能量过度消耗的问题。

⑤ 网络管理中间件。网络管理中间件为底层本地 ZigBee 无线传感器网络提供面向应用的网络构建、维护、故障处理等功能，对应用层提供通用的需求及响应接口，对下一层级实现面向异构本地 ZigBee 无线传感器网络的自适应支持。

⑥ 安全管理中间件。安全管理中间件采用标准化的组件技术，设计安全接口注册机制和安全服务发现机制，封装安全组件接口，为各功能组件、开放应用接口和传感器网络接口提供安全服务。传感器网络安全组件架构和标准化的安全组件接口技术为传感器网络的各项应用业务提供信息保密性、数据完整性和系统可用性的安全保障。

（2）域中间件

域中间件在单个或多个通用中间件提供的基本功能服务的基础上，实现较为复杂的业务功能，向上为应用提供配置、控制、数据访问接口。ZigBee 无线传感器网络设备中加载的域中间件类型与特定区域的功能密切相关。上层网络应用只与域中间件有直接接口，其对通用中间件的访问必须通过域中间件来完成。

（3）中间件管理器

域中间件、通用中间件均运行在中间件管理器内，受中间件管理器的统一控制与调度。每个中间件模块都提供至少一个服务访问接口（Service Access Point，SAP）。服务访问接口是中间件与其他软件模块之间信息交互的唯一通道。服务的访问及服务原语的传递受中间件管理器的集中控制，中间件管理器可拒绝执行非法的、未授权的服务访问及原语传递。此外，中间件管理器的另一项重要功能就是控制中间件模块的加载与卸载，并在模块加载与卸载时向其他相关模块发送通知，这一功能也是实现节点代码管理所必需的。

除了中间件管理之外，底层支撑软件也是 ZigBee 无线传感器网络设备中间件正常运行所必需的软件组成部分。这部分软件包括操作系统（Operating System，OS）、软件运行环境（Runtime Support）、硬件设备抽象模块（Hardware Abstraction Layer，HAL）和网络协议栈（Network Stack）。

2．网关中间件

网关中间件也运行在底层基础软件层之上，并由中间件管理器进行统一管理与调度。

（1）应用支撑环境

网关节点应用支撑环境架构与底层传感节点类似。在操作系统方面，因为节点硬件资源较为丰富，所以可以选择的操作系统比传感节点要多，可以使用 Linux、VXWorks、eCos 等传统嵌入式操作系统。除了操作系统抽象，其运行环境模块也可以采用轻量级的虚拟机等。由于有两个以上网络接口，所以通常配备了两个以上不同的网络协议栈模块。

网关节点上的中间件管理器的结构和功能与底层传感节点上的中间件管理器类似，网关中间件之间通信也是采用服务原语交互的方式。与传感节点不同，网关中间件分为管理中间件和应用中间件。应用中间件与具体的行业相关，通常是定制的。

（2）管理中间件

管理中间件受上层业务网络控制，实现对底层网络的各种管理任务，如设备管理、代码管理、安全管理、统计信息管理、服务质量管理等。管理中间件接收、解析上层网络发送的管理命令，将转化为底层传感器网络能够执行的指令，下发到下层网络执行并上报管理命令执行结果。管理中间件在未来 ZigBee 无线传感器网络的运行中将起到至关重要的作用。

7.4.3 操作系统

ZigBee 无线传感器网络操作系统与传统的 PC 操作系统在很多方面都是不同的，这些不同来源于其独特的硬件结构和资源。ZigBee 无线传感器网络操作系统设计应考虑以下几个方面。

1．硬件管理

操作系统的首要任务是在硬件平台实现硬件资源管理。ZigBee 无线传感器网络操作系统提供如读取传感器、感知、时钟管理、收发无线数据等抽象服务。由于硬件资源受限，ZigBee 无线传感器网络操作系统不能提供硬件保护，这就直接影响到调试、安全及多任务系统协同等功能。

2．任务协同

任务协同直接影响调度和同步。ZigBee 无线传感器网络操作系统需为任务分配 CPU 资源，为用户提供排队和互斥机制。任务协同决定了以下两种代价消耗：CPU 的调度策略和内存。每个任务需要分配固定大小的静态内存和栈，对于资源受限的传感节点来说，多任务情况下内存代价是很高的。

3．资源受限

资源受限主要体现在数据存储、代码存储空间和 CPU 带宽。从经济角度出发，ZigBee 无线传感器网络操作系统总是运行在低成本的硬件平台上，以便于大规模部署。硬件平台资源受限只能依赖于信息技术的进步。

4．电源管理

传感节点大部分采用电池供电，电池技术没有实质性的提高，因而只能减少节点的电池消耗，延长节点寿命。在传感节点中，无线传输产生的功耗是最大的。发送 1 位数据的功耗远大于处理 1 位数据的功耗。

5．内存

内存是网络协议栈主要代价消耗之一。为最大化利用数据内存，应整合利用网络协议栈和 ZigBee 无线传感器网络操作系统的内存。

6．感知

ZigBee 无线传感器网络操作系统必须提供感知支持。感知数据来源于连续信号、周期性信号或事件驱动的随机信号。

7．应用

与用户驱动的应用不同，一个传感节点只是一个分布式应用中很小的一部分。优化 ZigBee 无线传感器网络操作系统与其他节点交互，对系统应用具有很重要的意义。

8．维护

大量地随机布设传感节点，很难通过人工的方法实现维护。ZigBee 无线传感器网络操作系统应支持动态重编程，允许用户通过远程终端实现任务的重新分配。

根据操作系统内核任务调度策略，目前现有的 ZigBee 无线传感器网络操作系统分为两大类：一类是抢占式操作系统，如 antisOS 等；另一类是非抢占式操作系统，如 TinyOS、SOS 等。

7.5 无线传感器网络的操作系统

7.5.1 WSN 操作系统概述

ZigBee 无线传感器网络的操作系统是 ZigBee 无线传感器网络的基本软件环境，是 ZigBee 无线传感器网络应用软件开发的基础。它定义了一套通用的界面框架，允许应用程序选择服务的实现；另外还提供框架的模块化，以适应硬件的多样性。

在资源受限的无线节点上使用操作系统会极大地方便对节点平台的应用开发，同时，操作系统提供公共服务接口，也极大地降低了应用开发的难度。早期单片机硬件设备的不断发展促进了 ZigBee 无线传感器网络操作系统的诞生。操作系统对于早期的单片机硬件环境而言，负担过大。但是随着嵌入式设备功能的日益完善，操作系统为传感器节点的硬件设备提供完善的硬件抽象架构，也为应用开发提供了良好的软件开发环境。

传统的嵌入式操作系统一般代码量大、结构繁杂，对于现阶段本身资源受限的传感器节点而言是不可取的。因此，国内外相继研发了适合 WSN 网络的操作系统。现阶段适合 ZigBee 无线传感器网络的操作系统有 TinyOS、Contiki、MANTIS、Nano-RK、LiteOS。表 7.5 从体系结构、编程模型、内核调度方式、内存管理与分配、支持的通信协议以及编程语言 6 个方面对适合 ZigBee 无线传感器网络的操作系统进行了比较。

表 7.5 ZigBee 无线传感器网络的操作系统

操作系统	体系结构	编程模式	内核调度方式	内存管理与分配	通信协议	编程语言
TinyOS	基于组件和应用的硬件抽象架构	Nes 语言基于组件的编程模型	基于事件驱动，外部中断事件获得高优先级	静态内存管理	主动消息模式、数据分发协议与汇聚协议	NesC

续表

操作系统	体系结构	编程模式	内核调度方式	内存管理与分配	通信协议	编程语言
Contiki	模块化	原始线程和基于事件驱动	基于事件和消息传递的进程间通信	动态内存管理、多个任务共享一个任务栈	uIP 和 Rime	C
MANTIS	分层结构	线程模型	基于优先级的抢占调度	动态内存管理	分层协议	C
Nano-RK	单内核体系结构	线程模型	抢占式多任务操作系统	静态内存管理	基于 socket 的网络协议	C
LiteOS	模块化	线程和事件驱动	基于优先级的调度	动态内存管理	基于文件形式的通信	LiteC++

TinyOS 是加州伯克利分校开发的一个开源，BSD 许可的操作系统，是为低功耗无线设备而设计的。该系统采用 NesC 语言编写，功能是基于组件的形式实现的；采用基于组件和应用的硬件抽象架构，静态内存管理，使用数据分发协议和汇聚协议。这个系统已经在较多领域中得到应用，如传感器网络、个域网、智能建筑、智能仪表，现阶段已经成为 ZigBee 无线传感器网络领域事实上的标准平台。

Contiki 操作系统是瑞典计算机科学学院开发的开源、高度可移植的多任务 OS，是一个源代码开放、高度可移植的专门适用于存储空间受限的 ZigBee 无线传感器网络的多任务嵌入式操作系统，并且在典型的配置下 Contiki 只需占用约 2KB 的 RAM 以及 40KB 的 Flash 存储器即可支持多任务环境与 TCP/IP 扩展，在某种程度上大大减轻了对硬件的要求，非常适合于物联网嵌入式系统和 ZigBee 无线传感器网络。Contiki 支持的嵌入式 uIP 协议，也为以后与 Internet 的通信提供了基础。而且 Contiki 采用纯 C 语言编写，在 GCC 环境下编译，从而减少了学习其他计算机语言与其他编译平台的麻烦。

MANTIS 是由美国科罗拉多州大学研发的轻量级的系统。该系统采用分层的架构，分为应用层、传输层、网络层以及通信层等，使用 C 语言编写，基于线程的模型，其内核采用基于优先级的抢占调度模式，采用动态内存管理，在 ZigBee 无线传感器网络硬件中支持 CC1000、CC2420。

Nano-RK 操作系统是康奈基大学设计的适用于传感器网络上的实时操作系统。它采用单内核体系结构及线程模型，其内核支持基于优先级的调度方式，其内核只需 2KB 的 RAM 及 18KB 的 FLASH，使用 C 语言编写，其支持基于 Socket 的网络协议。

LiteOS 是美国伊利诺伊大学开发的适用于传感器网络的实时操作系统。它是一个类 UNIX 系统，适合内存受限的传感器节点，采用混合编程模型，支持事件驱动和线程驱动。该操作系统已经运用在 MicaZ 和 IRIS 平台上了。

物理层（PHY 层）负责载波频率的产生、信号的调制解调和无线收发技术。

数据链路层（介质访问控制层，即 MAC 层）负责数据成帧、帧校验、媒体接入和差错控制。

网络层（NWK 层）负责路由的发现与维护，使得传感器节点可以进行有效的数据通信。

传输层负责数据流的传输控制，保证通信服务的质量。

会话层负责主机间通信。

表示层负责数据表示。

应用层（APL 层）根据不同应用的具体要求，负责任务调度、数据分发等具体业务。

7.5.2 TinyOS 的技术特点

TinyOS 本身在软件上体现了一些已有的研究成果，如组件化编程、事件驱动模式、轻量级线程技术、主动消息通信技术等。TinyOS 的技术优势主要体现在以下几个方面。

1．组件化编程

TinyOS 提供了一系列可重用的组件，一个应用程序可以通过连接配置文件将各个组件连接起来，以完成所需要的功能。

2．事件驱动模式

TinyOS 的应用程序都是基于事件驱动模式的，采用事件触发去唤醒传感器工作。事件相当于不同组件之间传递状态信息的信号。当事件对应的硬件中断发生时，系统能够快速调用相关的事件处理程序。

3．轻量级线程（任务）

任务之间是平等的，不能相互抢占，应按先入先出的队列进行调度。轻量级线程是针对节点并发操作比较频繁且线程比较短的问题提出来的。

4．两级调度方式

任务（即一个进程）一般都用于事件要求不是很高的应用中。通常每一个任务都很短小，系统的负担较轻，事件一般用在对于时间要求很严格的应用中，且它可以先优于任务和其他事件执行。TinyOS 一般由硬件中断处理来驱动事件。

5．分阶段作业

为了让一个耗时较长的操作尽快完成，TinyOS 没有提供任何阻塞操作，而是一般将这个操作的请求和这个操作的完成分开实现，以便获得较高的执行效率。

6．主动消息通信

每一个消息都维护一个应用层的处理程序。当节点收到消息后，把消息中的数据作为参数，传递给应用层的处理程序，由其完成消息数据的解析、计算处理和发送响应消息等任务。

7.5.3 TinyOS 的体系结构

TinyOS 操作系统采用组件的结构，是一个基于事件的系统。系统本身提供了一系列的组件供用户调用，其中包括主组件、应用组件、执行组件、感知组件、通信组件和硬件抽象组件，如图 7.3 所示。

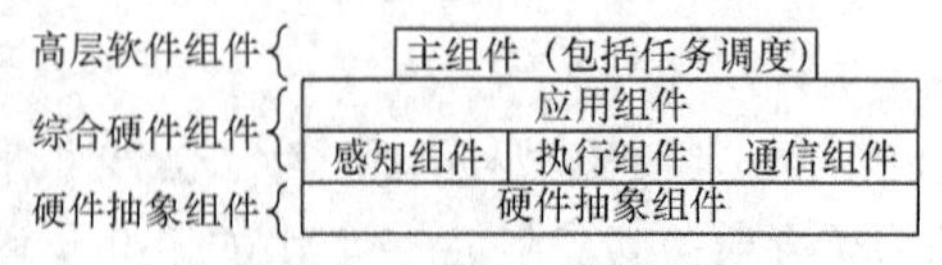

图 7.3　TinyOS 体系结构

组件由下到上通常分为硬件抽象组件、综合硬件组件和高层软件组件 3 类。

① 硬件抽象组件是将物理硬件映射到 TinyOS 的组件模型。

② 综合硬件组件是模拟高级的硬件行为，如感知组件、通信组件等。应用组件实现控制、路由以及数据传输等应用层的功能。

③ 高层软件组件向底层组件发出命令，底层组件向高层组件报告事件。

TinyOS 的层次结构就如同一个网络协议栈，底层的组件负责接收和发送最原始的数据位，而高层的组件对这些数据进行编码、解码，更高层的组件负责数据打包、路由选择及数据传输。

调度器具有两层结构，第一层维护着命令和事件，主要是在硬件中断发生时对组件的状态进行处理；第二层维护着任务，负责各种计算，只有当组件状态维护工作完成后，任务才能被调度。TinyOS 调度模型的主要特点如下。

① 任务单线程结束，只分配单个任务栈，这对内存受限的系统很有利。

② 没有进程管理概念，对任务按简单的 FIFO 队列进行调度。

③ FIFO 的任务调度策略具有能耗敏感性，当任务队列为空时，处理器进入休眠状态，随后由外部中断事件唤醒 CPU 进行任务调度。

④ 两级的调度结构可以实现优先执行少量相同事件相关的处理，同时打断长时间运行的任务。

⑤ 基于事件的调度策略，只需要少量空间就可获得并发性，并允许独立的组件共享单个执行上下文。与事件相关的任务可以很快被处理，不允许阻塞，具有高度并发性。

⑥ 任务之间相互平等，没有优先级的概念。

项目小结

（1） 节能是 ZigBee 无线传感器网络节点设计最主要的问题。

（2）在设计过程中需要考虑的因素有节能（Energy Efficiency）、可扩展性（Scalability）、传输延迟（Latency）、容错性（Fault Tolerance）、精确度（Accuracy）和服务质量（QoS）等。

（3）一些跳频和扩频技术可以用来减轻网络堵塞问题。

（4）安全网关类似防火墙。网关可以是本地的，也可以是远程的。

（5）ZigBee 无线传感器网络网关在完成协议转换的同时可以承担组建和管理 ZigBee 无线传感器网络的诸多工作。

（6）无线传感器网关是协议网关的一种，主要完成不同协议之间的转化。

主要概念

安全分析、传感节点设计、软件架构、中间件、操作系统。

项目实训

任务 协议栈温湿度传感器的开发

[任务目标]

（1）掌握Z-Stack协议栈协的串口通信。

（2）掌握Z-Stack协议栈的组网点播通信。

（3）掌握Z-Stack协议栈程序的移植。

（4）培养学生协作与交流的意识与能力，让学生进一步认识Z-Stack协议栈的构架。

[内容与要求]

（1）掌握Z-Stack协议栈协的串口通信。

（2）掌握Z-Stack协议栈的组网点播通信。

（3）掌握Z-Stack协议栈程序的移植。

实训考核

任务 协议栈温湿度传感器的开发

考核要素	评价标准	分值（分）	评分（分）				
			自评（10%）	小组（10%）	教师（80%）	专家（0%）	小计（100%）
Z-Stack协议栈下串口通信	① Z-Stack协议栈下串口通信实现的操作步骤和程序的修改	10					
Z-Stack协议栈的组网点播通信	② Z-Stack协议栈的组网点播通信的实现的操作步骤和程序的修改	30					
Z-Stack协议栈程序移植	③ Z-Stack协议栈程序移植的实现方法和步骤	30					
分析总结		30					
合计							
评语（主要是建议）							

实训参考

一、实训设备

实验设备	数量	备注
ZigBee Debugger 仿真器	1	下载和调试程序
CC2530 节点	1	调试程序
USB 线	1	连接 PC 机、网关板、调试器
RS232 串口连接线	1	调试程序
SmartRF Flash Programmer 软件	1	烧写物理地址软件
电源	5	供电
Z-Stack-CC2530-2.3.0-1.4.0	1	协议栈软件

二、实训步骤

我们将裸机程序里面的 DHT11.c 和 DHT11.h 文件复制到 SAMPLEAPP DHT11---Source 文件夹下。

实验过程分 3 个步骤，具体如下。

1．在裸机上完成对 DHT11 的驱动

打开配套程序下裸机文件夹中温湿度传感器 DHT11 下的工程文件，看到如下主函数代码（代码取用模块化编程，其他函数请看工程文件）。

```
/****************************************/
/*              ZigBee 学习例程                    */
/*例程名称：温湿度传感器 DHT11                */
/*建立时间：2012/10                           */
/*描述：将采集到的温湿度信息通过串口打印到串口调试助手
****************************************/
#include <ioCC2530.h>
#include <string.h>
#include "UART.H"
#include "DHT11.H"
/****************************
主函数
****************************/
void main(void)
{
  Delay_ms(1000); //让设备稳定
  InitUart();       //串口初始化
  while(1)
  {
```

```
        DHT11();          //获取温湿度
        P0DIR |= 0x40; //IO 口需要重新配置

        /******温湿度的 ASC 码转换*******/
        temp[0]=wendu_shi+0x30;
        temp[1]=wendu_ge+0x30;
        humidity[0]=shidu_shi+0x30;
        humidity[1]=shidu_ge+0x30;

        /*******信息通过串口打印********/
        Uart_Send_String(temp1,5);
        Uart_Send_String(temp,2);
        Uart_Send_String("\n",1);

        Uart_Send_String(humidity1,9);
        Uart_Send_String(humidity,2);
        Uart_Send_String("\n",1);
        Delay_ms(2000);   //延时，使周期性 2s 读取 1 次
        }
}
```

我们来看主函数。

第 10 行：进行一些初始化工作。

第 13 行：在大循环中，检测温度。

第 16～20 行：温湿度的 ASC 码转换。

第 23～29 行：信息通过串口打印。

同样是简单几行代码，就完成了对 DHT11 的读取。大家可以在工程里进入具体函数看代码，理解 DHT11 的读取过程，实验现象如图 7.4 所示。

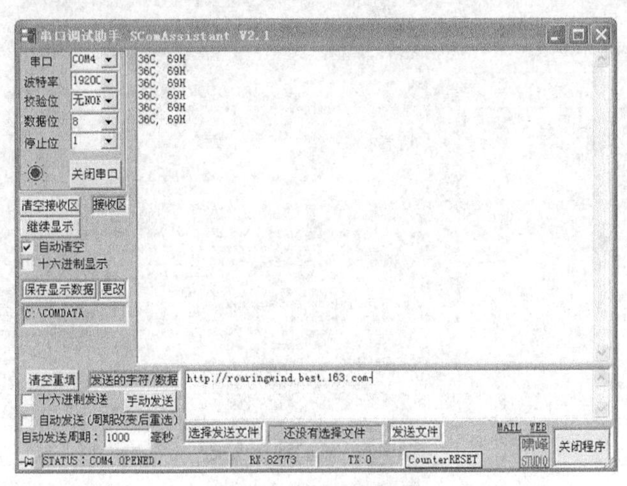

图 7.4　裸机数据采集

2. 将程序添加到协议栈代码中

有了基础实验的代码，我们的实验就完成了一大半，至少证明 CC2530 可以驱动起我们想要的传感器。接下来，我们需要做的工作就是移植到协议栈 Z-stack 上面，注意在此过程中要了解协议栈上的 IO 口的用途和晶振的工作频率。

首先理清一下思路，我们要实验的功能是终端设备读取 DHT11 温湿度信息，通过点播的方式发送到协调器，协调器通过串口打印出来，在串口调试助手上显示。这就实现了无线温度采集（使用点播的原因是终端设备有针对性地发送数据给指定设备，不像广播和组播可能会造成数据冗余）。

（1）我们将裸机程序里面的 DHT11.c 和 DHT11.h 文件复制到 SAMPLEAPP DHT11---Source 文件夹下，如图 7.5 所示。

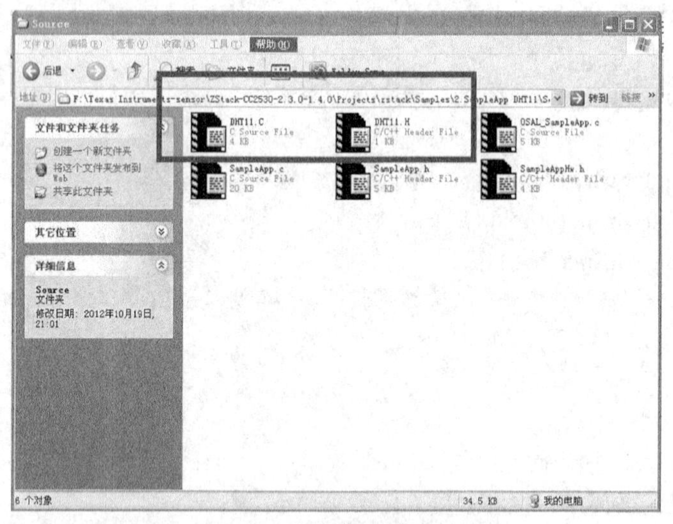

图 7.5　复制裸机程序文件

（2）在协议栈的 APP 目录树下右键单击“Add”，添加 DHT11.C 文件，添加到协议栈如图 7.6 所示。

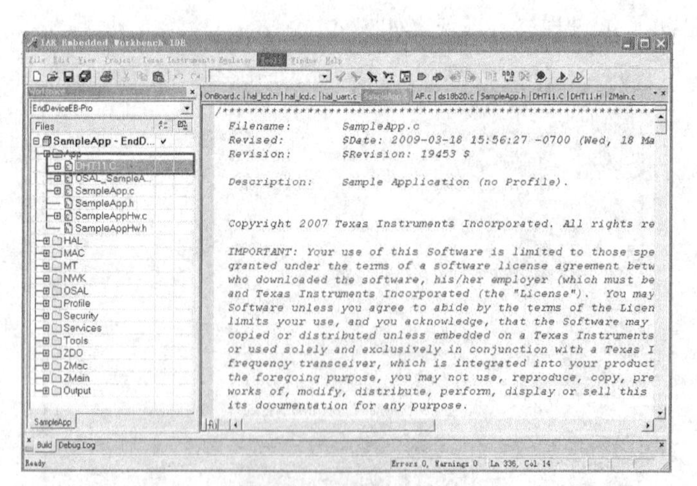

图 7.6　添加到协议栈

（3）整个实验以点播为依托，在点播例程的基础上完成，故函数编程也是像以前一样在

SAMPLEAPP.C 上进行。先包含 DHT11.h 文件，添加头文件如图 7.7 所示。

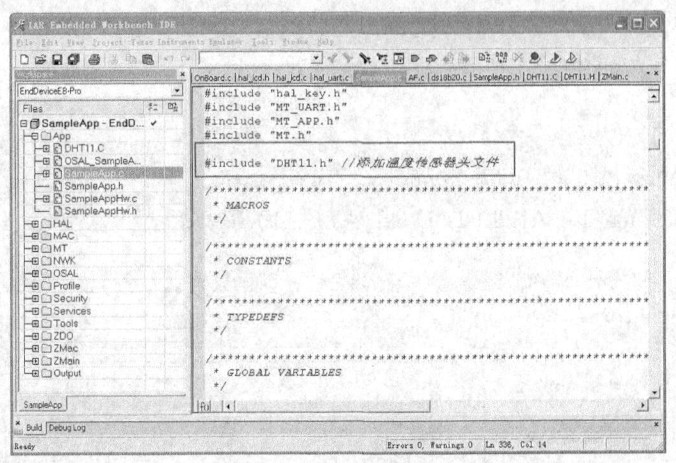

图 7.7 添加头文件

（4）初始化传感器引脚 P0.6，如图 7.8 所示。

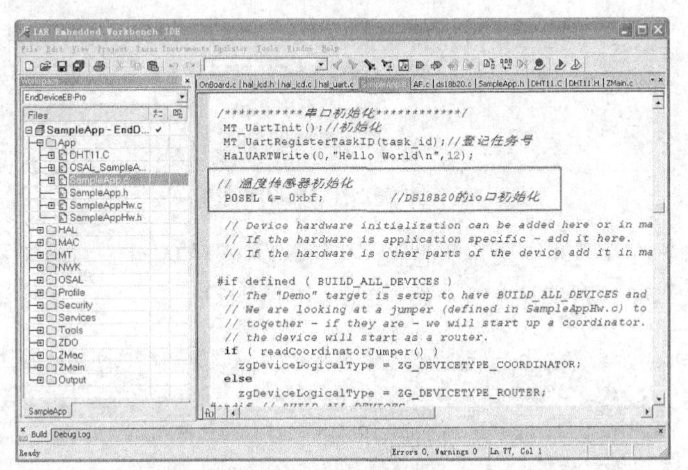

图 7.8 初始化传感器引脚

（5）借用周期性点播函数，1s 读取温度传感器 1 次，通过液晶显示和串口打印并点对点发送给协调器，其代码如下，如图 7.9 所示。

```
uint8 T[8];       //温度+提示符
DHT11_TEST();     //温度检测
T[0]=wendu_shi+48;
T[1]=wendu_ge+48;
T[2]=”;
T[3]=shidu_shi+48;
T[4]=shidu_ge+48;
T[5]=' ';
T[6]=' ';
T[7]=' ';
/*******串口打印 *********/
```

```
        HalUARTWrite(0,"temp=",5);
        HalUARTWrite(0,T,5);
        HalUARTWrite(0,"\n",1);

        /*******LCD 显示    *********/
        HalLcdWriteString("Temp: humidity:", HAL_LCD_LINE_3 );//LCD 显示
    HalLcdWriteString( T, HAL_LCD_LINE_4 );//LCD 显示
```

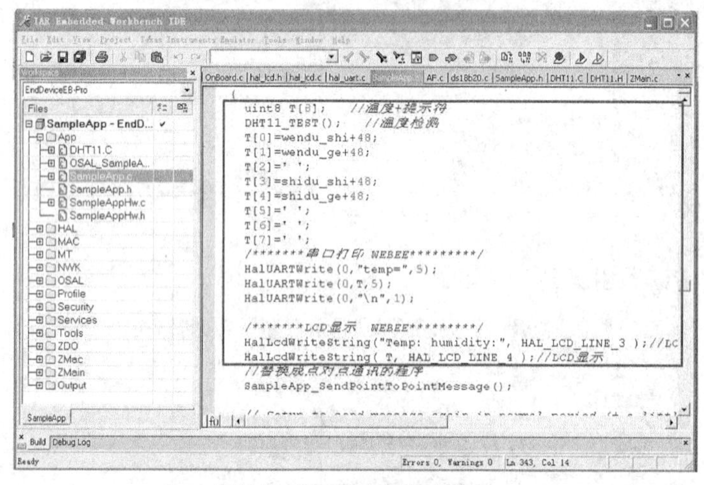

图 7.9 周期性点播程序代码

（6）DHT11.c 文件需要修改一个地方。打开需要修改的文件，将原来的延时函数改成协议栈自带的延时函数，保证时序的正确，如图 7.10 所示。

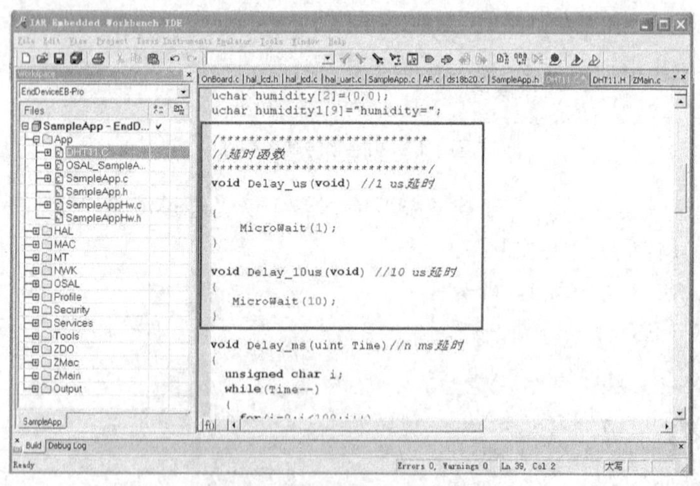

图 7.10 修改裸机延时程序

同时，要包含 #include"OnBoard.h"，如图 7.11 所示。

3．将数据打包并按指定的方式发送给指定设备

完成了 DHT11 基于协议栈的驱动后，我们就可以用以前的知识，实现数据的发送和接收了。

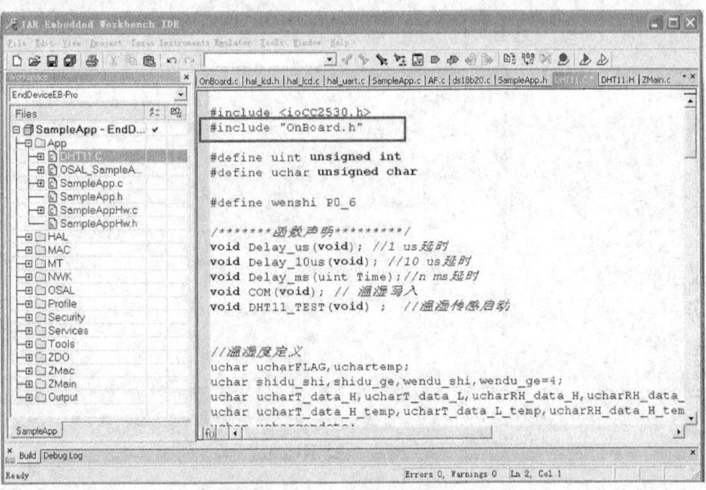

图 7.11　添加头文件

在 EndDevice 的点播发送函数中将温度信息发送出去，代码如下，如图 7.12 所示。

```
void SampleApp_SendPointToPointMessage( void )
{
  uint8 T_H[4];//温湿度
  T_H[0]=wendu_shi+48;
  T_H[1]=wendu_ge%10+48;

  T_H[2]=shidu_shi+48;
  T_H[3]=shidu_ge%10+48;

  if ( AF_DataRequest( &Point_To_Point_DstAddr,
                       &SampleApp_epDesc,
                       SAMPLEAPP_POINT_TO_POINT_CLUSTERID,
                       4,
                       T_H,
                       &SampleApp_TransID,
                       AF_DISCV_ROUTE,
                       AF_DEFAULT_RADIUS ) == afStatus_SUCCESS )
  {
  }
  else
  {
    // Error occurred in request to send.
  }}
```

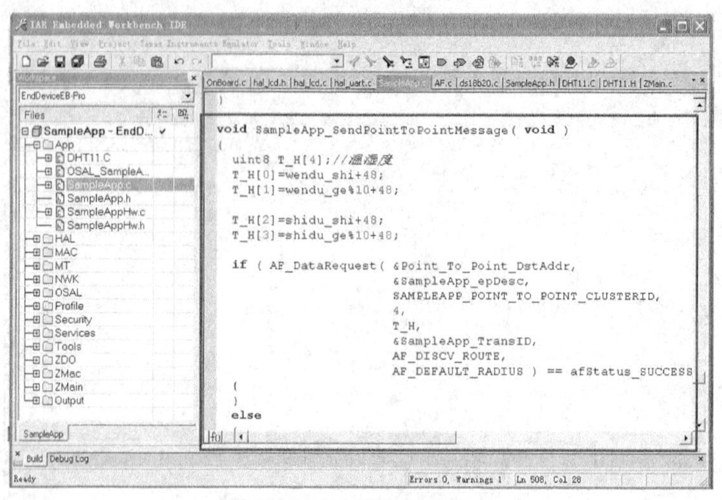

图 7.12　点播发送函数代码

协调器代码如下，如图 7.13 所示。

```
case SAMPLEAPP_POINT_TO_POINT_CLUSTERID:

  /***********温度打印***************/
  HalUARTWrite(0,"Temp is:",8);              //提示接收到数据
   HalUARTWrite(0,&pkt->cmd.Data[0],2); //温度
  HalUARTWrite(0,"\n",1);                     //回车换行

  /***************湿度打印****************/
   HalUARTWrite(0,"Humidity is:",12);       //提示接收到数据
   HalUARTWrite(0,&pkt->cmd.Data[2],2);   //湿度
   HalUARTWrite(0,"\n",1);                     //回车换行


   break;
```

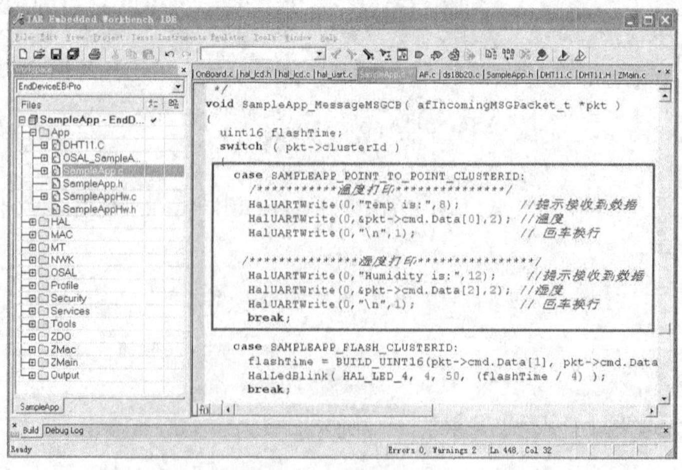

图 7.13　协调器代码

三、实验测试

将协调器利用串口连接到电脑，观察从终端节点采集到的信息。分别将程序下载到终端节点协调器中，当协调器连接电源时，可以看到串口打印出了温湿度传感器的信息，如图 7.14 所示。

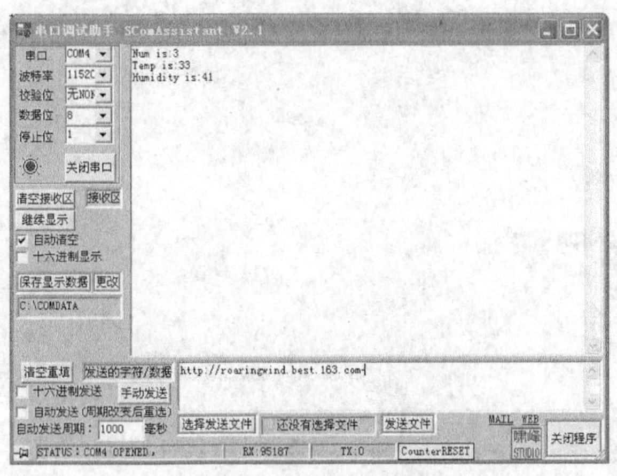

图 7.14　实验效果示意图

课后练习

一、填空题

（1）ZigBee 无线传感器网络设计最核心的问题是________。

（2）ZigBee 无线传感器网络的评价指标主要为能源有效性、生命周期、________、________、________、可扩展性等。

（3）网关和汇聚节点具备信息聚合、处理、选择、分发和________等功能。

（4）单纯考虑功耗方面的因素，宜选择________作为网络控制平台。

二、简答题

（1）简述 ZigBee 无线传感器网络的安全性目标。

（2）简述 ZigBee 无线传感器网络的安全性策略。

（3）简述 ZigBee 无线传感器网络软件设计。

PART 8 项目八 ZigBee 无线传感器网络测试

本章目标

知识目标

- 掌握 ZigBee 无线传感器网络测试场地和测试设备。
- 了解 ZigBee 无线传感器网络的测试方法。
- 了解 ZigBee 无线传感器网络的测试项目。

技能目标

- 掌握 ZigBee 无线传感器网络的无线传输质量检测的指标。
- 进行 Z-Stack 协议栈的程序修改能力。
- 掌握 ZigBee 无线传感器网络的无线传输质量检测的方法。

传感器是物联网信息采集的基础。传感器处于物联网应用产业链上游，在物联网发展之初受益较大；同时又处于物联网金字塔的塔座。随着物联网的发展，传感器行业也将得到提升，它将是整个物联网产业中需求量最大的环节。

目前，我国传感器产业相对而言还是比较落后，尤其在高端产品的需求上，大部分还依赖于进口。即使这样，随着工业技术的发展，其需求量还是很大。2015 年，中国物联网产业规模将达到 7 500 亿元。物联网应用已进入实际应用阶段，在各个领域都有着不可替代的作用。现在的传感器市场已经有了自己的发展模式和盈利点。

当前，传感器技术正朝着智能化、微型化、低功耗、无线传输及便携式方向发展，中国本土传感器市场也持续高速增长。差距意味着存在发展空间。然而，面对如此具有诱惑力的市场，中国企业要努力的地方还有很多。

8.1 检测技术的基础

自动检测技术是一门以检测系统中信息提取、转换及处理的理论和技术为主要研究内容的应用技术学科。在信息社会的一切活动领域，检测是科学地认识各种现象的基础性方法和手段。检测技术是多学科知识的综合应用，涉及半导体技术、激光技术、光纤技术、声控技术、遥感技术、自动化技术、计算机应用技术以及数理统计、控制论、信息论等高新技术。

8.1.1 概述

ZigBee 无线传感器网络是由大量低成本且具有传感、数据处理和无线通信能力的传感器节点通过自组织方式形成的网络。它独立于基站或移动路由器等基础通信设施，通过特定的分布式协议自组织起来形成网络。它能够协作地实时监测、感知和采集网络分布区域内的各种环境或监测对象的信息，并对这些信息进行处理，使需要这些信息的用户在任何时间、任何地点和任何环境条件下（尤其是仅适合无线通信条件下）获取大量详实而可靠的信息。因此，这种网络系统可以被广泛地应用于国防军事、国家安全、环境监测、交通管理、医疗卫生、制造业、反恐抗灾等领域。

随着 ZigBee 无线传感器网络应用范围的进一步扩展，它常常被部署在极端环境中来收集外部环境的数据。由于传感器节点的电源、存储和计算能力有限，并且应用环境恶劣，使得传感器的节点比传统网络的节点更易于失效。在这些情况下，维持高质量的服务，并尽可能地降低能源消耗是很有挑战性的。有效的故障管理对于达成这些目标具有极大的帮助。因此，对 ZigBee 无线传感器网络故障进行管理是非常重要的。

当网络或系统出现故障时，网络故障管理便成为管理员首要用到的工具。因此，故障管理事实上是整个网络管理的重中之重。但遗憾的是，由于网络故障涉及不同厂商、不同类型的设备，涉及复杂的网络拓扑结构，涉及不同组织对故障类型的不同定位规则，网络故障检测和管理是十分困难。

从用户的角度来说，他们希望在日常工作和生活中网络运行畅通，信息传输不受任何网络故障的干扰。而从网络运行和管理者的角度来说，他们希望在网络运行过程中，即使发生故障，也能很快地找到故障发生的原因。这些方方面面的因素使得对 ZigBee 无线传感器网络故障管理的研究在近年来发展比较缓慢。下面参照传统网络的故障管理，将 ZigBee 无线传感器网络的故障管理分为故障检测、故障诊断和故障恢复 3 个阶段。

1．故障检测

为了确定故障的存在，需要收集与网络状态相关的数据。一般来说，网络发生故障后，网络设备将处于不正常的状态。通过获取设备的状态信息，就可以及时发现网络中出现的故障。收集网络状态信息有两种方法：一是设备向管理系统报告关键的网络事件；二是由网络管理系统定期地查询网络设备的状态，即主动轮询。一般情况下，网络管理系统将这两种方法结合起来使用。当对网络组成部件状态进行检测后，不严重的简单故障通常被记录在错误日志中，并不作特别处理；而严重一些的故障则需要通过网络管理器“告警”。网络设备一般都具有感知异常情况的能力，当设备发现自身或网络中有严重不正常现象时，它会采用告警的方式报告给网管中心，因此，故障检测一般由网络中的设备完成。

2．故障诊断

故障会在网络中传播，所有感知到故障的网络对象（包括物理对象和逻辑对象）都会发生告警。在一个大型网络中，一个故障可能会引起大量的告警。故障诊断就是对网络设备发出的告警进行相关处理，从一大堆的告警中找到故障发生的真正原因，并找出故障节点。在网络故障诊断中，一个理想的告警应该包含有关故障的五信息（Who、What、Where、When和 Why）。由于网络设备对于自身以外网络情况的了解非常有限，所以它所产生的大部分网络告警只回答了 Who、What 和 When 3 个问题，而故障诊断要进行 Where 和 Why 的推理。另外，告警噪声的存在进一步增加了故障诊断的难度。这些告警噪声包含告警丢失、延迟、重复和虚假告警等。

3．故障恢复

故障恢复的主要目的是根据识别到的故障原因，自动或手动地对网络进行控制操作，恢复网络的正常运行。

ZigBee 无线传感器网络故障检测的常见方法按照故障检测的执行主体所处位置的不同，可以分为集中式方法和分布式方法。

（1）集中式方法

集中式方法是 ZigBee 无线传感器网络中较为常见的一种方法，一般来说是物理上或逻辑上处于中心位置的节点，负责对网络进行监控，追踪失败节点或可疑节点。由于中心节点要负责的事务较多，通常都让该节点不受能量的限制，能够执行大范围的故障管理事务。集中式方法主要采用周期轮询的方式来对节点进行管理：中心节点通常采用周期性主动探测的方式发布一些探测包，来获取节点的状态信息，对获得的信息进行分析，从而确定节点是否失效。

采用集中式网络管理，所有的网络设备都由一个管理者进行管理。当信息流量不大的时候，集中式网络管理简单且有效，在失效节点定位方面具有高效和准确的优点，所以它非常适用于小型的局域网络。

在集中式网络管理结构下，管理者作为“客户”要完成复杂的网络管理任务，同时还必须与多个作为“服务器”的代理交换信息。这种结构存在着较大的缺陷，主要表现如下。

① 所有的分析和计算任务都集中在中心节点站，造成网络管理的瓶颈，中心节点负载过重。由于其余节点的信息收集后都是发往中心节点，因此中心节点很可能变成一个专门用于数据传输的节点以满足故障检测和管理的需要。随之而来的问题就是中心节点所在的区域会有大量的流量往来，导致该区域的节点能量消耗急剧增加，越是靠近中心节点越是这样。

② 中心节点站一旦失效，整个网管系统就崩溃了，这样会导致整个系统的可靠性偏低。

集中式结构导致大量的原始数据在网络上传输，带来了大量额外的通信量，占用了大量的通信带宽，并导致网管系统工作效率降低。用于监测网络并收集数据的代理是预先定义好且功能固定的，一旦要扩展新的功能时十分不便，这样会造成系统的可扩展性较差。

远端节点与管理中心之间的距离较远，且传感器网络中采用多跳通信，因此这两者之间的信息交互时延过长。

（2）分布式方法

分布式方法支持局部决策的概念，能够平滑地将故障管理分散到网络中去。目标是让节点在与中心节点通信前，能够给出一定层次的决策。在这种思想下，传感器节点能做的决策越多，越少的信息将被传输给中心节点，从而减少通信量。分布式方法通常分为以下几种。

① 节点自检测的方法。节点自检测的方法是依赖于节点自身所包含的功能进行故障检测，并将检测结果发送给管理节点。有一种节点自检测的方法，是通过软件和硬件的接口检测物理节点的失效。硬件接口包含几个灵活的电路用于检测节点的方位和碰撞，软件接口包含几个软件部件用于采样传感器节点的读取行为。由于故障的检测由节点本身完成，这种方法的优点是不需要部署额外的软件或硬件节点用于故障检测。

② 邻居协作的方法。邻居协作方法的基本思想就是：在节点发出故障告警之前，将节点获得的故障信息与邻居（一跳通信范围内）获得的故障信息进行比较，得到确认的情况下才将故障信息发往管理节点。在大多数的情况下，中心节点并不知道网络中的任何失效信息，除非那些已经用节点协作方式确认的故障。这样的设计减少了网络的通信信息，从而保留了节点的能量。

③ 基于分簇的方法。基于分簇的方法将整个网络分成不同的簇，从而将故障管理也分散到各自的区域内完成。簇内采用散播的方式来定位失败节点，簇头节点与一跳范围内的邻居以某种规则交换信息。通过分析收集到的信息，根据预先定义的失败检测规则可以最终确定失败节点。接着，如果发现了一个故障节点，该区域所在的节点将会把信息传播给所有的簇。

ZigBee 无线传感器网络的应用已经十分广泛，而且，一般认为物联网的最底部一层即为 ZigBee无线传感器网络,因此对 ZigBee无线传感器网络的研究是物联网应用技术的核心基础。对 ZigBee 无线传感器网络故障检测的方法进行分类描述分析，对于指导 ZigBee 无线传感器网络故障研究工作具有一定的指导意义。

8.1.2 测试场地

1．开阔场

开阔场是指受试设备在露天测试现场中进行测量。开阔场一直被国际公认为最科学、合理和最理想的测试场地，并被规定为最后判定的依据。利用开阔场对于 30～1000MHz 高频电磁场的辐射和接收测试是以空间直射波与地面反射波在接收点的矢量叠加理论为基础的。但在实际应用中，虽然开阔场可以获得良好的地面传导率，但是其所占的面积却是有限的，因此可能造成发射天线与接收天线之间的相位差。在发射测试中，开阔场的使用和半电波暗室相同。

国际无线电干扰专门委员会（International Special Committee on Radio Interference，CISPR）标准规定开阔场应该是一个平坦、空旷、电导率均匀良好、无任何反射物的椭圆形或圆形试验场地。理想的开阔场地面具有良好的导电性，面积无限大。它的主要特点如下。

（1）开阔场尺寸取决于检测样本（或受试设备）与天线之间的距离 R。“CISPR 椭圆”区

域的长轴为 R 的 2 倍，短轴是 R 的 $\sqrt{3}$ 倍。

（2）受试设备至天线的优选距离为 3m、10m 和 30m。

（3）对 3m 或 10m 而言，应将接收天线定位在 1～4m 的高度。

（4）场地衰减的有效性要符合标准规定的要求。

2．屏蔽室

计算机、通信机及电子设备在正常工作时都会产生一定强度的电磁波，该电磁波可能会对其他设备产生干扰或被专用设备所接收。同时，这些电子设备也需要在小于一定强度的电磁环境下正常工作。因此，在对产品进行测试的过程中，通过隔离在近场测试中的外界电磁干扰而提高测试结果的准确度显得非常重要。而电磁屏蔽室就是可以屏蔽电磁波的设施，它是对产品进行电磁兼容性测试、长期保存电磁记录资料、实施现代信息保密措施的重要设备之一。

电磁屏蔽室阻断电磁辐射通路的功能主要体现在以下几个方面。

（1）电磁屏蔽室可以隔离外界电磁干扰，保证室内电子、电气设备正常工作。特别是在对电子元器件以及电器设备的计量和测试工作中，可以利用电磁屏蔽室（暗室）模拟理想电磁环境，提高检测结果的准确度。

（2）电磁屏蔽室可以阻断室内电磁辐射向外界扩散。强烈的电磁辐射应予以屏蔽隔离，以防止干扰其他电子、电气设备正常工作甚至损害工作人员的身体健康。

（3）电磁屏蔽室可以防止电子通信设备信息泄漏，确保信息安全。电子通信信号会以电磁辐射的形式向外界传播，敌方利用监测设备即可对该信号进行规范截获并还原。电磁屏蔽室是确保信息安全的有效措施。

（4）通信设备具有抵御敌方电磁干扰的能力，是军事指挥通信的必备要素。只有具备这一要素，才能在遭到电磁干扰攻击甚至核爆炸等极端情况下，结合其他防护要素，保护电子通信设备不被毁损而继续正常工作。电磁脉冲防护室就是在电磁屏蔽室的基础上，结合军事领域电磁脉冲防护的特殊要求研制开发出的特殊产品。

3．半电波暗室

当前，半电波暗室与全电波暗室已经成为事实上的标准测试场地。其中，半电波暗室也称为电磁兼容暗室，它主要用于辐射无线电骚扰（Electro Magnetic Interference，EMI）和辐射敏感度（Electro Magnetic Susceptibility，EMS）测量。半电波暗室是在电磁屏蔽室的基础上，在内壁四墙及顶板上装贴电磁波骚扰场强吸收材料，地面为理想反射面，从而模拟开阔场的测试条件，主要用于 1GHz 以下辐射的骚扰场强测试。因壁面无反射波存在，故半电波暗室在辐射发射与接收测试中，测量的精度较高，是目前国内外流行的和比较理想的 EMC 测试场地。

4．全电波暗室

半电波暗室和全电波暗室是按照暗室内表面吸波材料的粘贴方式的不同而进行的分类。全电波暗室通常用于无线通信设备中频率在 1GHz 以上的噪声测量、灵敏度分析以及辐射抗扰度测试。与半电波暗室不同的是，首先，全电波暗室模拟自由空间，电波传播时只有直射波和地面反射波；此外，从暗室的结构上看，全电波暗室不仅会在墙体和天花板上安装吸波材料，而且在地板上也会铺设吸波材料，并且可以不屏蔽，只要把吸波材料粘贴于木质墙壁甚至建筑物的普通墙壁和天花板上即可。因此，在 CISPR16-1-4 中，将全电波暗室定义为“没有反射平面的测试场地”。

全电波暗室的优点主要是不会发生地面反射，因此不需要天线高度扫描，节省了很多测试时间，并且可以满足某些特定产品的特定性能测试的要求（如无线产品杂散测试）。

8.1.3 测试设备

1．天线

天线应用于辐射发射地的测试。对于天线类型的选择主要取决于需要测试的频率范围和场强类型（电场或磁场），需要考虑其辐射模式以及与周围的环境互耦。插入天线和电路不能明显地影响到总体的测量接收机的特性。当将天线连接到测量接收机时，测量系统应遵守相关的频带要求。天线类型与使用频段的关系如表 8.1 所示。

表 8.1 天线类型与使用频段的关系

天线类型	10～20kHz	10～150kHz	0.5～30MHz	30～1000MHz	1GHz 以上
棒状天线	适用	适用	适用	不适用	不适用
偶极子天线	不适用	不适用	不适用	适用	不适用
双锥天线	不适用	不适用	不适用	适用	不适用
对数周期天线	不适用	不适用	不适用	适用	不适用
环形天线	适用	适用	适用	不适用	不适用
喇叭天线	不适用	不适用	不适用	不适用	适用
全向天线	不适用	不适用	不适用	不适用	适用

2．频谱分析仪

对于信号的分析可以从时域和频域两个方面进行。其中，信号的时域特性反映了其电量随时间的变化趋势，而频域特性则反映了其电量随频率的变化规律。对于微波信号，由于其频率很高，无法直接用时域测量仪器进行测量。而频谱分析仪往往可以将其变换为频域信号，对其频谱进行分析。

（1）频谱分析仪的组成部分

频谱分析仪中最主流的是扫频外差式频谱分析仪。它通过混频器将输入信号变换到中频，在中频中进行放大、滤波和检波处理，其主要组成部分如下。

① 低通滤波器。低通滤波器的主要作用是阻止高频信号到达混频器，防止带外信号与本振相混频在中频产生多余的频率响应。作为一种可调的滤波器，它能使处理信号的频率符合需要测试的频段。

② 混频器。混频器负责完成信号的频谱搬移，它将不同频率输入信号变换到相应的频率。

③ 中频滤波器。中频滤波器是频谱分析仪的关键组成部分。它的功能是分辨不同频率的信号。中频滤波器的带宽和形状将影响频谱分析仪的许多关键指标。

④ 检波器。检波器的功能是将输入信号转换为视频电压，该电压值对应输入信号功率。需要特别说明的是，对诸如正弦信号、噪声信号和随机调制信号等不同特性的输入信号，采用不同的检波方式才能准确测出其信号功率。

在实际应用中，要想获得准确的测量结果，就必须正确地操作频谱分析仪，而正确使用频谱分析仪的前提是对其主要参数的正确设置。

（2）频率扫描范围

在频率分辨率一定的情况下，扫描频率范围越宽，扫描一遍所需要的时间就越长，从而频谱上各点的测量精度就越低。因此，在允许的情况下，应尽量使用较小的频率范围。

（3）中频分辨带宽（Resolution Band Width，RBW）

频谱分析仪的中频带宽决定了仪器的选择性和扫描时间。调整分辨带宽可以达到两个目的：一个目的是提高仪器的选择性，以便对频率相距很近的两个信号进行区别；另一个目的是提高仪器的灵敏度。任何电路都有热噪声，这些噪声会将微弱信号淹没，从而使仪器无法观察到微弱信号；且噪声的幅度与仪器的通频带宽成正比，带宽越宽，噪声越大。因此，减小仪器的分辨带宽可以减小仪器本身的噪声，从而增强对微弱信号的检测能力。

分辨带宽一般以 3dB（或者 6dB）带宽来表示。当分辨带宽变化时，屏幕上显示信号的幅度可能会发生变化。若测量信号的带宽大于通频带宽，当带宽增加时，通过中频放大器的信号总能量增加，显示幅度则会有所增加。若测量信号的带宽小于通频带宽，如对于单根谱线的信号，则不管分辨带宽怎样变化，显示信号的幅度都不会发生变化。信号带宽超过中频带宽的信号称为带宽信号，信号带宽小于中频带宽的信号称为窄带信号。根据信号是宽带信号还是窄带信号，能够有效地鉴别干扰源。

（4）视频带宽（Video Band Width，VBW）

视频带宽至少要与分辨带宽相同，最好为分辨带宽的 3～5 倍。视频带宽反映的是测量接收机中位于包络检波器和模数转换器之间的视频放大器的带宽。改变视频带宽的设置，可以减小噪声峰-峰值的变化量，提高较低信号和噪比信号测量的分辨率和复现率，易于发现隐蔽在噪声中的小信号。

（5）扫描时间

仪器接收的信号从扫描频率范围的最低端扫描到最高端所使用的时间叫做扫描时间。扫描时间与扫描频率范围是相匹配的。如果扫描时间过短，频谱仪的中频滤波器就不能够充分响应，结果使幅度和频率的显示值变为不正确。

3．接收机

EMI 接收机也称为电磁干扰测量仪，它是电磁兼容性测试中应用最广泛、最基本的测量仪器，其实质是一种选频测量仪。它能将由传感器输入的干扰信号中预先设定的频率分量以一定通频带选择出来，予以实现和记录。连续改变设定频率便能得到该信号的频谱。

接收机各部分组件的功能。

① 传感器。传感器由电压探头、电流探头和各类天线等部件组成，可根据具体测量的目的，选用不同部件来提取信号。

② 输入衰减器。输入衰减器可将外部进来的过大信号或干扰电平给予衰减，调节衰减量的高低来保证测量接收机输入的电平在测量接收机可测范围之内，同时也可避免过电压或过电流损坏测量接收机。

③ 校准信号源。校准信号源与普通接收机的区别是，测量接收机本身提供内部校准信号源，可随时对测量接收机的增益加以自我校准，以保证测量值的准确。

④ 射频放大器。射频放大器利用选频放大原理，选择所需的测量信号进入下级电路，而将外来的和各种杂散信号（包括镜像频率信号、中频率信号和交调谐波信号等）均排除在外。

⑤ 本机振荡器。本机振荡器提供一个频率稳定的高频振荡信号。

⑥ 混频器。混频器将来自射频放大器的射频信号和来自本机振荡器的信号合成产生一个差频信号输入到中频放大器，由于差频信号的频率远低于射频信号频率，使得中频放大器增

益得以提高。

⑦中频放大器。由于中频放大器的调谐电路既可提供严格的频率带宽，又能获得较高的增益，因此保证了接收机的总选择性和整机灵敏度。

⑧检波器。测量接收机的检波方式与普通接收机的检波方式有着重大差异。测量接收机除可接收正弦波信号外，更常用于测量脉冲骚扰电平。因此，测量接收机除了通常具有的平均值检波功能外，还增加了峰值检波和准峰值检波功能。

接收机与频谱仪的差别如表 8.2 所示。

表 8.2 接收机与频谱仪的差别

差 别	接 收 机	频 谱 仪
输入端信号的处理方法	采用对带宽信号具有较强抗干扰能力的预选器，通常包括一组固定带通滤波器和一组跟踪滤波器，以完成对信号的预选	输入端有一组较为简单的低通滤波器
扫频信号	扫描是离散的点频测试	是通过斜波或锯齿波信号控制扫频信号源实现的，其信号频率是连续的
中频带宽	6dB	36dB
检波器	单一频率进行检测，必需检波器	多个频率信号进行检测

4．功率计

功率计是用来测试 RF 产品输出功率的最简单、最快捷的工具。RF 功率计由功率传感器和功率指示器两部分组成。其中，功率指示器进行信号的放大、转换并直接显示出测试值；而不同的功率和功率等级会有不同的功率传感器匹配使用。

（1）分类

① 按照在测试系统中的连接方式不同，可将功率计分为终端式和通过式两种。终端式功率计把功率计探头作为测试系统的终端负载，功率计吸收全部待测功率，由功率指示器直接读取功率值。通过式功率计利用某种耦合装置，如定向耦合器、耦合环和探针等从传输的功率中按一定的比例耦合出一部分功率，送入功率计度量中，传输的总功率等于功率计指示值乘以比例系数。

② 按照灵敏度和测量范围的不同，可将功率计分为测热电阻型功率计、热电偶型功率计、热效应功率计和晶体检波式功率计。

测热电阻型功率计使用热变电阻作为功率传感元件。随着热变电阻值的温度系数的变大，被测信号的功率被热变电阻吸收后产生热量，使其自身温度升高，电阻值发生显著变化，利用电阻电桥测量电阻值的变化，显示功率值。

热电偶型功率计中的热偶结直接吸收高频信号功率，结点温度升高，产生温差电势，电势的大小正比于吸收的高频功率值。

热效应功率计利用隔热负载吸收高频信号功率，使负载的温度升高，再利用热电偶元件测量负载的温度变化量，根据产生的热量计算高频功率值。

晶体检波式功率计利用晶体二极管将高频信号变换为低频或直流电信号，适当选择工作点，使检波器输出信号的幅度正比于高频信号的功率。

③ 按照被测信号的不同，可将功率计分为连续波功率计和脉冲峰值功率计。

（2）测试步骤

① 打开电源，将探头和设备本身校准端口相连，进行自校准。

② 将待测设备的天线移除，连接一个低损耗的射频线缆，如图 8.1 所示。

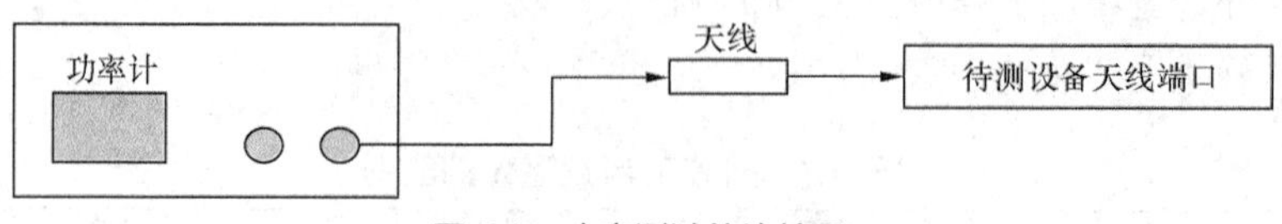

图 8.1 功率测试的连接图

③ 设置功率计的频道和频率为需要设置的频段，让设备处于连续发射的状态。

④ 记录功率计显示的读值，这个值就是待测设备的传导输出功率。

8.2 ZigBee 无线传感器网络的测试方法

ZigBee 无线传感器网络具有以下特点。

① ZigBee 无线传感器网络协议层的操作和应用是由底层传感器获得的物理量测量数据驱动的，测量数据特性决定了网络流量，甚至拓扑结构。

② ZigBee 无线传感器网络节点的能量是受限的，通常其电池是不可更换和充电的。

ZigBee 无线传感器网络的上述特点使得分析模型以及预测高层协议和网络系统的真实表现较为困难。仿真是研究 ZigBee 无线传感器网络必不可少的技术，用于测试新的应用和协议。目前已经出现了很多适合 ZigBee 无线传感器网络模型的仿真工具。仿真必须关注两点：一是模型的正确度，二是模型与仿真工具的适合度。仿真工具提供了真实网络的近似模拟，但与真实环境相比，还有一定的差异。ZigBee 无线传感器网络中数量众多的节点面临的问题是很难被仿真工具描述的，因而由仿真得到的网络系统应当在部署之前进行物理测试。

8.2.1 物理测试

通过大规模部署传感器网络进行测试是费时且收效甚微的做法。物理测试平台成为测试的首选，其效果等同于装配有测试仪器进行长时间的现场测试。物理测试平台提供调试、验证和整合的功能。物理测试与仿真测试相辅相成。物理测试平台的测试成果促进了仿真测试精确建模和仿真工具研究，仿真测试为物理测试提供测试的方案。

物理测试平台主要分为两类：一类是针对某种感知应用和特定领域，包括安全、医疗、监测等；另一类是通用的测试，包括节点本地的特征（传感器、功耗、剩余能量、内存使用情况等）。第一类物理测试平台更像是小型 ZigBee 无线传感器网络的应用。已经有应用案例在验证小型 ZigBee 无线传感器网络原型成功后，进行大规模应用部署时遭遇失败。失败的原因可能有下面几种情况：现场环境的不确定性、硬件的不可靠性、应用和管理复杂度增加、感知应用和网络层交互复杂。相对第一类物理测试平台，第二类物理测试平台更能提供近似应用网络规模的节点本地特征和网络全局特征参数。第二类物理测试平台在执行中要实现不同抽象层次的任务，在节点上实现不同应用的编程，在真实环境中执行程序，在测试运行中收集数据，在获取测试数据后分析数据。物理测试平台一般是指第二类物理测试平台。典型的物理测试平台如表 8.3 所示。

表 8.3 典型的物理测试平台

名 称	开发机构	电源控制	主干网	Web 访问
DSN	苏黎世联邦理工学院	有	蓝牙	是
Kansei	俄亥俄州大学	无	以太网	是
MoteLab	哈佛大学	无	以太网	是
Mirage	加州大学伯克利分校	无	以太网	是
Motescope	加州大学伯克利分校	无	以太网	是
Twist	柏林工业大学	有	以太网/ USB	是
Tutornet	南加州大学	无	USB/无线局域网	是
Vinelab	弗吉尼亚大学	无	不确定	否
MetroSense	达特茅斯学院	无	USB/无线局域网	是

8.2.2 仿真测试

近年来，ZigBee 无线传感器网络的各种应用示范层出不穷，不仅对资源受限的传感节点设计是很大的挑战，同时也对其软件仿真平台的设计提出了新的需求。例如，对包括空间（网络规模）与时间（持续仿真周期）的大规模仿真的支持，节点分布环境与信道变化的高拟真度要求，满足 ZigBee 无线传感器网络资源的低冗余、轻量级的协议架构设计，以及对复杂多样的任务处理的灵活性要求等。

越来越多针对 ZigBee 无线传感器网络的仿真工具被不断地开发出来，以满足不同级别的仿真拟真度的要求。仿真测试软件的比较见表 8.4 所示。

表 8.4 仿真测试软件的比较

仿真测试软件	软 件 属 性	开 发 语 言
NS2	开源	C++，Otel
OMNeT	开源	C++
J-Sim	开源	Java
OPNET	商业	C/C++
QuanNet	商业	C/C++
GloMoSim	开源	C/C++
TOSSIM	开源	nesC

8.3 ZigBee 无线传感器网络常见的测试项目

8.3.1 带宽测试

对于信号而言，其带宽是指该信号所占据的频带宽度；而 RF 产品的占用带宽则是指该通信产品的整个信道发射出来的能量（或功率）所占用的宽度。针对 RF 产品来说，其占用的带宽是确定的，不能超过某一确定的带宽范围，这样才不至于占用其他通信产品的频谱资源。带宽对于无线通信产品来说非常重要。一般来说，如果占用的带宽过大，则会导致无线通信产品自身的信息功率超标；但如果占用的宽度不够，信道功率就会过小，从而实现不了产品的通信功能。因此，为了确保 RF 产品在调制模式下正常工作，对其进行带宽的测试显得尤为重要。

在检测行业中，针对 Wi-Fi 和蓝牙设备的不同调制技术及其工作特性，带宽测试的参数标准有所不同：法规规定 Wi-Fi 设备的带宽要求是 6dB，而蓝牙设备的带宽要求是 20dB。

8.3.2 频率稳定性测试

为确保 RF 产品工作在规定的频段以内，需要对其处于工作状态时的发射功率进行测试，并且通过变换供电电压和环境温度的方法来查看设备的频率稳定度是否符合要求。所谓频率稳定度就是指测试产品在正常温度、湿度和电压的工作条件下所测得的射频工作频率和处在极限温度、湿度和电压的工作条件下所测得的工作频率的差值。当这个差值处于一个可以接受的范围以内时，则认为被测设备的频率稳定度符合要求。通常采用偏移比来衡量频率稳定度。

频率稳定性测试的具体流程如下。

（1）给待测设备常压供电或者插入新的满电量的电池，打开设备开始发射信号。

（2）使接收天线通过同轴线缆连接至频谱分析仪，观察和记录设备在正常情况下工作的频率点。

（3）关闭设备，设置温度箱，使其达到法规规定的最高温度。温度稳定后打开设备，分别记录开始工作 2min 后、5min 后以及 10min 后的频率点。

（4）关闭设备，调节温度箱，使其达到法规规定的最低温度。温度稳定后打开设备，分别记录开始工作后 2min 后、5min 后以及 10min 后的频率点。

（5）通过频率的偏移比来判断是否合格。

8.3.3 功率测试

RF 产品的输出功率决定着它的使用环境，不同国家的监管机构对其境内所使用的 RF 设备的输出功率有强制性的要求。因此，任何一个 RF 设备在准备进入市场销售之前都需要检测部门对其输出功率进行测试。测试过程中产品要以正常的电压工作在典型的调制模式下。如果是具有多种调制模式的产品，则需要对每种调制模式都进行测试，然后找到输出功率的最大值。

项目小结

（1）ZigBee 无线传感器网络故障检测的常见方法按照故障检测的执行主体所处位置的不同，可以分为集中式方法和分布式方法。

（2）ZigBee 无线传感器网络协议层的操作和应用是由底层传感器获得的物理量测量数据驱动的，测量数据的特性决定了网络流量，甚至拓扑结构。

（3）ZigBee 无线传感器网络常见的测试项目主要包括带宽测试、频率稳定性测试和功率测试。

主要概念

测试方法、仿真测试、带宽测试、频率稳定性测试、功率测试。

项目实训

任务 无线传输质量检测实验

[任务目标]

（1）通过 ZigBee 组网，掌握 ZigBee 无线传感器网络的构架。

（2）培养利用例程进行通信程序的修改能力。

（3）进行无线传输质量检测的相应操作，并分析无线传输质量检测的指标。

（4）培养学生协作与交流的意识与能力，让学生进一步认识 ZigBee 无线传感器网络的构架。

[内容与要求]

（1）ZigBee 组网。

（2）进行无线传输质量检测的相应操作，并分析无线传输质量检测的指标。

实训考核

任务 无线传输质量检测实验

考核要素	评价标准	分值（分）	评分（分）				
			自评（10%）	小组（10%）	教师（80%）	专家（0%）	小计（100%）
程序修改能力	① ZigBee 组网的操作步骤和程序修改的能力	40					
接收模块和发射模块操作	② 接收模块和发射模块程序的下载	30					
误包率检测特性分析	③ ZigBee 网络误包率检测指标及含义	20					
分析总结		20					
合计							
评语（主要是建议）							

实训参考

一、实训设备

实 验 设 备	数量	备　注
ZigBee Debugger 仿真器	1	下载和调试程序
CC2530 节点	3	调试程序
USB 线	1	连接 PC 机、网关板、调试器
RS232 串口连接线	1	调试程序
SmartRF Flash Programmer 软件	1	烧写物理地址软件
电源	5	供电
Z-Stack-CC2530-2.3.0-1.4.0	1	协议栈软件

二、实训步骤

误包率检测实验需要两个 ZigBee 节点通信，一个模块发射，另外一个模块接收，接收模块通过串口不在 PC 机上显示当前的误包率、RSSI 值和接收到的数据包的个数。

例程的源代码 CC2530 BasicRF.rar 是在 TI 官网上下载的。打开\CC2530 BasicRF\ide\srf_cc2530\iar 里面的 per_test.eww 工程 main.c，由于硬件平台不同于 TI 的开发板，所以需要在 per_test 中加入串口发送函数，才能在串口调试助手上看到实验现象。

打开工程，在 application 文件夹中单击打开 per_test.c，如图 8.2 所示，我们的主要功能函数都在这里。

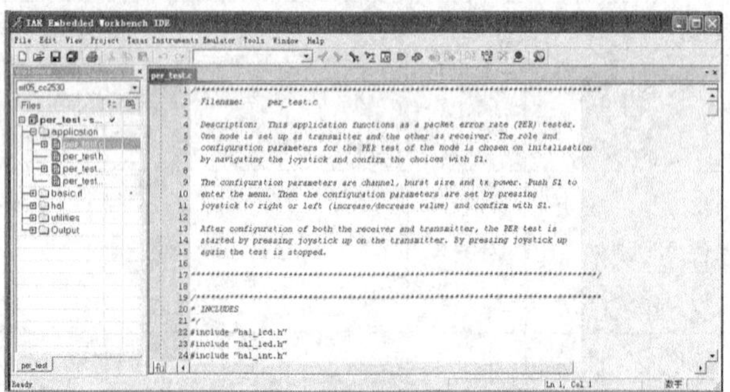

图 8.2　per_test.c 布局

在这个.c 文件中添加串口发送函数，即在 INCLUDES 中添加：#include "string.h"，如图 8.3 所示。

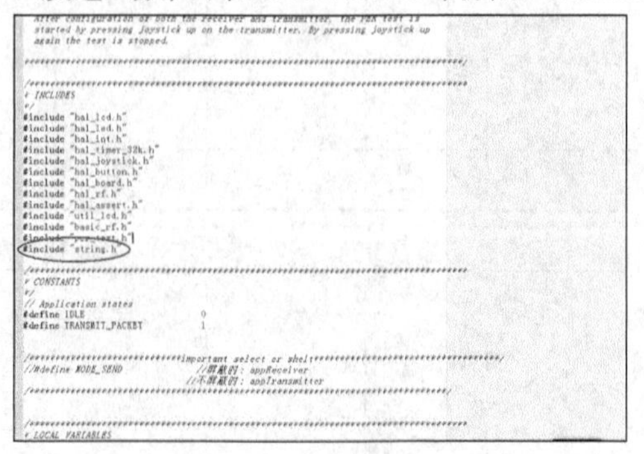

图 8.3　添加头文件

然后，继续添加串口初始化和发送函数，如图 8.4 所示。

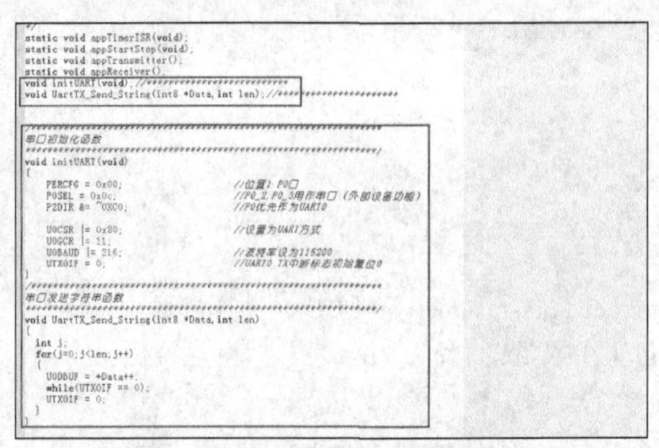

图 8.4　串口初始化和发送函数

因为只有接收模块才会用到串口，所以串口的初始化只需要放在 appReceiver()函数中。下面分析整个工程的发送和接收过程，首先找到 main.c。

```
/***************************************************************************
* @fn          main
*
* @brief       This is the main entry of the "PER test" application.
*
* @param       basicRfConfig - file scope variable. Basic RF configuration data
*              appState - file scope variable. Holds application state
*              appStarted - file scope variable. Used to control start and stop of
*              transmitter application.
*
* @return      none
*/
① void main (void)
② {
③      uint8 appMode;

④      appState = IDLE;
⑤      appStarted = FALSE;

⑥      // Config basicRF     配置 BasicRF
⑦     basicRfConfig.panId = PAN_ID;
⑧     basicRfConfig.ackRequest = FALSE;

⑨     // Initialise board peripherals     初始化外围硬件
⑩     halBoardInit();

⑪     // Initalise hal_rf   初始化 hal_rf
```

```
⑫   if(halRfInit()==FAILED) {
⑬      HAL_ASSERT(FALSE);
⑭   }

⑮   // Indicate that device is powered
⑯   halLedSet(1);

⑰   // Print Logo and splash screen on LCD
⑱   utilPrintLogo("PER Tester");

⑲   // Wait for user to press S1 to enter menu
⑳   halMcuWaitMs(350);

㉑  // Set channel
㉒  //设置信道，规范要求信道只能为11～25，这里选择信道11
㉓   basicRfConfig.channel = 0x0B;

㉔  //设置模块的模式，一个发射，另一个接收，看是否define MODE_SEND
㉕   #ifdef Mode_SEND
㉖   appMode = MODE_TX;
㉗  #else
㉘  appMode=MODE_RX;
㉙  #endif
㉚   // Transmitter application
㉛   if(appMode == MODE_TX) {
       // No return from here      如果define MODE_SEND 则进入 appTransmitter();
发射模式
㉜  appTransmitter();
㉝   }
㉞   // Receiver application
㉟   else if(appMode == MODE_RX) {
㊱   // No return from here       如果没有define MODE_SEND 则进入 appReceiver();接收
模式
㊲   appReceiver();
㊳   }
㊴   // Role is undefined. This code should not be reached
㊵   HAL_ASSERT(FALSE);
㊶  }

/***************************************************************************
```

main.c 主要完成了如下任务。

（1）初始化工作。

（2）设置信道、发射和接收模块的信道一致。

（3）选择发射或者接收模式。

发射函数定义 define MODE_SEND，则进入 appTransmitter()。

```
/***********************************************************************
* @fn          appTransmitter
*
* @brief       Application code for the transmitter mode. Puts MCU in endless
*              loop
*
* @param       basicRfConfig - file scope variable. Basic RF configuration data
*              txPacket - file scope variable of type perTestPacket_t
*              appState - file scope variable. Holds application state
*              appStarted - file scope variable. Controls start and stop of
*                           transmission
*
* @return      none
*/
①    static void appTransmitter()
②    {
③      uint32 burstSize=0;
④      uint32 pktsSent=0;
⑤      uint8 appTxPower;
⑥    uint8 n;

⑦      // Initialize BasicRF    初始化 BasicRF
⑧      basicRfConfig.myAddr = TX_ADDR;
⑨      if(basicRfInit(&basicRfConfig)==FAILED)
⑩    {
⑪        HAL_ASSERT(FALSE);
⑫      }

⑬      // Set TX output power   设置输出功率
⑭    halRfSetTxPower(2); //HAL_RF_TXPOWER_4_DBM

⑮      // Set burst size   设置进行一次测试所发送的数据包数量
⑯      burstSize = 1000;

⑰      // Basic RF puts on receiver before transmission of packet, and turns off
⑱      // after packet is sent
```

```
⑲      basicRfReceiveOff();

⑳      // Config timer and IO   配置定时器和IO
㉑      appConfigTimer(0xC8);

㉒     // Initalise packet payload   初始化数据包载荷
㉓      txPacket.seqNumber = 0;
㉔      for(n = 0; n < sizeof(txPacket.padding); n++)
㉕      {
㉖           txPacket.padding[n] = n;
㉗    }
// ************************** Main loop   进入循环****************************
㉘        while (TRUE)
㉙        {
㉚        while(appStarted);
㉛        {
㉜            if (pktsSent < burstSize) {
㉝        {
㉞          // Make sure sequence number has network byte order
㉟          UINT32_HTON(txPacket.seqNumber); //改变发送序号的字节顺序
㊱          basicRfSendPacket(RX_ADDR, (uint8*)&txPacket, PACKET_SIZE);

㊲        // Change byte order back to host order before increment      在增加序号前将字节顺
序改回为主机顺序
㊳          UINT32_NTOH(txPacket.seqNumber);
㊴          txPacket.seqNumber++;//数据包序列号自加 1


㊵            pktsSent++;
㊶          appState = IDLE;
㊷          halLedToggle(1); //改变 LED1 的亮灭状态
㊸          halMcuWaitMs(500);             }
㊹            }
㊺          else
㊻          appStarted = !appStarted;
㊼        // Reset statistics and sequence number  复位统计和序号
㊽        pktsSent = 0;
㊾        }
㊿        }
51        }

/***************************************************************************
```

appTransmitter()函数主要完成了如下任务。

（1）初始化 Basic RF。

（2）设置发射功率。

（3）设定测试的数据包量。

（4）配置定时器和 I/O。

（5）初始化数据包载荷。

（6）循环函数，不断地发送数据包，每发送完一次，下一个数据包的序列号自动加 1 再发送。

接收函数没有定义 define MODE_SEND，则进入 appReceiver()。

```
/***********************************************************************
* @fn              appReceiver
*
* @brief           Application code for the receiver mode. Puts MCU in endless loop
*
* @param           basicRfConfig - file scope variable. Basic RF configuration data
*                  rxPacket - file scope variable of type perTestPacket_t
*
* @return          none
*/
①      static void appReceiver()
②      {
③      uintUART();//串口初始化
④      basicRfConfig.myAddr = RX_ADDR;
⑤      if(basicRfInit(&basicRfConfig)==FAILED) //Initialize BasicRF 初始化 BasicRF
⑥      {
⑦        HAL_ASSERT(FALSE);
⑧      }
⑨      basicRfReceiveOn();
⑩      while (TRUE)
⑪      {
⑫        while(!basicRfPacketIsReady());//等待新的数据包
⑬          if(basicRfReceive((uint8*)&rxPacket, MAX_PAYLOAD_LENGTH, &rssi)>0) {
⑭          halLedSet(3); //P1_4
⑮        UINT32_NTOH(rxPacket.seqNumber); //改变接收序号的字节顺序
⑯          segNumber = rxPacket.seqNumber;
⑰          //若统计被复位，设置期望收到的数据包序号为已经收到的数据包序号
⑱          if(resetStats)
⑲          {
⑳          rxStats.expectedSeqNum = segNumber;
㉑          resetStats=FALSE;
㉒            }
```

```
㉓ // Subtract old RSSI value from sum
㉔ rxStats.rssiSum -= perRssiBuf[perRssiBufCounter]; //从 sum 中减去旧的 RSSI 值
㉕ // Store new RSSI value in ring buffer, will add it to sum later
㉖ perRssiBuf[perRssiBufCounter] =   rssi; //存储新的 RSSI 值到环形缓冲区，之后它将被加入 sum
㉗ rxStats.rssiSum += perRssiBuf[perRssiBufCounter]; //增加新的 RSSI 值到 sum
㉘ if (++perRssiBufCounter == RSSI_AVG_WINDOW_SIZE) {
㉙ perRssiBufCounter = 0;          // Wrap ring buffer counter
㉚ }

㉛ // Check if received packet is the expected packet 检查接收到的数据包是否是所期望收到的数据包
㉜ if (rxStats.expectedSeqNum == segNumber)   //是所期望收到的数据包
㉝ {
㉞ rxStats.expectedSeqNum++;
㉟ }
㊱ // If there is a jump in the sequence numbering this means some packets in between has been lost
㊲ else if (rxStats.expectedSeqNum < segNumber) //大于期望收到的数据包的序号
㊳ { //认为丢包
㊴ rxStats.lostPkts += segNumber - rxStats.expectedSeqNum;
㊵ rxStats.expectedSeqNum = segNumber + 1;
㊶ }
㊷ else   //小于期望收到的数据包的序号
㊸ {
㊹ rxStats.expectedSeqNum = segNumber + 1;
㊺ rxStats.rcvdPkts = 0;
㊻ rxStats.lostPkts = 0;
㊼ }
㊽ rxStats.rcvdPkts++;

/****************以下为串口打印部分的函数**********************************
㊾ temp_receive=(int32)rxStats.rcvdPkts;
㊿ if(temp_receive>1000)
51 {
52 if(halButtonPushed()==HAL_BUTTON_1)
53 resetStats = TRUE;
54 rxStats.rcvdPkts = 1;
55 rxStats.lostPkts = 0;
```

```
⑯          }
⑰          }

⑱     Myreceive[0]=temp_receive/100+'0'; //打印接收到的数据包的个数
⑲     Myreceive[1]=temp_receive/100+'0';
⑳     Myreceive[2]=temp_receive/100+'0';
㉑     Myreceive[3]='\0';
㉒     UartTX_Send_String("RECE: ",strlen("RECE: "));
㉓     UartTX_Send_String(Myreceive,4);
㉔     UartTX_Send_String("",strlen(""));
㉕     temp_per=(int32)((rxStats.lostPkts*1000)/(rxStats.lostPkts+rxStats.rcvdPkts));
㉖     Myper[0]=temp_per/100+'0'; //打印当前计算出来的误包率
㉗     Myper[1]=temp_per%100/10+'0';
㉘     Myper[2]= ' ';
㉙     Myper[3]=temp_per%10+'0';
㉚     Myper[4]= '%';
㉛     UartTX_Send_String("PER: ",strlen("PER: "));
㉜     UartTX_Send_String(Myper,5);
㉝     UartTX_Send_String("    ",strlen("    "));
㉞     temp_rssi=(0-(int32)rxStats.rssiSum/32); //打印上 32 个数据包的 RSSI 值的平均值
㉟     Myrssi[0]=temp_rssi/10+'0';
㊱     Myrssi[1]=temp_rssi%10+'0';
㊲     UartTX_Send_String("RSSI:- ",strlen("RSSI:- "));
㊳     UartTX_Send_String(Myrssi,2);
㊴     UartTX_Send_String("\n ",strlen("\n ");
㊵     halLedClear(3);
㊶     halLMcuWaitMs(300);
㊷     }
㊸     }
㊹     }
/*****************************************************************************
```

接收函数比较长，主要完成了以下工作。

（1）串口在此初始化。

（2）初始化 Basic RF。

（3）不断地接收数据包，并检查数据包序号是否为期望值，做出相应处理。

（4）串口打印出接收包的个数、误包率及上 32 个数据包的 RSSI 值的平均值。

为了获取传输的性能参数，接收器中包含了如下几个数据（包含在 rxStats 变量中，其类型为 perRxStats_t）。

rxStats.expectedSeqNum：预计下一个数据包的序号，其值等于“成功接收的数据包”+“丢失的数据包”+1。

rxStats.rssiSum：上 32 个数据包的 RSSI 值的和。

rxStats.rcvdPkts：每次 PER 测试中，成功接收到的数据包的个数。

rxStats.lostPkts：丢失数据包的个数。

误包率的计算方法如下。

PER =1000 * rxStats.lostPkts/ (rxStats.lostPkts+ rxStats.rcvdPkts)，(for rxStats.rcvdPkts>=1)。

三、实验测试

（1）下载发射模块在 per_test.c 中，如图 8.5 所示。

```
/********************important select or shelt****************************/
#define MODE_SEND        //屏蔽时：appReceiver
//保留时：appTransmitter
/*************************************************************************/
```

图 8.5 发射模块 per_test.c

不要屏蔽#define MODE_SEND。

编译下载到发射模块。

（2）下载接收模块在 per_test.c 中，如图 8.6 所示。

```
/********************important select or shelt****************************/
//#define MODE_SEND        //屏蔽时：appReceiver
//保留时：appTransmitter
/*************************************************************************/
```

图 8.6 接收模块 per_test.c

要屏蔽//#defing MODE_SEND。

编译下载到接收模块。

（3）接收模块 USB 连接 PC 并给发射模块供电，打开串口调试助手，并设置好相应的 COM 口和波特率，先给接收模块通电，再给发射模块通电，然后就可以看到实验现象了，无线传输质量检测数据，如图 8.7 所示。注意：无线传输质量数据与传感节点距离有关。

由于距离较近而掉包不明显的，可以把发送节点拿到较远的地方，然后观察掉包率；或者先打开接收模块来测试掉包，显示出掉包情况。

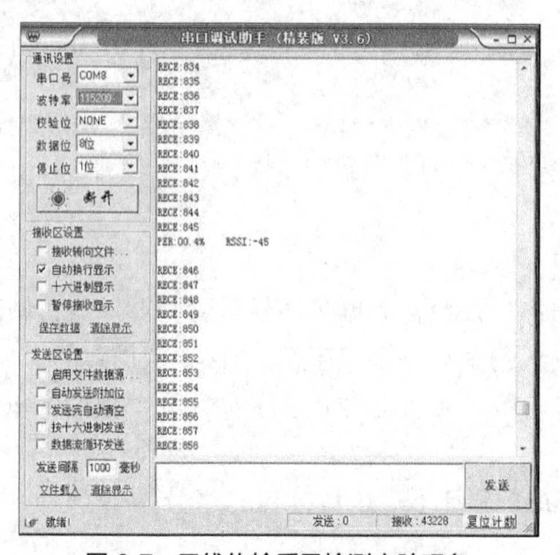

图 8.7 无线传输质量检测实验现象

课后练习

一、填空题

（1）对于信号的分析可以从时域和频域两个方面进行，其中信号的时域特性反映了________的变化趋势，而频域特性反映了________的变化规律。

（2）频谱分析仪的主要组成部分包括________、________、________和________。

（3）RF 功率计由________和________两部分组成。其中，由功率指示器进行信号的放大、转换并直接显示出测试值；而不同的频率和功率等级会有不同的功率传感器匹配使用。

（4）ZigBee 无线传感器网络测试场地主要分为________、________、________和________。

（5）ZigBee 无线传感器网络常见的测试项目主要包括________、________和________。

二、简答题

（1）简述信号带宽测试的过程。

（2）什么是设备的频率稳定度？什么是频率偏移比？

参 考 文 献

[1] 谢金龙，邓子云，等. 物联网工程设计与实施 [M].大连：东软电子出版社，2012.

[2] 王小强，欧阳骏，黄宁淋，等. ZigBee 无线传感器网络设计与实现 [M].北京：化学工业出版社，2012.

[3] 熊茂华，熊昕，甄鹏，等.物联网技术与应用实践（项目式）[M]. 西安：西安电子科技大学出版社，2014.

[4] 徐平平，刘昊，褚宏云，等.ZigBee 无线传感器网络[M]. 北京：电子工业出版社，2013.

[5] ZigBee Specification 2007 [OL].http://www.ZigBee.org/stadndards/Downloads.aspx.

[6] Texas Instruments.CC2530 Datasheet[EB/OL].2009[2010-05-03].http://www.ti.com.cn/Product/cn/cc2530#technicaldocuments.

[7] 谭浩强.C 语言程序设计[M]. 北京：清华大学出版社，2006.

[8] 于宝明.短距离无线通信设备检测[M]. 北京：机械工业出版社，2014.